金属腐蚀学

向硕　何燕　张勤辉◎主编

陕西新华出版
陕西科学技术出版社
Shaanxi Science and Technology Press
西安

图书在版编目(CIP)数据

金属腐蚀学 / 向硕，何燕，张勤辉主编. — 西安：陕西科学技术出版社，2024.5

ISBN 978-7-5369-8952-8

Ⅰ. ①金… Ⅱ. ①向… ②何… ③张… Ⅲ. ①腐蚀 Ⅳ. ①TG171

中国国家版本馆 CIP 数据核字(2024)第 108840 号

金属腐蚀学

JINSHU FUSHI XUE

向 硕 何 燕 张勤辉 主编

责任编辑 王喜艳

封面设计 卫晨亮

出 版 者 陕西科学技术出版社

西安市曲江新区登高路 1388 号 陕西新华出版传媒产业大厦 B 座

电话 (029)81205187 传真 (029) 81205155 邮编 710061

http://www.snstp.com

发 行 者 陕西科学技术出版社

电话(029)81205180 81205178

印 刷 西安真色彩设计印务有限公司

规 格 787mm×1092mm 16 开

印 张 12.5

字 数 300 千字

版 次 2024 年 5 月第 1 版

2024 年 5 月第 1 次印刷

书 号 ISBN 978-7-5369-8952-8

定 价 56.00 元

《金属腐蚀学》编委会

前　言

PREFACE

金属材料在军事装备、工业设备及日常生活中的应用非常广泛，但金属材料在环境中容易遭受腐蚀，这不仅给国民经济带来巨大损失，有时还带来灾难性事故，如金属桥梁因腐蚀而坍塌，输油管道因腐蚀穿孔而泄漏。因此，研究金属腐蚀的机理，有针对性地采取有效的防护措施，可以控制或减少金属的腐蚀，减少设备的故障，具有显著的经济效益和社会效益。

金属腐蚀学是研究金属材料与周围环境介质作用发生破坏以及如何防止或延缓这种破坏的一门科学，它是与金属学、金属物理、物理化学、电化学、力学、冶金学等学科相关的一门综合性边缘学科。《金属腐蚀学》是在《金属腐蚀与防护》教材基础上改编而成，作为化学工程与技术专业及相关专业硕士研究生的教材，也可供材料科学、化学工程专业的本科生使用，还可供从事油品应用、油气储运的工程技术人员参考。本书的主要内容包括：金属腐蚀电化学、局部腐蚀、应力作用下的腐蚀、金属的高温腐蚀、环境腐蚀性、金属材料的耐蚀性、腐蚀控制方法及其在石油化工设备和油库设备中的应用。

本书编写主要参考资料列于书末的参考文献中，感谢参考文献的作者。由于编者水平所限，书中的错误在所难免，敬请读者批评指正。

编　者

2024 年 2 月 2 日

目 录
CONTENTS

第1章　绪论

金属腐蚀现象非常普遍，腐蚀带来材料的损伤和破坏，甚至造成灾难性事故，研究金属腐蚀的原理及其防护措施具有十分重要的意义。本章介绍腐蚀的定义、危害、分类及腐蚀速度的表示方法。

1.1　腐蚀现象及其定义

日常生活中的腐蚀现象非常普遍，例如，当我们打开较长时间未使用的水龙头时，发现放出来的水是黄色的，这就是钢铁材料生锈的结果；家里用的普通铁锅，如果几天不用，锅里就会产生黄色锈点；还有铜制品在长期使用后变色，船体在海水中的锈蚀，地下输油管道的穿孔，热电站锅炉的损坏以及轧钢过程中氧化铁皮的形成，这些都是金属腐蚀的例子。

“腐蚀”一词来自拉丁语“Corrode”，意指“腐蚀掉”，是指金属和周围环境起化学或电化学反应而导致的一种破坏现象，最常见的是钢和铁等金属的腐蚀。金属腐蚀现象早在人类使用金属时就已发现，古希腊历史学家希洛多斯（Herodtus）和古罗马自然科学家泼利尼乌斯（Polinius）在公元前已提出用锡来防止铁的腐蚀；我国在商代已出现了锡青铜来提高铜的耐蚀性。

多数金属（除少数贵金属如金、铂等外）都有在环境介质中逐渐转变为金属化合物的倾向，即金属腐蚀是一个自发破坏过程。由于金属遭受腐蚀后又恢复到了化合物状态，所以金属腐蚀可以说是冶炼的逆过程。因此，金属腐蚀是金属与周围环境介质之间发生化学或电化学作用而引起的变质和破坏现象。《金属腐蚀学》则是研究金属材料与周围环境介质作用发生破坏以及如何防止或延缓这种破坏的一门科学，它是在金属学、金属物理、物理化学、电化学、力学、冶金学等学科基础上发展起来的一门综合性边缘学科。

理解金属腐蚀的定义包括三方面的含义：腐蚀研究的着眼点是材料，腐蚀是材料的损伤；腐蚀是材料与环境相互作用的结果，大多数是电化学反应；腐蚀是一种渐变过程。

金属腐蚀具有三个特征，即普遍性、自发性和隐蔽性。金属腐蚀的普遍性和自发性是指绝大多数金属（除少数贵金属如金、铂等外）都有在环境介质中逐渐转变为金属化合物的倾向，即金属腐蚀是一个自发破坏过程，而其相反过程——金属的冶炼则需要额外提供能量，不是自发过程。金属腐蚀具有隐蔽性，它是一个缓慢过程，且很难被发现。

金属材料在实际工程应用中常见的破坏形式有：断裂（fracture）、磨损（wear）和腐蚀（corrosion），而腐蚀引起的破坏格外受到重视，只有搞清腐蚀产生的原因，才能研制出适宜的耐腐蚀材料、涂层以及采取合理的防护措施，达到防腐蚀的目的。

1.2 腐蚀的危害及其研究意义

金属腐蚀问题遍及国民经济和国防建设的各个领域，从日常生活、仓库储存到交通运输、建筑、机械、石油化工、冶金、国防等各方面都存在腐蚀问题，它给国民经济带来巨大损失。这种损失包括以下三个方面：一是经济损失。包括管道、储罐和各类机械的金属零件、舰船、桥梁、海洋工程结构的腐蚀所造成的经济损失。二是降低了设备运行的安全性。腐蚀可能造成设备灾难性的破坏和断裂等事故，如：压力容器、锅炉、储存有毒物质的金属容器、汽轮机叶片和螺旋桨、桥梁、飞机零件和汽车驾驶机构。在核电站设备及核废料处理装置的设计中首先考虑的是安全。三是资源保护。因为全球的金属资源是有限的，这些资源的消耗很多难以再生，并且还伴随着这些金属构件生产制造中的能源、水和人类精力的浪费。

腐蚀造成的经济损失可分为直接损失和间接损失两大类。直接损失主要是指自然资源的消耗，包括以下几个方面：一是更换被腐蚀的构件、机械或它们的零部件等。如：冷凝管、排气管、管道、金属屋顶，并包括更换工作所需的劳动力在内合计花费的金额。二是对构件进行防锈为主要目的重新油漆的费用和建立对管道阴极保护时的基本投资及维持费用。三是因使用耐蚀金属和合金代替尽管机械强度足够，但耐蚀性不足的碳钢时所需支付的额外费用。此外，还包括钢上镀锌、镀镍、镀铬等的费用；往油和水里加缓蚀剂的费用；对储放金属设备的仓库内除湿所需的费用；各种防腐防蚀包装材料的费用等。据估计，在美国、澳大利亚、英国、日本和其他国家的腐蚀损失约占国民经济净产值的3%~4%；我国因腐蚀造成的经济损失与世界其他国家相似。腐蚀造成的间接损失比较难以统计，一般比直接损失更大。主要包括以下几个方面：停产损失；产品损失，如油、气、水从腐蚀管道中泄漏，汽车散热器的腐蚀导致冷却液漏失等；效率损失，如腐蚀产物积累引起热效率降低等；产品污染，如腐蚀使产品受到污染以致不合格等；过度设计，如为确保设备的使用寿命，常常设计得比正常操作压力及外应力所需的笨重好几倍等。此外，由于爆炸、化学设备意外破裂、飞机火车等关键零件的突然腐蚀断裂引起的失事中导致健康或生命损失就更难估计，已超出用金钱衡量的范围。

应当指出，金属腐蚀造成的损失并非完全不可避免，运用恰当的防护技术可使腐蚀经济减少25%~30%。

1.3 金属腐蚀的分类

金属腐蚀多种多样，因此有不同的分类方法。常见的分类依据有：腐蚀环境、腐蚀机理、腐蚀形态、金属材料、应用范围或工业部门、防护方法等。

1.3.1 按腐蚀机理分类

1.化学腐蚀(chemical corrosion)

化学腐蚀是指金属表面与非电解质直接发生化学作用而引起的破坏。其反应历程的特点是金属表面的原子与非电解质中的氧化剂直接发生氧化还原反应,形成腐蚀产物。腐蚀过程中电子的传递是在金属与氧化剂之间直接进行的,因而没有电流产生。

化学腐蚀的情况主要有两种:①金属在非电解质溶液中的腐蚀,指金属在不导电的液体中发生的腐蚀。如铝在四氯化碳、三氯甲烷或乙醇中的腐蚀,镁和钛在甲醇中的腐蚀等。②金属在干燥气体中的腐蚀,特别是在高温气体作用下的腐蚀。如轧钢时生成厚的氧化铁皮,燃气轮机叶片在工作状态下的腐蚀等。

2.电化学腐蚀(electrochemical corrosion)

电化学腐蚀是指金属表面与离子导电的介质(如电解质水溶液等)发生电化学反应而引起的破坏。任何以电化学机理进行的腐蚀反应至少包含有一个阳极反应和一个阴极反应,并以流过金属内部的电子流和介质内部的离子流形成回路。阳极反应是氧化过程,即金属原子从金属转移到介质中成为离子并放出电子;阴极反应为还原过程,即介质中的氧化剂组分吸收来自阳极的电子的过程。

可见,与化学腐蚀不同,电化学腐蚀的特点在于其腐蚀历程是两个相对独立并可同时进行的过程。由于在被腐蚀金属表面上存在着分开的阳极区和阴极区,腐蚀反应过程中电子的传递可通过金属从阳极区流向阴极区,从而构成一个总的回路(腐蚀电池),其结果必有电流产生。这种因电化学腐蚀而产生的电流与反应物质的转移,可通过法拉第定律定量地联系起来。

电化学腐蚀是最常见的腐蚀形式。金属材料在自然条件下如大气、海水、土壤、化工介质、冶炼生产中的熔融盐等介质中的腐蚀都属于电化学腐蚀。

电化学作用既可单独引起金属腐蚀,又可和机械作用、生物作用共同导致金属腐蚀,可以理解为机械因素作用下的电化学腐蚀或生物电化学腐蚀。这种联合因素共同作用比单个因素分别作用后再叠加起来还要严重得多。例如当金属同时受拉伸应力和电化学作用时,可引起应力腐蚀断裂(stress corrosion cracking)。金属在交变应力和电化学共同作用下可产生腐蚀疲劳(corrosion fatigue)。若金属同时受到机械磨损和化学作用,则可引起磨损腐蚀(erosion corrosion)。微生物的新陈代谢可为电化学腐蚀创造条件,参与或促进金属的电化学腐蚀,称为微生物腐蚀(microbial corrosion)或细菌腐蚀(bacterial corrosion)。

3.物理腐蚀(physical corrosion)

物理腐蚀是指金属由于单纯的物理溶解作用引起的腐蚀。熔融金属中的腐蚀就是固态金属与熔融液态金属(如铅、锌、钠、汞等)相接触引起的金属溶解或开裂。这种腐蚀不是由于化学反应,而是由于物理溶解作用形成合金,或液态金属渗入晶界造成的。例如,热浸镀锌用的铁锅,由于液态锌的溶解作用,使铁锅很快腐蚀坏了。

1.3.2 按腐蚀形态分类

按金属腐蚀后的破坏形态,可将腐蚀分为两大类:全面腐蚀(general corrosion)和局部腐蚀(localized corrosion)。

1.全面腐蚀

全面腐蚀又有均匀腐蚀(uniform corrosion)和非均匀腐蚀之分。均匀腐蚀是腐蚀作用均匀地发生在整个金属表面上,金属表面上各部分的腐蚀速度基本相同。例如钢铁材料在大气中的锈蚀和银的变色、金属的高温氧化等都属于这一类腐蚀。均匀腐蚀的危险性较小,设计金属结构时也较易控制。因为,知道了某种材料在给定介质中的腐蚀速度就可以算出相应的使用年限和该材料的设计安全系数。但在实际生活中最常见的还是非均匀腐蚀和局部腐蚀。非均匀腐蚀虽然同样发生在整个金属表面上,但各部分的腐蚀速度相差甚大。海船航行 4 ~5 年后,在船体水下部分的整个表面上会观察到非均匀腐蚀。

2.局部腐蚀

局部腐蚀的破坏形态较多,对金属结构的危害性也比全面腐蚀大得多。局部腐蚀又可细分为以下几种(图 1 -1)。

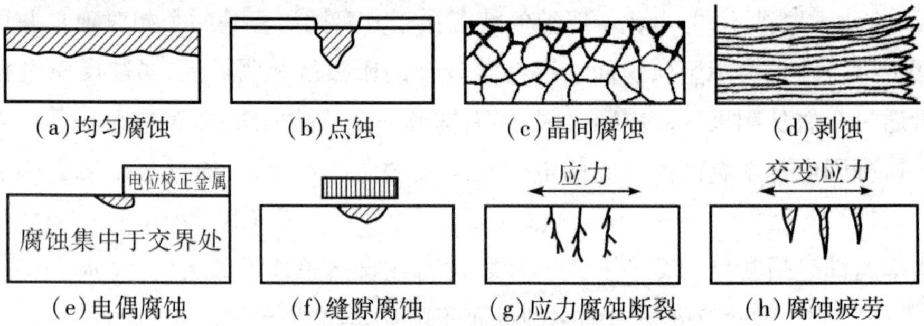

图 1 -1　腐蚀形态示意图

(1)点蚀(pitting)又称孔腐蚀。是在金属上产生针孔、点状、小孔状的一种局部腐蚀形态。对于传送各种液体、气体的管道系统来说,它是破坏性和隐患最大的腐蚀形态之一,是造成“跑、冒、滴、漏”的主要祸根,且难以检查,有时突然导致灾害。

(2)缝隙腐蚀(crevice corrosion)。金属构件一般采用铆接、焊接或螺钉连接等方式进行装配,在连接部位就可能出现缝隙。这种在两个金属表面之间或一个金属和一个非金属表面或沉积物之间的缝隙内发生的强烈局部腐蚀现象称为缝隙腐蚀。缝隙腐蚀常与缝隙内积存的少量溶液有关。依靠氧化膜或钝化层耐蚀的金属或合金,特别容易遭受缝隙腐蚀,如不锈钢、铝合金等。

(3)电偶腐蚀(galvanic corrosion)又称不同金属接触腐蚀。是指两种或两种以上具有不同电位的金属接触时造成的腐蚀。耐蚀性较差的金属接触后,成为阳极,腐蚀加速;耐蚀性较高的金属变为阴极受到保护,腐蚀减缓甚至停止。

(4)晶间腐蚀(intergranular corrosion)。腐蚀破坏沿着金属晶粒的边界发展,使晶粒之间失去结合力,金属在外形上变化不大时即严重丧失其机械性能。晶间腐蚀会引起合金破裂、损失强度,以致造成严重事故。例如,一架飞机由于常用于运输活鱼、海产品,造成飞机机身严重晶间腐蚀,1981 年 8 月在一次高空飞行中,增压舱加压时,于空中解体而失事。

(5)选择性腐蚀(selective corrosion)。多元合金在腐蚀介质中某一组分优先溶解,从而造成另一组分富集在合金表面上。黄铜脱锌便是这类腐蚀典型的例子。由于锌优先腐蚀,合金表面上富集铜而呈红色。

(6)穿晶腐蚀。腐蚀破坏沿着最大张应力线发展,可以贯穿晶粒本体,使金属开裂。同晶间腐蚀一样,穿晶腐蚀在发生后用肉眼在金属表面不易觉察,一般也没有预兆,具有突然破坏的性质。晶间腐蚀和穿晶腐蚀是奥氏体不锈钢、某些铝合金和铜合金的破坏特征。

(7)剥蚀(exfoliation)又称表面下腐蚀。这类腐蚀发生在表面的个别点上,以后在表面下进一步扩展,沿着与表面平行的晶界进行。由于腐蚀产物的体积大于原金属体积而使金属鼓胀或者分层剥落。某些铝合金、不锈钢的型材或板材表面和用贱金属涂层保护的金属表面可能发生这类腐蚀。

(8)应力腐蚀和氢脆(stress corrosion and hydrogen embrittlement)。金属和合金在腐蚀介质和机械拉应力的共同作用下导致腐蚀开裂以至破坏的现象。

1.3.3 按腐蚀环境分类

不同的腐蚀环境造成的腐蚀现象及相应机理是有区别的。按环境分类,腐蚀一般可分为干腐蚀(包括金属失泽、高温氧化)、湿腐蚀(包括大气腐蚀、土壤腐蚀、海水腐蚀和工业介质中的腐蚀)、有机液体腐蚀、熔盐腐蚀和熔融金属腐蚀。

1.4 腐蚀速度及其表征

金属腐蚀程度的大小,根据腐蚀破坏程度的不同,有各种不同的评定方法。对于全面腐蚀来说,通常用平均腐蚀速度来衡量。腐蚀速度可用失重法(或增重法)、深度法、容量法和电流密度来表示。

1.4.1 失重法或增重法

金属腐蚀程度的大小可用腐蚀前后试样质量的变化来评定。由于日常生活中人们习惯把质量称为重量,因此根据质量变化评定腐蚀速度的方法习惯上仍称为“失重法”或“增重法”。失重法就是根据腐蚀后试样质量的减小,用下式计算腐蚀速度:

$$v_{失} = \frac{(m_0 - m_1)}{S \cdot t} \tag{1-1}$$

式中，$v_{失}$ 为腐蚀速度，$g/m^2 \cdot h$；m_0 为试样腐蚀前的质量，g；m_1 为试样清除腐蚀产物后的质量，g；S 为试样表面积，m^2；t 为腐蚀时间，h。

这种方法适用于均匀腐蚀，而腐蚀产物完全脱落或很容易从试样表面清除掉的情况。

当腐蚀后试样质量增加且腐蚀产物完全牢固地附着在试样表面时，可用增重法，用下式计算腐蚀速度：

$$v_{增} = \frac{(m_2 - m_0)}{S \cdot t} \tag{1-2}$$

式中，$v_{增}$ 为腐蚀速度，$g/m^2 \cdot h$；m_2 为带有腐蚀产物的试样的质量，g。

根据腐蚀速度的不同，所用单位也可变化，如时间单位除小时外，还有天、年等；面积单位和质量单位也有多种。

1.4.2 深度法

以质量变化表示的腐蚀速度的缺点是没把腐蚀深度表示出来。工程上，腐蚀深度或构件变薄的程度直接影响该构件的使用寿命，因而更具有实际意义。在衡量不同密度的金属的腐蚀程度时，更适合用这种方法。

将金属失重腐蚀速度换算为腐蚀深度的公式为：

$$v_{深} = \frac{8.76 v_{失}}{\rho} \tag{1-3}$$

式中，$v_{深}$ 为以腐蚀深度表示的腐蚀速度，mm/a；$v_{失}$ 为失重腐蚀速度，$g/m^2 \cdot h$；ρ 为金属的密度，g/m^3；8.76 为单位换算系数。

根据金属年腐蚀深度不同，可将其耐蚀性按十级标准（表 1－1）和三级标准（表 1－2）分类。

表 1－1　金属耐蚀性十级标准

耐蚀性分类		耐蚀性等级	腐蚀速度/（mm・a）
Ⅰ	完全耐蚀	1	<0.001
Ⅱ	很耐蚀	2	0.001～0.005
		3	0.005～0.01
Ⅲ	耐蚀	4	0.01～0.05
		5	0.05～0.1
Ⅳ	尚耐蚀	6	0.1～0.5
		7	0.5～1.0
Ⅴ	欠耐蚀	8	1.0～5.0
		9	5.0～10.0
Ⅵ	不耐蚀	10	>10.0

表 1－2 金属耐蚀性三级标准

耐蚀性分类	耐蚀性等级	腐蚀速度/(mm·a)
耐蚀	1	<0.1
可用	2	0.1～1.0
不可用	3	>1.0

1.4.3 容量法

析氢腐蚀时，如果氢气析出量与金属的腐蚀量成正比，则可用单位时间内单位试样表面积析出的氢气量来表示金属的腐蚀速度：

$$v_{容} = \frac{V_0}{S \cdot t} \quad (1-4)$$

式中，$v_{容}$ 为氢气容积表示的腐蚀速度，$cm^3/cm^2 \cdot h$；V_0 为换算成 0℃、760 mmHg 柱时的氢气体积，cm^3；S 为试样表面积，cm^2；t 为腐蚀时间，h。

1.4.4 以电流密度表示腐蚀速度

电化学腐蚀中，阳极溶解导致金属腐蚀。根据法拉第定律，阳极每溶解 1 mol 金属，通过的电量为1F，即96500C。若电流强度为 I，通电时间为 t，则通过的电量为 It。阳极所溶解的金属量 Δm 应为：

$$\Delta m = \frac{A \cdot I \cdot t}{nF} \quad (1-5)$$

式中，A 为金属的原子量；n 为价数，即金属阳极反应方程式中的电子数；F 为法拉第常数，$F = 96\ 500$ C/mol电子。

对于均匀腐蚀来说，整个金属表面积 S 可看成阳极面积，故腐蚀电流密度 i_{corr} 为 I/S。因此可由式(1－5)求出腐蚀速度 $v_{失}$ 与腐蚀电流密度 i_{corr} 间的关系：

$$v_{失} = \frac{\Delta m}{S \cdot t} = \frac{A \cdot I}{nF \cdot S} = \frac{A}{nF} \cdot i_{corr} \quad (1-6)$$

可见，腐蚀速度与腐蚀电流密度成正比。因此可用腐蚀电流密度 i_{corr} 来表示金属的电化学腐蚀速度。若 i_{corr} 的单位取 $\mu A/cm^2$，金属密度 ρ 的单位取 g/cm^3，则以不同单位表示的腐蚀速度为：

$$v_{失} = 3.73 \times 10^{-4} \times \frac{A}{n} \cdot i_{corr} (g/m^{-2} \cdot h^{-1}) \quad (1-7)$$

以腐蚀深度表示的腐蚀速度与腐蚀电流密度的关系为：

$$v_{深} = \frac{\Delta m}{\rho \cdot S \cdot t} = \frac{A}{\rho \cdot nF} \cdot i_{corr} \quad (1-8)$$

若 i_{corr} 的单位为 $\mu A/cm^2$，ρ 的单位为 g/cm^3，则

$$v_{深} = 3.27 \times 10^{-1} \times \frac{Ai_{corr}}{n\rho} (mm/a) \quad (1-9)$$

必须指出,金属的腐蚀速度一般随时间而变化。腐蚀试验时,应测定腐蚀速度随时间的变化,选择合适的时间以测得稳定的腐蚀速度。

1.5 腐蚀科学的发展

从人类有目的地利用金属时起,就开始了对金属腐蚀及防护的研究。早在2 000多年前,我国就创造了铬酸盐钝化处理技术;从古代开始,在金属甲胄和许多饰品上就已使用抛光、磨光技术,既改善了外观,更重要的是可以防腐。但是这些还远远没有与金属腐蚀研究联系起来。

对金属腐蚀现象的研究首先是从金属的高温腐蚀开始的。16世纪50年代,俄国科学家罗蒙索夫指出,金属之氧化乃是金属与氧化合所致,之后他又研究了金属的溶解及钝化问题。1800年,伏特(A. Volta)发现原电池理论;1801年,英国的瓦尔顿(W. H. Wollaton)根据原电池理论提出金属在酸中的电化学腐蚀理论;1927年,贝克勒尔(A. C. Becquerel)和马列特(R. Mallet)先后提出浓差腐蚀电池理论;1830—1840年,法拉第确定了金属阳极溶解与电量之间的关系,这对腐蚀的电化学理论的进一步发展是很重要的;1830年,德·拉·瑞夫提出了腐蚀的微电池特征;1847年,艾德(R. Aido)发现氧浓差电池腐蚀现象;1881年,卡扬捷尔研究了金属在酸中溶解的动力学,指出了金属溶解的电化学本质;1887年,阿贝斯(S. Arrbeius)提出离子化理论。

20世纪初,金属腐蚀逐渐发展成一门独立的学科。1903年,美国的怀特利(W. R. Whitely)发表了《铁在水中腐蚀的电化学理论》;1933年,英国的伊文思(V. R. Evans)和霍尔(T. P. Hoar)绘制了腐蚀极化图,为将腐蚀作为一门独立的学科奠定了理论基础;1957年,M. Stern和Geary提出线性极化理论;1966年,比利时科学家布拜(M. Pourbaix)利用电位-pH图说明金属在介质中的电化学腐蚀行为,为研究腐蚀动力学和腐蚀机理提供了依据。俄国科学家弗鲁姆金和阿基莫夫分别从金属溶解的电化学历程与金属组织结构和腐蚀的关系方面提出了许多新的见解,进一步发展和充实了腐蚀科学的基本理论。此外,美国科学家尤立格和方坦纳、德国科学家瓦格纳、英国科学家霍尔等均为现代腐蚀科学的发展作出了卓越贡献。

第2章　金属腐蚀电化学

金属腐蚀大多数是因为电化学腐蚀引起的，为什么会发生电化学腐蚀？电化学腐蚀是否能够自发进行及其限度如何？电化学腐蚀的速度快慢如何计算？即金属腐蚀的热力学和动力学问题是本章主要介绍的内容。

2.1　金属腐蚀热力学

2.1.1　金属腐蚀的自发性判据

化学反应存在着自发进行的方向和限度问题。自发过程都是不可逆过程，都具有一定的方向和限度。绝大多数金属材料（除少数贵金属如金、铂外）都有自发腐蚀的倾向。根据热力学原理，一个变化的方向和限度，在不同的条件下有不同的热力学函数判据。对于孤立体系可用熵变判据：

$(\Delta S)_{U,V}>0$ 即自发过程；$(\Delta S)_{U,V}=0$ 即平衡过程；$(\Delta S)_{U,V}<0$ 即过程不能自发进行。

熵判据用来判断腐蚀倾向时，除需要求出体系的熵变 $\Delta S_{体}$ 外，还要计算出环境的熵变 $\Delta S_{环}$。对于化学反应，特别是金属腐蚀，环境的熵变难以求算。因此，熵判据应用很不方便。金属腐蚀过程一般是在恒温恒压的敞开体系中进行的，此情况下通常用吉布斯（Gibbs）自由能判据来判断反应的方向和限度。即在等温等压条件下：

$(\Delta G)_{T,P}<0$ 自发过程；$(\Delta G)_{T,P}=0$ 平衡状态；$(\Delta G)_{T,P}>0$　非自发过程。

对于腐蚀体系，它是由金属与外围介质组成的多组分敞开体系。恒温恒压下，腐蚀反应自由能的变化可由反应中各物质的化学位计算：

$$(\Delta G)_{T,P}=\sum_i \nu_i\mu_i \tag{2-1}$$

式中，υ_i 为化学反应式中第 i 种物质的化学计量系数。规定反应物的系数取负值，生成物的系数取正值。μ_i 为第 i 种物质的化学位。

由此可以根据腐蚀反应的自由能变化的大小来判断该反应进行的方向。多数金属的腐蚀属于电化学腐蚀。电化学腐蚀反应中除了化学物质外还有电子参加。因此，上述化学热力学规律往往不能完美地解释腐蚀现象，而要用电极过程动力学来讨论。电化学腐蚀倾向的大小，还可用电极电位或标准电极电位来判断。

从热力学可知，恒温恒压下可逆过程所做的最大非膨胀功等于反应自由能的减少，即：

$$W = -(\Delta G)_{T,P} \tag{2-2}$$

式中，W 为非膨胀功。如果非膨胀功只有电功一种，且把反应设计在可逆电池中进行，则此最大非膨胀功为可逆电池做的电功：

$$W = nF\varepsilon \tag{2-3}$$

式中，n 为电极反应式中电子数；F 为法拉第常数；ε 为电池的电动势。

将式(2－3)代入式(2－3)，则

$$(\Delta G)_{T,P} = -nF\varepsilon \tag{2-4}$$

在忽略液界电位和金属接触电位的情况下，电池的电动势 ε 等于正极的电位减去负极的电位；即等于阴极电位 E_C 减去阳极电位 E_A：

$$\varepsilon = E_C - E_A \tag{2-5}$$

金属阳极发生溶解(腐蚀)，其电位为 E_A；而腐蚀剂在阴极发生还原反应，其电位为 E_C。根据腐蚀倾向的热力学判据，将式(2－5)代入式(2－4)，可得出金属腐蚀倾向的电化学判据：$E_A < E_C$，则电位为 E_A 的金属自发进行腐蚀；$E_C = E_C$，平衡状态；$E_A > E_C$，则电位为 E_A 的金属不会自发腐蚀。只有金属的电位比腐蚀剂的还原电位更负时，金属的腐蚀才能自发进行。

当两种金属组成电偶时，只有电位较负的金属构成阳极，发生腐蚀；电位较正的金属则不会自发进行腐蚀。根据测量或计算出的腐蚀体系中金属的电位和腐蚀剂的还原反应电位进行比较，按以上电位判据就可判定金属腐蚀的可能性。金属的电极电位与其性质、溶液成分、温度和压力等有关，其大小可以通过实验测定。对于可逆电极可用能斯特(Nernst)方程计算其电位。

若腐蚀反应具有如下的形式：$mM + lL \rightarrow qQ + rR$

则腐蚀电池的电动势：

$$E = E^0 + \frac{RT}{nF}\ln\frac{a_Q^q \cdot a_R^r}{a_M^m \cdot a_L^l} \tag{2-6}$$

这就是计算电位或电动势的能斯特方程。反应物或生成物的浓度变化，将有可能引起腐蚀倾向的改变。热力学上能够自发进行的腐蚀，不一定腐蚀速度就快，后者属于动力学的问题。

2.1.2 金属的电极电位和电动序

电极电位负值表示金属容易转变为离子状态进入溶液，电极电位负值越大的金属越不耐腐蚀。电极电位正值表示不容易离子化，电极电位值越正的金属越耐腐蚀。因此，托马晓夫指出，可利用标准电极电位数据来近似地判断金属电化学腐蚀的可能性。

金属的标准电极电位是将金属半电池反应与标准氢电极比较得到的电极电位，将电极电位值按照从小到大的顺序排列就得到电动序(表2－1)。表中有常用金属在25℃时的标准电极电位及其热力学稳定性的一般特性。根据pH值等于7和pH值等于0时氢电极和氧电极的平衡电位值(氢电极电位值－0.414V和0.00V；氧电极电位为＋0.815V和＋1.23V)把这些金属划分为腐蚀热力学稳定性不同的五个组。利用电动序中的标准电极电位，可以方便地判断金属的腐蚀倾向。

表2－1 金属的标准电极电位 E^0 及其热力学稳定性的一般特性

热力学稳定性的一般特性	金属及其电极反应	E^0/V
1. 热力学上很不稳定的金属（贱金属）。甚至能在不含氧和氧化剂的中性介质中腐蚀	$Li-e$	−3.045
	$Re-e$	−2.925
	$K-e$	−2.924
	$Cs-e$	−2.923
	$Ra-2e$	−2.916
	$Ba-2e$	−2.906
	$Sr-2e$	−2.890
	$Ca-2e$	−2.866
	$Na-e$	−2.714
	$La-3e$	−2.522
	$Ce-3e$	−2.480
	$Y-3e$	−2.372
	$Mg-2e$	−2.363
	$Am-3e$	−2.320
	$Sc-3e$	−2.080
	$Pu-3e$	−2.070
	$Th-4e$	−1.900
	$Np-3e$	−1.860
	$Be-2e$	−1.847
	$U-3e$	−1.800
	$Hf-4e$	−1.700
	$Al-3e$	−1.662
	$Ti-2e$	−1.628
	$Zr-4e$	−1.529
	$U-4e$	−1.500
	$Ti-3e$	−1.210
	$V-2e$	−1.186
	$Mn-2e$	−1.180
	$Nb-3e$	−1.100
	$Cr-2e$	−0.913
	$V-3e$	−0.876
	$Ta-5e$	−0.810
	$Zr-2e$	−0.763
	$Cr-3e$	−0.744
	$Ga-3e$	−0.529
	$Te-2e$	−0.510
	$Fe-2e$	−0.440 −
2. 热力学上不稳定的金属（贱金属）。没有氧时，在中性介质中是稳定的。但在酸性介质中能被腐蚀	$Cd-2e$	−0.402
	$In-3e$	−0.342
	$Tl-e$	−0.336
	$Mn-3e$	−0.283
	$Co-2e$	−0.277
	$Ni-2e$	−0.250
	$Mo-3e$	−0.200
	$Ge-4e$	−0.150
	$Sn-2e$	−0.136
	$Pb-2e$	−0.126
	$W-3e$	−0.110
	$Fe-3e$	−0.037
3. 热力学上中等稳定的金属（半贵金属）。当没有氧时在酸性介质和中性介质中是稳定的	$Sn-4e$	+0.007
	$Ge-2e$	+0.010
	$Bi-3e$	+0.216
	$Sb-3e$	+0.240
	$Re-3e$	+0.300
	$As-3e$	+0.300
	$Cu-2e$	+0.337
	$Tc-2e$	+0.400
	$Co-3e$	+0.418
	$Cu-e$	+0.521
	$Rh-2e$	+0.600
	$Tl-3e$	+0.723
	$Pb-4e$	+0.784
	$Hg-e$	+0.789
	$Ag-e$	+0.799
	$Rh-3e$	+0.800
4. 高稳定性的金属（贵金属）。在有氧的中性介质中不腐蚀，在有氧或酸性介质中可能腐蚀	$Hg-2e$	+0.854
	$Pb-2e$	+0.987
	$Ir-3e$	+1.000
	$Pt-2e$	+1.190
5. 完全稳定的金属。在有氧的酸性介质中是稳定的。有氧化剂时能溶解在络合剂中	$Au-3e$	+1.498
	$Au-e$	+1.691

2.1.3 界面结构及性质

1.界面双电层

金属的腐蚀是在金属/水溶液界面上进行的。如图 2－1 所示,界面双电层可看成在界面区域内,存在着两个分别带正、负电荷并相距一定距离的荷电层。在两荷电层间或荷电层内形成高电场(电场强度可达 10^7V/cm),使得腐蚀电极反应和腐蚀电极反应速度受界面结构的巨大影响。由于可通过外部措施来连续地改变电极电位,因此,可有效地改变腐蚀电化学反应的方向和速度,通过建立各种电化学测量方法来研究各种电化学腐蚀过程,还可通过电化学控制电位的方法,保护金属材料免遭腐蚀。

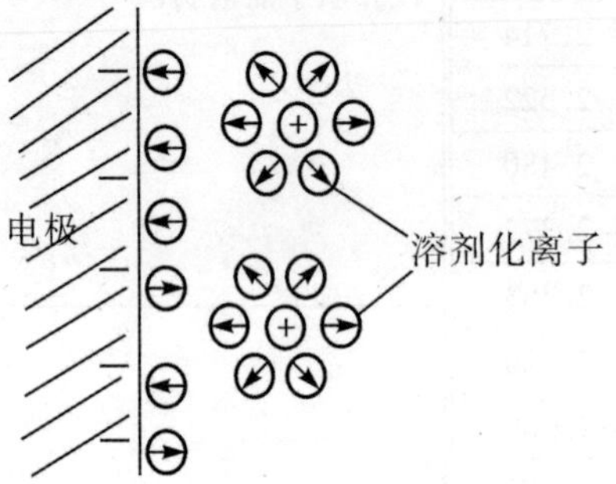

图 2－1　金属与溶液接触时的界面状态

环境或腐蚀介质的组成、浓度、温度以及金属材料的物理化学性质、表面状态都对固－液界面结构和性质对腐蚀电化学反应的性质、特点和速度均产生明显的作用。

2.电毛细现象

当把金属电极放入电解质溶液中时,在金属与溶液界面存在表面张力(或称界面张力)。界面张力大,溶液对电极的润湿程度就小,反之则大。但对电极体系而言,界面张力不仅与界面层的物质组成有关,还与电极电势有关,我们把界面张力随电极电势变化的现象叫作电毛细现象,界面张力与电极电势的关系曲线叫作电毛细曲线。

如图 2－2(a)所示,用外电源给毛细管中与电解液相接触的水银电极充电,水银柱会随电极电势的变化而上、下伸缩。毛细管 K 内装满水银,并与电解质溶液相接触组成研究电极,由于界面张力的作用,汞与溶液的接触面形成弯月面。实验中可通过外电源向汞电极充电,改变电极电势。同时通过调节贮汞瓶的位置使汞弯月面位置保持恒定。在不同电极电势下测得汞柱高度 h,并由 h 计算出界面张力。实验测出的电毛细曲线近似于具有最高点的抛物线,如图 2－2(b)所示。

3.界面结构

界面结构、界面电荷对腐蚀电化学过程有重大影响,固/液界面结构特性主要由过剩电荷的分布所表征。因此,可采用界面双电层结构模型对界面结构进行描述。

（1）赫姆霍兹－佩林（HelmHoltz－Perrin）模型。产生界面电场的电位差是由两种方式引起的，一种是由于过剩电荷产生的电位差，另一种是由于电介质的偶极行为引起的电位差。当腐蚀介质浓度较高、金属表面电荷密度较大时，介质与金属相互间的静电作用较强，且在离子强度较大时，离子热运动较困难，对介质一侧过剩电荷分布影响较小，因此，介质中过剩电荷倾向于紧密分布，形成如图 2－3 所示的平板电容器模型。它对于理想的电毛细曲线的抛物线特点给予了充分的解释。但实际测得的电毛细曲线很少是对称的，存在某些不完善之处。

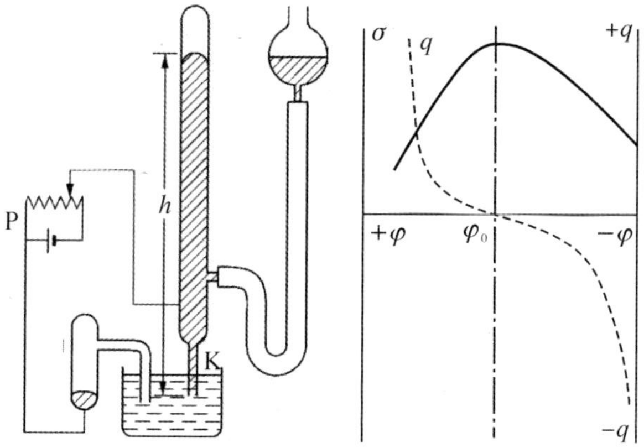

（a）毛细管静电计　　（b）电毛细曲线

图 2－2　电毛细现象

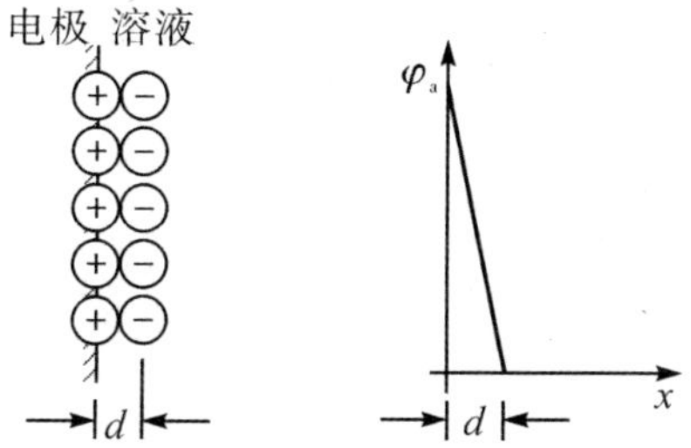

（a）紧密型模型　（b）紧密型模型的电位分布

图 2－3　赫姆霍兹－佩林（HelmHoltz－Perrin）双电层模型

（2）古依－奇普曼（Gouy－Chipman）模型。如图 2－4 所示，假定没有接触吸附，且过剩电荷不是完全集中于电极表面，带电离子扩散进入溶液本体，带电离子在溶液侧形成一个扩散层。此模型事实上是将荷电离子看作电荷云，根据德拜－休克尔（Debye－Hukel）离子氛模型，电荷云对中心离子的静电作用可看作是在 x^{-1} 处电荷云整个电荷量的静电作用。模型中的扩散电荷区的静电作用也可视为在平行于电极的 x^{-1} 处整个古依－奇普曼电荷的静电作用。

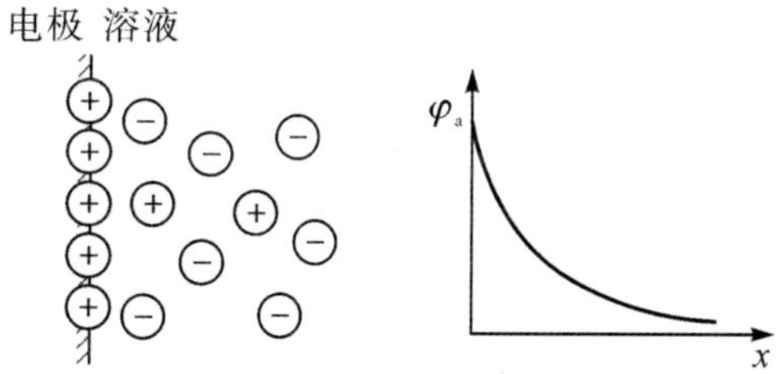

（a）分散型模型　（b）分散型模型的电位分布

图 2－4　古依－奇普曼（Gouy－Chipman）双电层模型

(3)斯特恩(Stern)模型。斯特恩综合上述两种模型的观点,提出一部分荷电离子是黏着或固定在相距电极表面的一个平面上,其他荷电离子则分散于溶液中,形成两个分离的电荷区,如图2-5所示。斯特恩模型将其中一部分电荷作为点电荷,并认为它们固定在一个平面上。如此构成双电层中的紧密层,没有考虑接触吸附和水分子的偶极性。事实上,接触吸附和水分子偶极子在金属电极表面的定向排列,对界面电容有很大的影响。

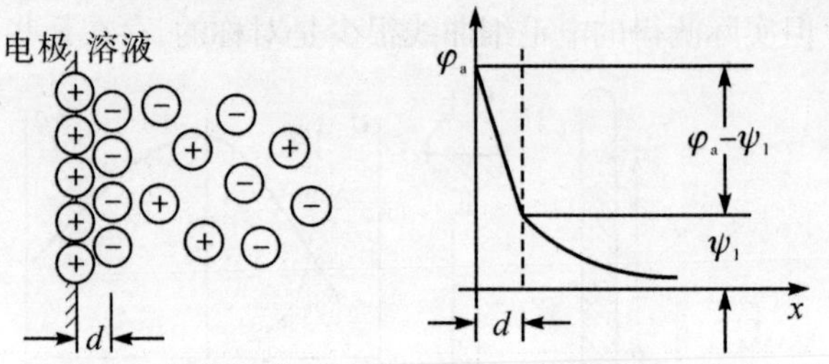

(a)紧密-分散层模型　(b)紧密-分散层模型的电位分布

图2-5　斯特恩(Stern)双电层模型

(4)BDM模型。博克里斯(Bockris)、德瓦纳桑(Davanthan)、穆勒(Muller)考虑到金属电极表面发生的水分子偶极定向排列和接触吸附的情况,提出了紧密层模型(图2-6)。电极表面是由定向排列的水偶极子所覆盖,形成水分子偶极层。第二层是由水化的阴离子或阳离子组成过剩电荷层。当金属电极表面带正电荷时,水化阴离子的水化膜极易遭到破坏,阴离子逸出,并在静电作用下取代水偶极层中的水分子而在金属表面发生接触吸附,在内赫姆霍兹平面形成内紧密层,而水化阳离子在外赫姆霍兹平面形成外紧密层。

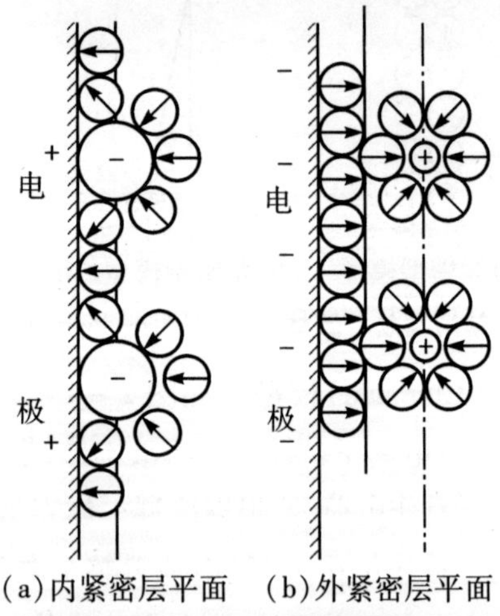

(a)内紧密层平面　(b)外紧密层平面

图2-6　BDM紧密层模型

2.1.4　腐蚀电池

金属在电解质溶液中的腐蚀现象是一个电化学腐蚀过程,金属发生电化学腐蚀的原因是一种自发的、短路的腐蚀原电池作用的结果。

1.腐蚀电池的构成

如图2-7所示是锌与铜在硫酸溶液中的腐蚀,由于锌的电位较低,铜的电位较高,它们各自在电极/溶液界面上建立的电极过程的平衡就遭到破坏，并在两个电极上分别进行以下的电极反应：

在锌电极上，金属失去电子被氧化：$Zn \rightarrow Zn^{2+} + 2e$

在铜电极上，稀硫酸溶液中的氢离子得到电子被还原：

$$2H^+ + 2e \rightarrow H_2\uparrow$$

整个电极反应为： $Zn + 2H^+ \rightarrow Zn^{2+} + H_2\uparrow$

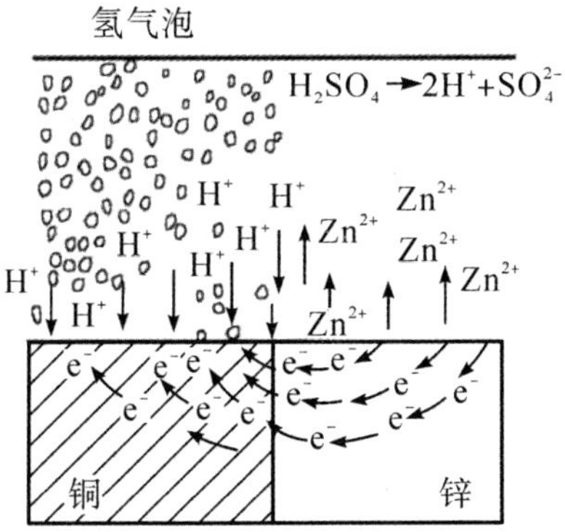

图 2-7 锌与铜接触在硫酸稀溶液中的溶解

铜锌电池接通以后，由于锌片溶解，电子沿导线流向铜片，而电流的方向由铜片流向锌片。上述电池不是一种可逆电池，也不能将化学能转变为电能。在电池反应所释放出来的化学能全部以热能方式散发。

如果我们把铜和锌两块金属直接接触在一起并浸入硫酸中，也将发生与上述原电池同样的变化，如图 2-8 所示。锌与铜仍可看做电池的两个极，锌为阳极，铜为阴极。锌溶解后所提供的剩余电子流过铜，并在铜表面上为溶液中的氢离子所接受，氢气在铜表面形成并逸出。只要氢离子还原的阴极反应存在，锌就会继续溶解下去。类似这样的电池称为腐蚀原电池或腐蚀电池。腐蚀电池只能导致金属材料破坏而不能对外作有用功的短路原电池。若将 Cu 换成 Sn、Sb 或 Fe 等其他金属，同样能起到促进锌发生腐蚀的作用。阳极锌与阴极金属的电位差越大，锌的腐蚀速度也越大。锌的腐蚀速度还与阴极金属上析氢过电位有关。

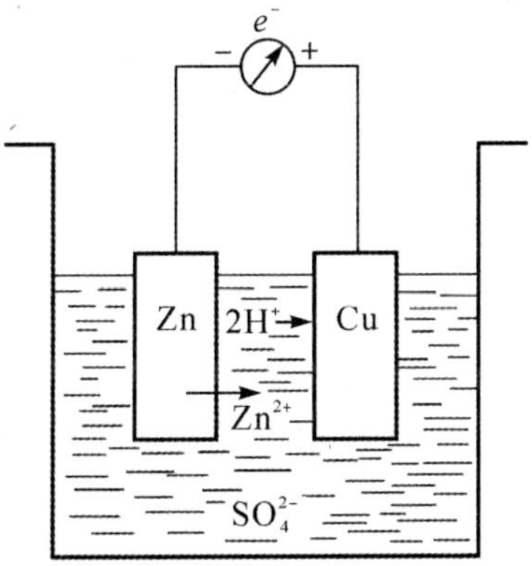

图 2-8 锌与铜在稀硫酸溶液中构成的原电池

电化学腐蚀过程离不开金属/电解质界面上电子的迁移。电子由电位低的金属（或同一金属上某一部分）迁移到电位高的金属（或同一金属上另一部分），然后再转给电解质溶液中的氧化剂。因此，一个腐蚀电池必须包括阳极、阴极、电解质溶液和电路四个不可分割的部分，这四个组成部分构成腐蚀电池工作的阳极过程、阴极过程和电子的流动三个环节。这三个环节既相互独立又彼此紧密联系和相互依存。只要其中一个环节受阻而停止工作，则整个腐蚀过程也就停止。实际上，在许多腐蚀情况下，阴、阳极过程也可以在同一金属表面随着时间相互交替地进行。使金属发生电化学腐蚀的唯一原因是溶液中存在着能够接受金属表面过剩电子的氧化剂（即去极化剂）。如果没有这些物质，即使金属表面上有不同的阴、阳极区，也不会发生电化学腐蚀。

金属的化学腐蚀与电化学腐蚀的区别在于：化学腐蚀时，被氧化的金属与被还原的物质之间的电子交换是直接进行的，氧化与还原过程不可分割。而电化学腐蚀过程中，金属的阳极溶解与环境中物质的还原在不同的部位相对独立地进行，电子的传递依靠金属本身作为回路间接进行。图 2－9（a）是金属的化学氧化与电化学氧化示意图，从图 2－9（b）可见，电化学腐蚀过程可分为阳极过程与阴极过程：

（1）阳极过程：　$[ne^- \cdot M^{n+}] \rightarrow [M^{n+}] + [ne^-]$

（2）阴极过程：　$[ne^-] + D \rightarrow [D \cdot ne^-]$

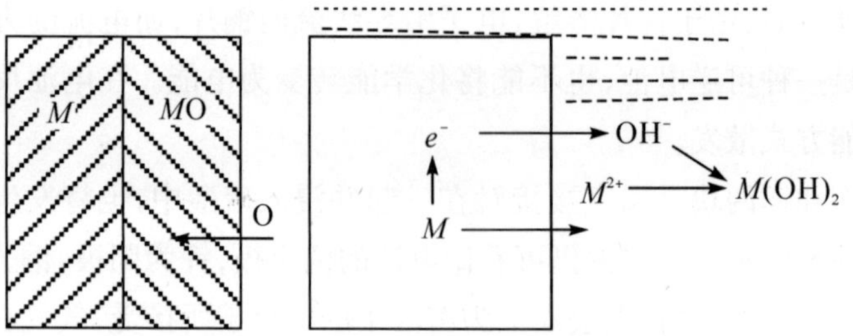

（a）金属的化学氧化　　（b）金属的电化学氧化

图 2－9　金属的化学氧化与电化学氧化

电化学腐蚀之所以能分成两个过程，是因为溶液中有金属离子，同时在金属中有自由电子，使阳极过程和阴极过程可以在不同区域内分别进行。

2.腐蚀电池的类型

根据组成腐蚀电池的电极的尺寸大小以及阳极区和阴极区分布随时间的稳定性，并考虑到促使形成腐蚀电池的影响因素和腐蚀破坏的特征，一般将腐蚀电池分为两大类：宏观腐蚀电池和微观腐蚀电池。

（1）宏观腐蚀电池。这类腐蚀电池的阴、阳极可用肉眼分辨出来，而且阴极区和阳极区保持长时间的稳定，由此而产生明显的局部腐蚀。

①双金属电池。两种或两种以上的金属相接触，在电解质溶液中构成的腐蚀电池，称为电偶电池（galvanic cell）。金属结构中常出现不同金属相接触的情况，在电解液存在的情况下可形成宏观腐蚀电池。电位较负的金属（阳极）腐蚀加快，而电位较正的金属（阴极）腐蚀减慢，甚至得到完全保护。构成这种腐蚀电池的两种金属电极电位相差越大，可能引起的腐蚀越严重。

这种腐蚀破坏称为电偶腐蚀(galvanic corrosion)或双金属腐蚀(bimetallic corrosion)。

②浓差电池。同一种金属浸入不同浓度的电解液中,或者虽在同一电解液中但局部浓度不同,都可形成浓差腐蚀电池。浓差腐蚀电池可分为金属离子浓差电池(metal ion concentration cell)和差异充气电池(differential aeration cell)或氧浓差电池(oxygen concentration cell)。在实际工作中,最有意义的是差异充气电池或氧浓差电池,它是普遍存在而危害严重的腐蚀电池,这种电池是由于金属与含氧量不同的介质接触形成的,是引起水线腐蚀、缝隙腐蚀、沉积物腐蚀、盐滴腐蚀和丝状腐蚀的主要原因。由于氧不易到达处,氧含量低,金属的电位比氧含量高处的电位低,因而为阳极,遭到腐蚀。

③温差腐蚀电池。浸入电解质溶液中的金属各部分,由于温度不同,可形成温差电池。这常发生在热交换器、锅炉等设备中。例如,在检查碳钢制成的热交换器时,可发现其高温端比低温端腐蚀严重。这是因为高温部位的碳钢电极电位比低温部位的低,而成为腐蚀电池的阳极。可是,铜、铝等在有关溶液中不同温度下的电极行为与碳钢相反。如在硫酸铜溶液中,低温端铜电极是阳极,高温端为阴极。

④电解池阳极腐蚀。电解池的阳极发生金属溶解,因此人们可以故意地用电解方法,使金属作为电解池的阳极,使之腐蚀,称为阳极腐蚀(anode corrosion)。然而,由于电气机车、地铁以及电解工业的直流电源的漏电也会引起金属腐蚀,叫作杂散电流腐蚀(stray current corrosion)。

(2)微观腐蚀电池。在同一金属表面上由于电化学不均匀性而产生许多极微小的电极,由此形成的腐蚀电池称为微观腐蚀电池。这类电池中电极的尺寸可与金属结晶组织大小相比(从0.1μm至1mm),电极的极性在腐蚀过程中能保持足够长久的恒定。这当然可引起微观范围内的局部腐蚀(例如点蚀、晶间腐蚀),但宏观上可认为腐蚀破坏是均匀的。

2.1.5 电位-pH图

1.电位-pH图原理

金属的电化学腐蚀绝大多数是金属同水溶液相接触时发生的腐蚀过程。水溶液中除了其他离子外,总有H^+和OH^-离子。这两种离子含量的多少由溶液的pH值表示。金属在水溶液中的稳定性不但与它的电极电位有关,还与水溶液的pH值有关。若将金属腐蚀体系的电极电位与溶液pH值的关系绘成图,就能直接从图上判断在给定条件下发生腐蚀反应的可能性。这种图称为电位-pH图,是由比利时学者M. Pourbaix在1938年首先提出的,故又称Pourbaix图。

(1)平衡电位E与pH的关系。电位-pH图是以电位为纵坐标,pH值为横坐标的电化学相图。根据参与电极反应的物质不同,电位-pH图上的曲线可分为三类(以$Fe-H_2O$体系为例):

①反应只与电极电位有关,而与溶液的pH值无关。这类反应只涉及某一物质的还原态和氧化态,因此,只要知道反应物和生成物离子的活度,就可根据能斯特方程计算出反应的电位。

$$Fe \rightarrow Fe^{2+} + 2e^-$$

$$E_{\frac{Fe}{Fe^{2+}}} = E^0_{\frac{Fe}{Fe^{2+}}} + \frac{RT}{2F}\ln a_{Fe^{2+}} = -0.441 + 0.029\ 5\lg a_{Fe^{2+}} \tag{2-7}$$

$$Fe^{2+} \rightarrow Fe^{3+} + e^-$$

$$E_{\frac{Fe^{2+}}{Fe^{3+}}} = E^0_{\frac{Fe^{2+}}{Fe^{3+}}} + \frac{RT}{F}\ln\frac{a_{Fe^{3+}}}{a_{Fe^{2+}}} = 0.746 + 0.059\ 1\lg\frac{a_{Fe^{3+}}}{a_{Fe^{2+}}} \tag{2-8}$$

由式(2-7)和式(2-8)可见,此类反应的电极电位与 pH 无关,只与反应物和生成物离子活度有关。此类反应在电位-pH 图上是一水平线,如图 2-10(a)所示。

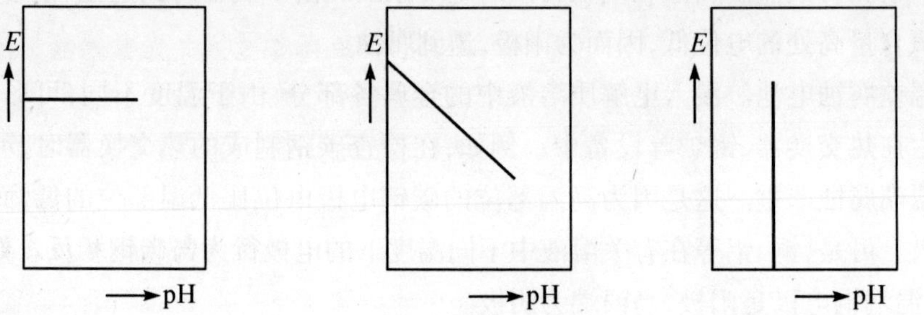

图 2-10　不同反应体系电位与 pH 的关系

②反应只与 pH 值有关,而与电极电位无关。这些反应中有 H^+ 和 OH^-,但无电子参加反应,是化学反应。电位-pH 图上是平行于纵轴的垂直线,如图 2-10(c)所示。

③反应既同电极电位有关,又与溶液的 pH 值有关。氢离子(或氢氧根离子)和电子都参加反应。在一定条件下,反应的平衡条件既与电位有关,又与溶液的 pH 值有关。

(2)氢电极和氧电极的电位-pH 图。

氢电极反应:　　　　$2H^+ + 2e^- \rightarrow H_2\uparrow$

氧电极反应:　　　　$O_2 + 4H^+ + 4e^- \rightarrow 2H_2O$

氢电极和氧电极的电位与 pH 的关系为一组斜的平行线,如图 2-11 所示。

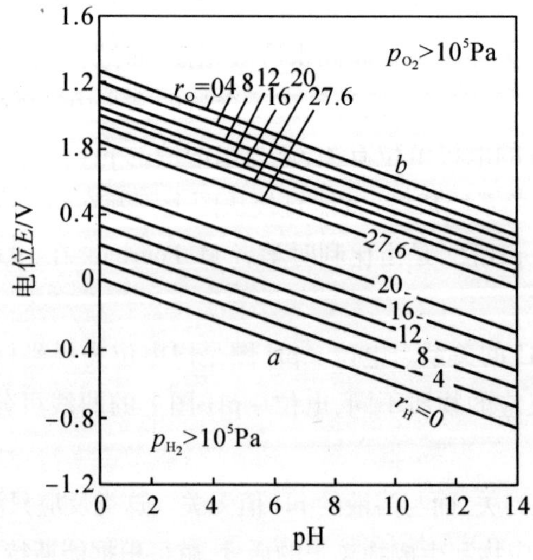

图 2-11　氢电极和氧电极的电位-pH 图

2.电位 - pH 图的绘制

一般可按下列步骤绘制给定体系的电位 - pH 图：

(1)列出体系中各物质的组成、状态及其标准化学位或标准生成自由能。

(2)列出各有关物质间可能发生的化学反应平衡方程式，并计算相应的电位或 pH 表达式。

(3)在电位 - pH 坐标图上画出各反应对应的平衡线，最后汇总成综合的电位 - pH 图。

下面以 Fe - H_2O 系的 E - pH 图(图 2 - 12)为例进行讨论。Fe - H_2O 系中各有关物质之间发生 9 个基本的化学反应和电化学反应，见表 2 - 2。

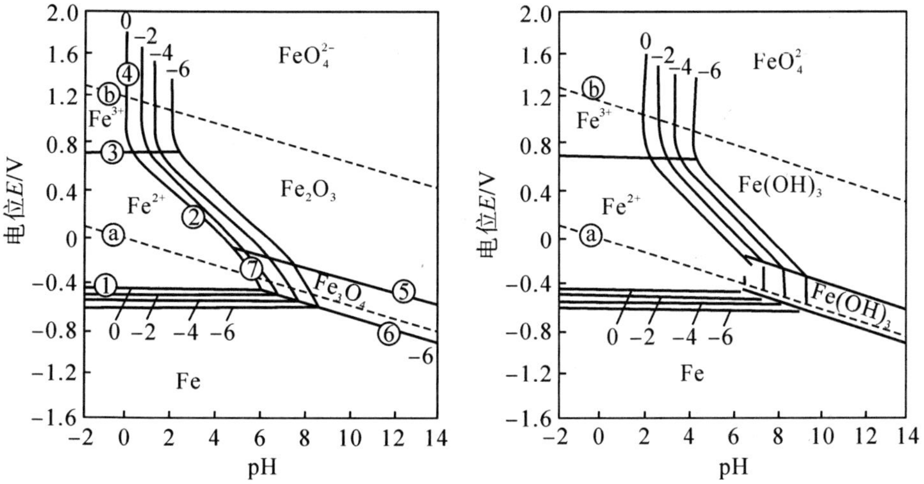

(a)平衡固相为 Fe、Fe_3O_4 和 Fe_2O_3　　(b)平衡固相为 $Fe(OH)_2$ 和 $Fe(OH)_3$

图 2 - 12　Fe - H_2O 系的 E - pH 图

表 2 - 2　Fe - H_2O 系中一些化学和电化学平衡反应(25℃)

No	化学和电化学平衡反应	电位(25℃)
①	$Fe = Fe^{2+} + 2e$	$E = -0.44 + 0.0295 \lg\alpha_{Fe^{2+}}$
②	$2Fe^{2+} + 3H_2O = Fe_2O_3 + 6H^+ + 2e$	$E = 0.72 - 0.177pH - 0.0591 \lg\alpha_{Fe^{2+}}$
③	$Fe^{2+} = Fe^{3+} + e$	$E = 0.771 + 0.0591 \lg\alpha_{Fe^{3+}} \cdot \lg\alpha_{Fe^{2+}}$
④	$2Fe^{3+} + 3H_2O = Fe_2O_3 + 6H^+$	$pH = 0.244 - 1/3 \lg\alpha_{Fe^{3+}}$
⑤	$2Fe_3O_4 + H_2O = 3Fe_2O_3 + 2H^+ + 2e$	$E = 0.215 - 0.0591pH$
⑥	$3Fe + 4H_2O = Fe_3O_4 + 8H^+ + 8e$	$E = -0.086 - 0.0591pH$
⑦	$3Fe^{2+} + 4H_2O = Fe_3O_4 + 8H^+ + 2e$	$E = 0.975 - 0.236pH - 0.0886 \lg\alpha_{Fe^{2+}}$
⑧	$Fe + 2H_2O = HFeO_2^- + 3H^+ + 2e$	$E = 0.50 + 0.0295 \lg\alpha HFeO_2^- - 0.0886pH$
⑨	$3HFeO_2^- + H^+ = Fe3O4 + 2H_2O + 2e$	$E = -1.878 - 0.089 \lg\alpha HFeO_2^- - 0.0295pH$

E - pH 图还可以进一步简化。如果规定溶液相中金属离子或金属络合离子的活度为 10^{-6}mol 作为临界条件，则将在 Fe - H_2O 系的 E - pH 图上得到由一些“分界线”所组成的不同区域。在“分界线”的一侧，溶液中金属离子或金属络合离子的活度大于 10^{-6}mol，可认为相应的固相发生了溶解，而在“分界线”的另一侧，溶液中金属离子或金属络合离子的活度小

于 10^{-6}mol,可认为相应的固相是稳定的。这里指的固相包括金属本身和具有保护作用的难溶化合物。至于在两种不同的固态物质之间,由于没有活度变化,只存在一条直线作为两相的分界线。简化的 Fe - H_2O 系 E - pH 图如图 2 - 13 所示。可将简化的 Fe - H_2O 系 E - pH 图分为三个区域:铁稳定区、铁腐蚀区和铁钝化区。

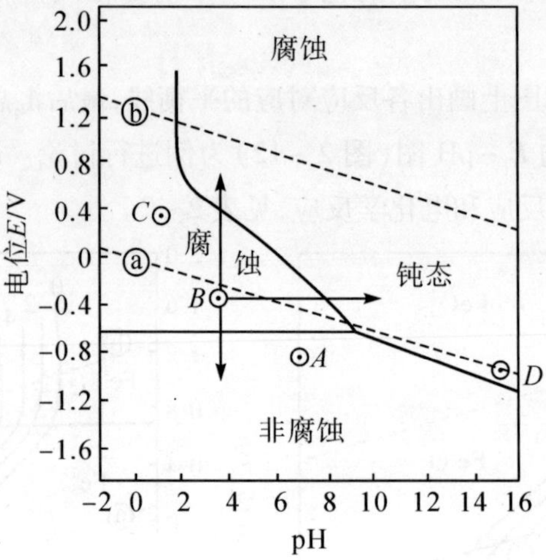

图 2 - 13　简化的 Fe - H_2O 体系 E - pH 图

(1)铁稳定区。当 $E < -0.62$V,在大部分 pH 范围内金属铁处于热力学稳定状态,在水中不可能发生腐蚀。

(2)铁腐蚀区。在 $E > -0.62$V, pH <9 的较大范围内,有一个 Fe^{2+} 和 Fe^{3+} 离子稳定区,金属铁在水中发生腐蚀。当 $E > 0.771$V,Fe^{2+} 离子氧化为 Fe^{3+} 离子。在更高的电位下,可能生成高价铁络合离子。在 E - pH 图右下方还有一小块铁腐蚀区,说明在碱性很强的条件下(pH >13)由于生成了可溶性 $HFeO_2^-$ 离子,使金属铁在水中发生溶解。

(3)铁钝化区。从 pH >1.76 起,在较大电位范围内由于金属铁表面生成了保护性难溶氧化膜,将 Fe 与水介质隔开抑制腐蚀反应。在钝化条件下金属 Fe 的腐蚀与它表面上形成的氧化膜性质有很大关系。氧化膜愈完整、致密,钝化区铁的腐蚀速度就愈小。

3.电位 - pH 图在腐蚀研究中的应用及其局限性

(1)电位 - pH 图的在腐蚀研究中的应用。电位 - pH 图集中表示了不同金属和它的化合物在水溶液中平衡的数据。因此,E - pH 图在电化学、湿法冶金、元素的分离、分析化学以及地质科学等方面都有广泛的应用。电位 - pH 图的主要用途是:预测反应的自发方向,从热力学上判断金属腐蚀趋势;估计腐蚀产物的成分;预测减缓或防止腐蚀的环境因素,选择控制腐蚀的途径。

(2) 电位 - pH 图的局限性。①由于金属的理论电位 - pH 图建立在热力学数据基础上,它只能判断金属在给定条件(电位 - pH)下是否可能发生腐蚀,但不能回答实际腐蚀速率有多大。②图中的各条平衡线,是以金属与其离子之间或溶液中的离子与含有该离子的腐蚀产物之间建立的平衡为条件的,但在实际腐蚀情况下,可能偏离这个平衡条件。③拟制 E - pH 图中的钝化区并不能反映出各种金属氧化物、氢氧化物等究竟具有多大的保护作用。

④绘制理论 $E-pH$ 图时，往往把金属表面附近液层的成分和 pH 大小等同于整体的数值。实际腐蚀体系中，金属表面局部溶液的 pH 值与整体溶液的 pH 值往往是不一样的。

因此，有时候根据理论 $E-pH$ 图可能带来误判，在应用 $E-pH$ 图时，必须针对具体情况具体分析。结合化学动力学的研究，$E-pH$ 图可以在腐蚀研究和控制中发挥更大的作用。

2.2 腐蚀动力学

上面讨论了腐蚀发生的倾向——即热力学问题，在工程实践中，往往要求预测或确定金属材料在腐蚀介质中的腐蚀速度，这就是腐蚀动力学问题。

2.2.1 腐蚀电池的电极过程

1.阳极过程

阳极过程就是阳极金属发生电化学溶解或阳极钝化的过程。水溶液中阳极溶解反应的通式为：

$$M^{n+} \cdot ne^- + mH_2O \rightarrow M^{n+} \cdot H_2O + ne^-$$

即金属表面晶格中的金属阳离子，进入溶液变成水化阳离子；而电子在阴、阳极间电位差的作用下移向阴极，将进一步促进上述阳极反应的进行。

如果溶液中存在络合剂，可与金属离子形成络合离子，通常可加速阳极溶解，反应式为：

$$M^{n+} \cdot ne^- + xA^- + yH_2O \rightarrow (MA_x)^{n-x} \cdot yH_2O + ne^-$$

实际上，金属阳极溶解过程至少由以下几个连续步骤组成：

(1)金属原子离开晶格转变为表面吸附原子：$M_{晶格} \rightarrow M_{吸附}$

(2)表面吸附原子越过双电层进行放电转变为水化阳离子：

$$M_{吸附} + nH_2O \rightarrow M^{n+} \cdot mH_2O + ne^-$$

(3)水化金属阳离子 $M^{n+} \cdot mH_2O$ 从双电层溶液侧向溶液深处迁移。

但是，当金属浸入水溶液中时，由于水分子是强极性分子，且处于不停的热运动中，使处于表面边角处的金属原子首先受到水分子的吸引，由晶格迁移到表面，变成吸附原子；在双电层电场的作用下，进一步变成水化阳离子，金属阳离子在晶格中的位能较高，而它们在溶液中的水化离子位能较低。因此，金属离子的水化过程伴随着能量降低，是一个自发过程。

由于腐蚀电池中阳极区的自由电子移向电位较正的阴极区，使阳极区电子缺乏而阳极反应产生的电子又来不及补充，因而阳极发生极化。

2.阴极过程

腐蚀电池的阴极过程指电解质溶液中的氧化剂与金属阳极溶解后释放出来并转移到阴极区的电子相结合的反应过程。电化学腐蚀的阴极去极化剂和阴极还原反应可能有下列几种，其中最重要的是 H^+ 和溶液中氧的还原反应。

(1)氢离子还原反应或析氢反应。此反应是电位较负的金属在酸性介质中腐蚀时常见的阴极去极化反应。Zn、Al、Fe 等金属电极电位低于氢的电极电位。因此这些金属在酸性介质中的腐蚀将伴随着氢气的析出，叫作析氢腐蚀（hydrogen evolution corrosion）。腐蚀速度受阴极过程控制，且与析氢过电位的大小有关。

（2）溶液中溶解氧的还原反应。在中性或碱性溶液中，发生氧化还原反应，生成 OH^- 离子：

$$O_2 + 2H_2O + 4e^- \rightarrow 4OH^-$$

在酸性溶液中发生氧化还原反应，生成水：$O_2 + 4H^+ + 4e^- \rightarrow 2H_2O$

阴极过程为氧的还原反应的腐蚀，叫作氧还原腐蚀（oxygen reduction corrosion），也叫作吸氧腐蚀。这是最普遍的一种电化学腐蚀。大多数金属在大气、土壤、海水和中性盐溶液中的腐蚀主要靠氧的阴极还原反应。

（3）溶液中高价离子的还原。例如，铁锈中的三价铁离子还原。

$$Fe^{3+} + e^- \rightarrow Fe^{2+}$$

$$Fe_3O_4 + H_2O + 2e^- \rightarrow 3FeO + 2OH^-$$

$$Fe(OH)_3 + e^- \rightarrow Fe(OH)_2 + OH^-$$

（4）溶液中贵重金属离子的还原。例如，二价铜离子还原为金属铜。

$$Cu^{2+} + 2e^- \rightarrow Cu$$

（5）氧化性酸（如硝酸）或某些阴离子的还原。

$$NO_3^- + 2H^+ + 2e^- \rightarrow NO_2^- + H_2O$$

$$Cr_2O_7^{2-} + 14H^+ + 6e^- \rightarrow 2Cr^{3+} + 7H_2O$$

（6）溶液中某些有机化合物的还原。

$$RO + 4H^+ + 4e^- \rightarrow RH_2 + H_2O$$

$$R + 2H^+ + 2e^- \rightarrow RH_2$$

2.2.2 极化现象与混合电位理论

1.极化现象

把两块面积相等的锌片和铜片，置入盛有质量分数为 3% NaCl 溶液的同一容器中，如图 2－14 所示。在闭合开关之前，测出 Zn 及 Cu 电极的自腐蚀电位分别是：$E_{Zn} = -0.83V$，$E_{Cu} = +0.05V$。如回路电阻 $R = R_1$（导线、电流表及开关电阻）$+ R_2$（电解液电阻）$= 120 + 110 = 230\Omega$，此时，两电极的稳定电位差（$0.05 + 0.83 = 0.88V$）为原电池的电动势 E_0，当电池刚接通时，毫安表指示的起始瞬间电流值 I 相当大。但瞬间电流很快下降，经过一段时间后，达到一个比较稳定的电流值 $I_2 = 200\mu A$（电流表指示）。

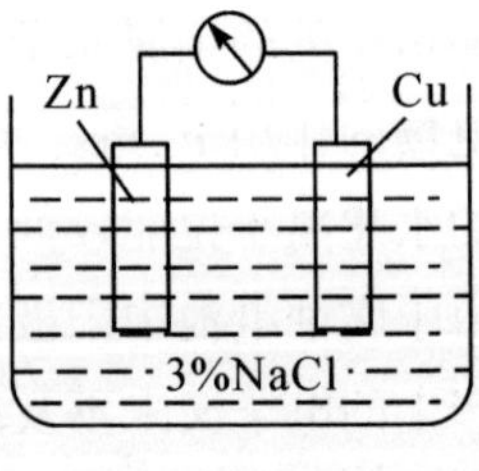

图 2－14　锌－铜腐蚀电池示意图

$$I_{始} = \frac{E_0}{R} = \frac{0.05 - (-0.83)}{230} = 3\ 826\mu A \tag{2-9}$$

根据欧姆定律，回路电流：

$$I = \frac{\Delta E}{R} \tag{2-10}$$

式中，ΔE 为极电位差；R 为电阻。

分析 I 减小的原因只有两种可能，一是电阻 R 增大，二是电位差 ΔE 减小了。实际上，原电池回路中的电阻在通路后的短时间内并未发生变化。因此，电流急剧下降只能归结为两电极间的电位差发生了变化，实验已证实了这一点。

图 2-15 是腐蚀电池接通电路前后电位随时间变化示意图，表示电池电路接通后，两极电位变化的情况。从图上可以看出，当电路接通后，阴极（铜）的电位变得越来越负，阳极（锌）变得越来越正，两极间的电位差变得越来越小。最后，当电流减小到稳定值 $I_{稳}$ 时，两极间的电位差减小到 $E_{Cu^{2+}/Cu} - E_{Zn^{2+}/Zn}$，而 $E_{Cu^{2+}/Cu}$ 和 $E_{Zn^{2+}/Zn}$ 分别是对应于稳定电流值的阴极和阳极的有效电位。由于 $E_{Cu^{2+}/Cu} - E_{Zn^{2+}/Zn}$ 比 $E_{e,Cu^{2+}/Cu} - E_{e,Zn^{2+}/Zn}$ 小很多，故在 R 不变的情况下

$$I_{稳} = (E_{Cu^{2+}/Cu} - E_{Zn^{2+}/Zn})/R \tag{2-11}$$

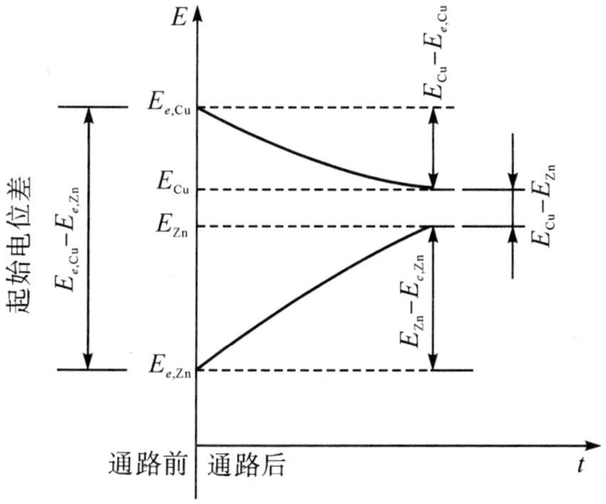

图 2-15　电位-时间关系曲线

综上可知，电极极化（无论阳极极化还是阴极极化）程度与电流密度有关。因此探讨产生极化的原因及其影响因素，对抑制或减少金属腐蚀具有很重要的意义。

（1）阳极极化。通阳极电流电极电位向正的方向变化叫作阳极极化。阳极极化对抑制、降低腐蚀速度是有利的，反之消除阳极极化就会促进阳极过程进行，加速腐蚀。产生阳极极化的原因：

①活化极化。阳极过程是金属离子从基体转移到溶液中并形成水化离子的过程。只有阳极附近所形成的金属离子不断地迁移到电解质溶液中，该过程才能顺利进行。如果金属离子进入到溶液中的速度小于电子从阳极迁移到阴极的速度，阳极电位就向正方向移动，产生阳极极化。这种极化称为活化极化或电化学极化。其过电位用 η_a 表示。

②浓差极化。如果进入到溶液中的金属离子向远离阳极表面的溶液扩散得缓慢时，会使阳极附近的金属离子浓度增加，阻碍金属继续溶解，必然使阳极电位往正方向移动，产生阳极极化。这种极化称为浓差极化。浓差极化的过电位用 η_c 表示。

③电阻极化。在阳极过程中,由于某种机制在金属表面上形成了钝化膜,阳极过程受到了阻碍,使得金属的溶解速度显著降低,此时阳极电位剧烈地向正的方向移动,由此引起的极化称为电阻极化。其过电位用 η_r 表示。

(2)阴极极化。通阴极电流电极电位向负的方向移动,这种现象称为阴极极化。

①阴极活化极化。阴极过程是接收电子过程。如果由阳极迁移来的电子过多,使阴极积累了剩余电子,电子密度增高,结果使阴极电位向负方向移动,产生阴极极化。这种由于阴极过程或电化学过程进行得缓慢引起的极化称作阴极活化极化或电化学极化,其过电位用 η_a 表示。

②阴极浓差极化。阴极附近参与反应的物质或反应产物扩散较慢引起阴极过程受阻,造成阴极电子堆积,使阴极电位向负方向移动,由此引起的极化为浓差极化,其过电位用 η_c 表示。

2.过电位

电极极化值(ΔE)是工作电位正对其起始电位(净电流等于零)$E_{i=0}$的偏离值。在电极反应的一系列步骤中,任何一个步骤的速度缓慢都起到对整个电极反应过程的控制作用。因此,过电位可以看作是电极反应中某一确定的单元步骤受到阻碍而引起的电极极化的结果。

(1)活化极化过电位。

①活化极化过电位。活化极化是指由于电极反应速度缓慢所引起的极化,或者说电极反应是受电化学反应速度控制,因此活化极化也称电化学极化。1905 年,塔菲尔(Tafel)在研究氢在若干金属电极上发生电化学反应时,发现许多金属在很宽的电流密度范围内,析氢的过电位与电流密度之间呈现半对数关系。若将 η 对 $\lg i$ 作图可得一直线。称此关系为塔菲尔关系,即

$$\eta_a = \pm \beta \lg \frac{i}{i^0} \tag{2-12}$$

或

$$\eta_a = a + b\ln i \tag{2-13}$$

式中,η_a为电化学极化过电位;β 为 *Tafel* 常数;i 为电流密度;i^0 为交换电流密度;a 为通过单位极化电流密度时的过电位;b 为极化曲线斜率,其值范围在 0.1~0.14V;β 为常数,通常在 0.05~0.15V,一般取 0.1V。

氢电极的电化学极化曲线如图 2-16 所示,过电位 η_a 变化很小,而腐蚀电流密度 i 变化很大。电极过程的过电位大小,除取决于极化电流外,还与交换电流密度有关。交换电流密度 i^0 越小,过电位越大,耐蚀性越好,反之则愈小,说明电极反应的可逆性大。

②交换电流密度。如果在一个电极上只进行一个电极反应,当这个电极反应处于平衡时,其阴极反应和阳极反应的速度相等,即$|\overrightarrow{i_c}| = |\overleftarrow{i_a}| = i^0$。显然 i^0 是$\overrightarrow{i_c}$和$\overleftarrow{i_a}$的绝对值相等的电流密度,i^0 称为电极反应的交换电流密度。可见,交换电流密度 i^0 表示氧化反应绝对速

度，也可表示还原反应绝对速度，没有正向与反向之分。交换电流密度 i^0 表示了电极反应的难易程度。

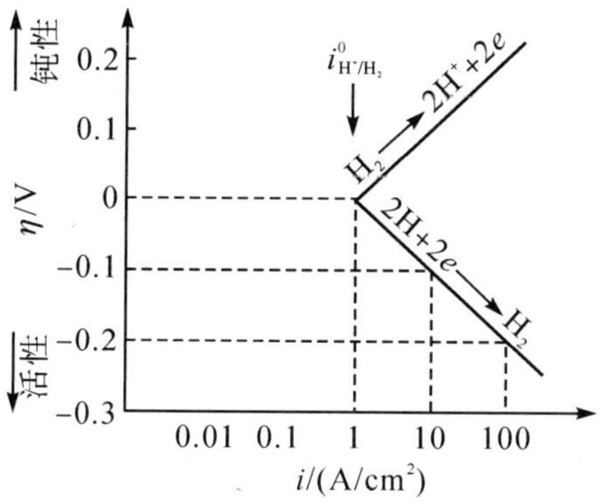

图2－16 氢电极的电化学极化曲线

（2）浓差极化过电位。在电极反应过程中，如果电化学反应进行得很快，而电解质中物质传输过程很缓慢，导致反应物扩散迁移速度不能满足电极反应速度的需要；或生成物从电极表面向溶液深处扩散过程的滞后，使反应物或生成物在电极表面的浓度和溶液中的浓度出现差异，形成浓度差，由此引起了电位移动，称为浓差极化。在实践中，阴极浓差极化要比阳极浓差极化重要得多。故在腐蚀研究中，常以氧为去极剂的阴极反应为例讨论浓差极化。

①极限扩散电流密度 i_D。

$$i_D = \frac{nFD}{\delta}C \tag{2-14}$$

式中，i_D 为极限扩散电流密度；n 为价数；F 为法拉第常数；D 为扩散系数。

式（2－14）间接地表示扩散控制的电化学反应速度。温度降低，扩散系数 D 值减小，i_D 也减小，腐蚀速度降低。反应物质浓度降低，腐蚀速度也减小。通过搅拌或改变电极的形状，减少扩散层厚度将增大极限电流密度 i_D，加速腐蚀；反之，则提高耐蚀性。

②浓差极化过电位 η_c。浓差极化是由电极附近的反应离子与溶液中反应离子的浓度差引起的。浓差极化过电位 η_c 与电流密度的关系：

$$\eta_c = \frac{0.059}{n}T\lg\left(1 - \frac{i}{i_D}\right) \tag{2-15}$$

由此可见，只有当还原电流密度 i 增加到接近极限电流密度 i_D，即 $i = i_D$ 时 $\eta_c \to \infty$，此时电极表面浓度 $Ce \to 0$；当 $i \ll i_D$ 时，$\eta_c \to 0$，说明只存在电化学极化而无浓差极化，如图2－17所示。溶液流速增加，扩散层厚度降低，导致扩散电流密度 i_D 增大。实际上，当浓差极化使电位负移到一定值时，在电极表面上可能出现新的电化学过程。

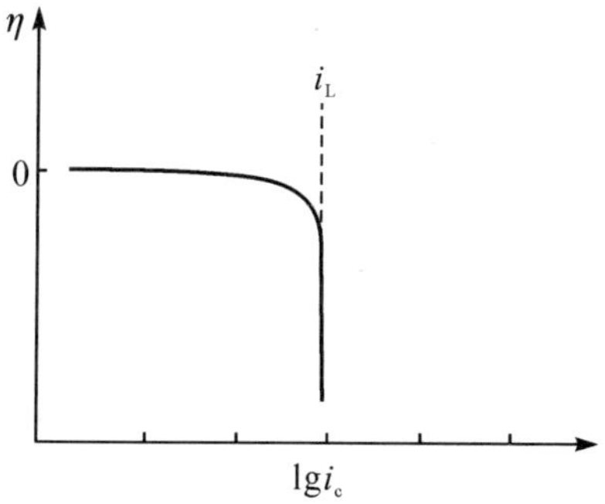

图2－17 浓差极化曲线

（3）电阻极化过电位。由于有电流通过，在电极表面上可能生成使电阻增加的物质(钝化膜),由此产生的极化现象,称为电阻极化。由电阻极化引起的过电位为电阻极化过电位,其表达式为:

$$\eta_r = iR \tag{2-16}$$

在极化过程中,能形成氧化膜、盐膜、钝化膜等增加阳极电阻的物质均可引起电阻极化。电阻极化主要发生在阳极上,使阳极金属溶解速度显著降低。

(4) 混合极化过电位。在一些实际的电极体系中,经常同时出现浓差极化和电化学极化两种情况,电极极化规律由电化学极化和浓差极化共同决定,其表达式为:

$$\eta_r = \eta_2 + \eta_c = \pm \beta \lg \frac{i}{i_0} + 2.3\frac{RT}{nF}\lg\left(1 - \frac{i}{i_d}\right) \tag{2-17}$$

式中,η_r 为混合极化过电位。

3.混合电位理论

理论上讲,一个单一的电极体系是不会发生腐蚀的,因为腐蚀过程的进行必须有一个共轭的还原反应存在。实际上,即使最简单的孤立金属电极也会发生腐蚀。瓦格纳(Wagner)等人建立的混合电位理论对此能进行较完善的解释。

混合电位理论认为,任何电化学反应都可分成两个或以上的局部氧化和局部还原反应,在电化学反应过程中不可能有净电荷积累。电化学反应是由两个或多个氧化、还原反应组成,并且氧化总速度与还原总速度相等。当一种金属发生腐蚀时,金属表面至少同时发生两个不同的、共轭的电极反应,一个是金属腐蚀的阳极反应,另一个是腐蚀介质中的去极化剂的还原反应。由于两个电极反应的平衡电位不同,它们将彼此相互极化,低电位的阳极向正方向极化,高电位的阴极向负方向极化,最终达到一个共同的混合电位,即腐蚀电位。

当同一电极上同时进行两个不同的电极反应时,由于各自反应物质的不同,两个电极反应都不能维持平衡状态。平衡电位较低的电极反应将向氧化方向进行,电位朝正方向移动;而平衡电位较高的电极反应,电位将朝负方向移动。当阳、阴极极化曲线交于 S 点时,表明阳极反应放出的电子恰好全部被阴极反应所吸收,即 $i_a = |i_c|$。此时,对应 S 点的电位称为混合电位(即腐蚀电位),对应的电流称为腐蚀电流(如图 2-18 所示)。

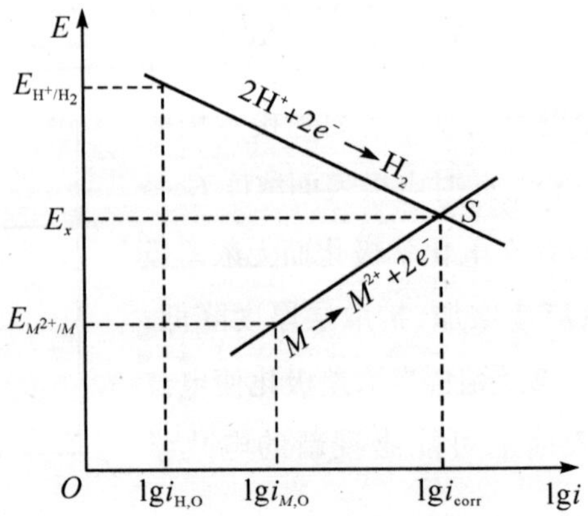

图 2-18 铁在酸性溶液中的腐蚀极化图

4.极化曲线

(1)表示电极电位和电流之间关系的曲线叫极化曲线。可分为表观极化曲线和理想极化曲线。理想极化曲线是以单电极反应的平衡电位作为起始电位的极化曲线。在研究金属腐蚀的过程中,常用外加电流方法来测定金属的阳极极化曲线和阴极极化曲线。

(2)极化曲线的测定分稳态法和暂态法。暂态法极化曲线的形状与时间有关,测试频率不同,极化曲线的形状不同,反映电极过程的全貌,便于实现自动测量。但稳态法仍是最基本的研究方法。稳态法是指测量时与每一个给定电位对应的响应信号(电流)完全达到稳定不变的状态,按其控制方式分恒电位法和恒电流法。①恒电位法是以电位为自变量,测定电流与电位的函数关系 $i=f(E)$。②恒电流法是以电流为自变量,测定电位与电流的函数 $E=f(i)$ 的关系。恒电位法和恒电流法有各自的适用范围。当电流和电位间呈多值函数关系时,则测不出活化向钝化转变的过程,其测试装置如图2-19所示,采用三电极系统测量:研究电极(W)-参比电极(RE)-辅助电极(C)。RE 测定电位,C 测定电流,极化曲线记录 E 和 I 两者的变化规律。

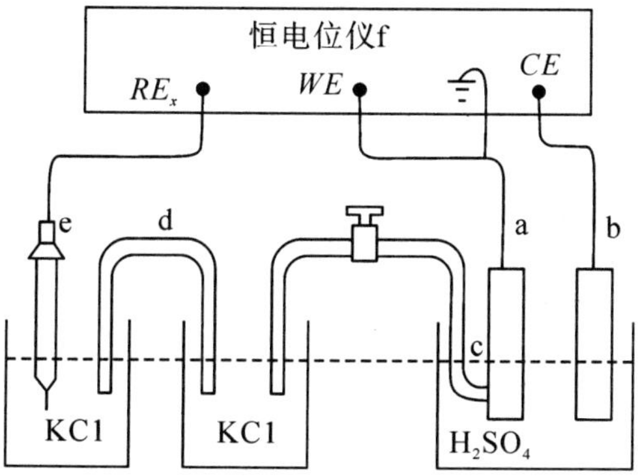

a-研究电极;b-辅助电极;c-鲁金毛细管;d-盐桥,e-参比电极;f-恒电位仪

图2-19　恒电位仪测定装置

一般恒电位法使用得较多,极化曲线形状是多种多样的,典型活化极化控制体系的极化曲线,如图2-20所示。

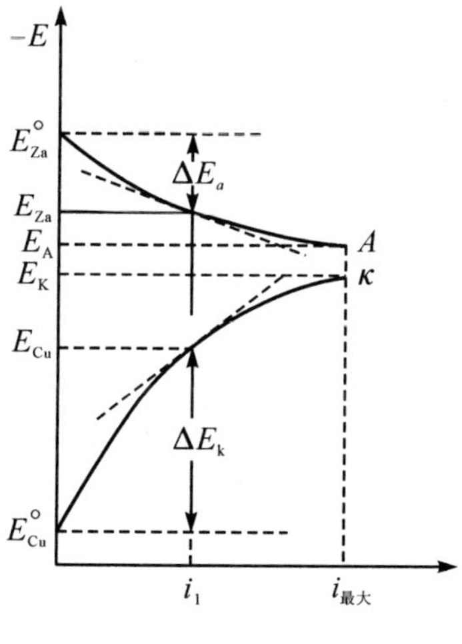

图2-20　极化曲线示意图

(3)阳极极化曲线。电阻极化典型的实例是 Fe 在稀 H_2SO_4 中的阳极极化曲线。图 2－21 示出了用恒电位法测定纯 Fe 在 $c(H_2SO_4)=0.5mol/L$ 溶液中阳极极化曲线的示意图。整个曲线可分为四个区：*A*－*B* 区，或许溶解区；*B*－*C* 区，活化—钝化过渡区；*C*—*D* 区，钝化区或稳定钝化；*D*—*E* 区，过钝化区。

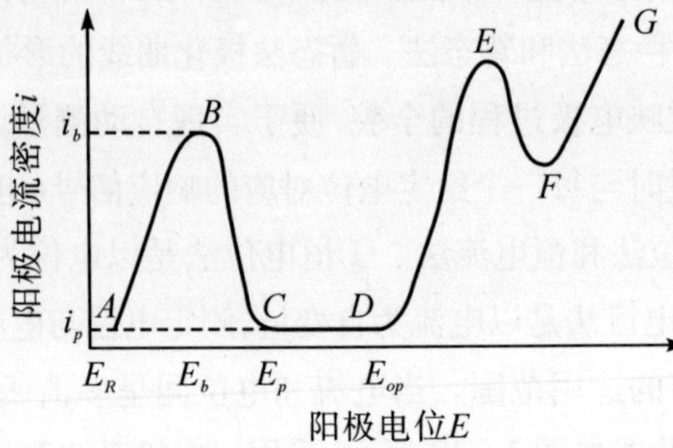

图 2－21　典型的阳极极化曲线

2.2.3　腐蚀极化图及其应用

1.腐蚀极化图

如暂不考虑电位随电流变化的细节，可将两个电极反应所对应的阴极极化曲线和阳极极化曲线简化成直线画在一张图上。

2.腐蚀电流

腐蚀过程图解如图 2－22 所示。图中 *AB* 为阳极极化曲线，*BC* 为阴极极化曲线，*OG* 表示欧姆电位降直线，*CH* 为考虑到欧姆电位降和阴极极化电位降的总综合线。

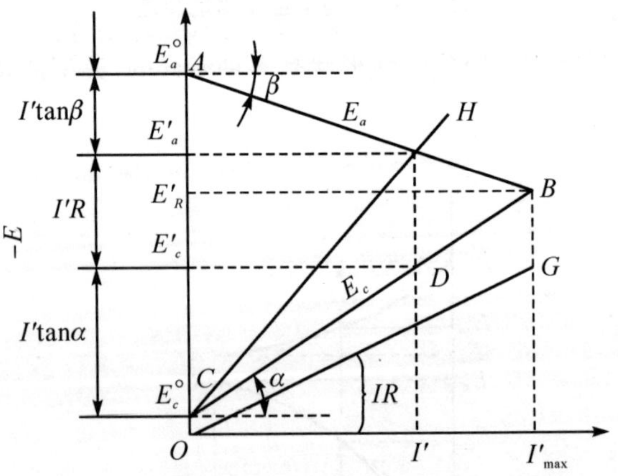

图 2－22　腐蚀过程图解

3.腐蚀控制因素

腐蚀极化图是研究电化学腐蚀的重要工具，可用来确定腐蚀控制因素，还可用来分析腐蚀过程及影响因素等。如：①初始电位差与腐蚀电流的关系。当腐蚀电池的电阻趋近于零且其他条件相同时,腐蚀电池的初始电位差愈大,其腐蚀电流愈大。反之,其腐蚀电流愈小。②极化率与腐蚀电流的关系。当腐蚀电池中欧姆电阻可忽略,且初始电位一定的情况下,极化率愈小其腐蚀电流愈大。反之,其腐蚀电流愈小。③氢过电位与腐蚀速度的关系。阴极析氢过电位的大小与阴极电极材料的性能及表面状态有关,即在不同金属表面上氢过电位不同。④含氧量及络合离子与腐蚀速度的关系。

2.2.4 极化控制下的腐蚀动力学方程

极化曲线可以反映腐蚀动力学过程的细节,用数学方程表达极化曲线是研究金属腐蚀动力学及腐蚀电化学测试的理论基础。腐蚀电极是由两个或两个以上电极反应组成的共轭体系。

腐蚀金属电极体系至少存在两对电极反应:

$$M \rightarrow M^{n+} + ne^-$$

$$O + ne^- \rightarrow R$$

当腐蚀过程中的控制步骤不同时,极化方程也有所不同。

(1) 电化学极化控制。

外加电流密度 i_a 和阴极电流密度 i_c 与极化电位的关系:

$$i_a = i_{M,0}\exp\left[\frac{\beta nF}{RT}(E_i - E_M)\right] - i_{O,0}\exp\left[\frac{\alpha nF}{RT}(E_O - E_i)\right] \tag{2-18}$$

$$i_c = i_{O,0}\exp\left[\frac{\alpha nF}{RT}(E_O - E_i)\right] - i_{M,0}\exp\left[\frac{\beta nF}{RT}(E_i - E_M)\right] \tag{2-19}$$

在腐蚀介质中,上述两对反应均存在,且两对电位彼此相向极化,阳极电位向正方向移动,阴极电位向负方向移动,最后达到腐蚀电位 E_{corr},此时

$$i_{corr} = i_{M,0}\exp\left[\frac{\beta nF}{RT}\right](E_{corr} - E_M) = i_{O,0}\exp\left[\frac{\alpha nF}{RT}(E_O - E_{corr})\right] \tag{2-20}$$

令 $$\beta_a = \frac{RT}{\beta nF}$$

$$\beta_c = \frac{RT}{\alpha nF}$$

$$\eta_a = E_i - E_{corr}$$

$$\eta_c = E_{corr} - E_i$$

则有

$$i_a = i_{corr}\left[\exp\left(\frac{\eta_a}{\beta_a}\right) - \exp\left(\frac{\eta_c}{\beta_c}\right)\right] \tag{2-21}$$

$$i_c = i_{corr}\left[\exp\left(\frac{\eta_c}{\beta_c}\right) - \exp\left(\frac{\eta_a}{\beta_a}\right)\right] \tag{2-22}$$

(2)浓差极化控制。

当腐蚀金属电极的局部阴极反应存在浓差极化时,就应当考虑去极化剂在电极表面的活度 a_O^s 与在本体溶液的活度 a_O^0 差异对极化电流的影响。在这种条件下,阴极反应速度为

$$i_c = i_0 \frac{a_O^s}{a_O^0} \exp\left(-\frac{\eta_c}{\beta_c}\right)$$

由稳态扩散可得

$$i_c = i_0\left(1 - \frac{i_c}{i_d}\right)\exp\left(-\frac{\eta_c}{\beta_c}\right) \tag{2-23}$$

当 $E = E_{corr}$ 时，

$$i_{corr} = i_o\left(1 - \frac{i_{corr}}{i_d}\right)\exp\left(-\frac{\eta_c}{\beta_c}\right) \tag{2-24}$$

当腐蚀过程受阴极还原反应的扩散控制时，

$$i = i_{corr}\left[\exp\left(\frac{\eta}{\beta} - 1\right)\right] \tag{2-25}$$

2.2.5 阴极反应与阴极去极化

1.阴极反应

凡是能消除或抑制原电池阳极或阴极极化过程的均叫做去极化。能起到这种作用的物质叫做去极化剂。对腐蚀电池阴极起去极化作用的叫阴极去极化。凡是在电极上能吸收电子的还原反应都能起到去极化作用。阴极去极化反应主要有下列几种类型：

(1)阳离子还原反应：

$$Cu^{2+} + 2e^- \rightarrow Cu$$

$$Fe^{3+} + e^- \rightarrow Fe^{2+}$$

(2)析氢反应：

$$2H^+ + 2e^- \rightarrow H_2$$

(3)阴离子的还原反应：

$$NO_3^- + 2H^+ + 2e^- \rightarrow NO_2^- + H_2O$$

$$Cr_2O_7^{2-} + 14H^+ + 6e^- \rightarrow 2Cr^{3+} + 7H_2O$$

(4)中性分子的还原反应：

$$O_2 + 2H_2O + 4e^- \rightarrow 4OH^-$$

$$Cl_2 + 2e^- \rightarrow 2Cl^-$$

(5)不溶性膜或沉积物的还原反应：

$$Fe_3O_4 + H_2O + 2e^- \rightarrow 3FeO + 2OH^-$$

$$Fe(OH)_3 + e^- \rightarrow Fe(OH)_2 + OH^-$$

2.氢去极化与析氢腐蚀

(1)析氢腐蚀发生的条件。以氢离子作为去极剂，在阴极上发生 $2H^+ + 2e^- \rightarrow H_2$ 的电极反应叫作氢去极化反应。由氢去极化引起的金属腐蚀称为析氢腐蚀。如果金属(阳极)与氢电极(阴极)构成原电池，当金属的电位比氢的平衡电位更负时，两电极间存在着一定的电位差，才有可能发生氢去极化反应。

(2)氢去极化的阴极极化曲线。氢离子被还原最终生成氢分子的总反应:

$$2H^+ + 2e^- \rightarrow H_2$$

两个 H^+ 离子直接在电极表面同一位置上同时放电的概率很小,因此初始产物是 H 原子而不是 H_2 分子。表 2-4 列出了一些金属的析氢过电位。

表 2-3 在一些金属上进行析氢反应的常数 a 和 b 值(20℃)

金属	溶液	a/V	b/V
Sb	H_2SO_4 $c(H_2SO_4)$ = 0.5mol/L	1.56	0.110
Hg	H_2SO_4 $c(H_2SO_4)$ = 0.5mol/L	1.415	0.113
Cd	H_2SO_4 $c(H_2SO_4)$ = 0.65mol/L	1.4	0.120
Zn	H_2SO_4 $c(H_2SO_4)$ = 0.5mol/L	1.24	0.118
Sn	H_2SO_4 $c(H_2SO_4)$ = 0.5mol/L	1.24	0.116
Cu	H_2SO_4 $c(H_2SO_4)$ = 0.5mol/L	0.80	0.115
Ag	H_2SO_4 $c(H_2SO_4)$ = 0.5mol/L	0.95	0.116
Fe	H_2SO_4 $c(H_2SO_4)$ = 0.5mol/L	0.70	0.125
Ni	NaOH c(NaOH) = 0.1lmol/L	0.64	0.100
Pd	KOH c(KOH) = 1.1mol/L	0.53	0.130
Pt	HCI c(HCl) = lmol/L	0.10	0.130

表 2-4 一些金属的析氧过电位(i_0 = 1mA/cm^2 时)

电极材料	电解质	过电位/V	电极材料	电解质	过电位/V
Pb	H_2SO_4 $c(H_2SO_4)$ = 0.5mol/L	1.18	C	H_2SO_4 $c(H_2SO_4)$ = 1mol/L	0.60
Hg	HCI c(HCl) = lmol/L	1.04	Cd	H_2SO_4 $c(H_2SO_4)$ = lmol/L	0.51
Be	HCl c(HCl) = lmol/L	0.63	Al	H_2SO_4 $c(H_2SO_4)$ = 0.5mol/L	0.58
In	HCI c(HCl) = 1mol/L	0.80	Ae	H_2SO_4 $c(H_2SO_4)$ = 0.5mol/L	0.35
Pb	H_2SO_4 $c(H_2SO_4)$ = 0.5mol/L	1.18	Cu	H_2SO_4 $c(H_2SO_4)$ = lmol/L	0.48
Mo	HCI c(HCl) = 1mol/L	0.30	W	H_2SO_4 $c(H_2SO_4)$ = 0.5mol/L	0.26
Bi	H_2SO_4 $c(H_2SO_4)$ = lmol/L	0.78	Pt	H_2SO_4 $c(H_2SO_4)$ = 0.5mol/L	0.15
Au	H_2SO_4 $c(H_2SO_4)$ = lmol/L	0.24	Ni	H_2SO_4 $c(H_2SO_4)$ = 0.5mol/L	0.30
Pb	H_2SO_4 $c(H_2SO_4)$ = lmol/L	0.14	Fe	H_2SO_4 $c(H_2SO_4)$ = 0.5mol/L	0.37
Zn	H_2SO_4 $c(H_2SO_4)$ = lmol/L	0.72	Sn	H_2SO_4 $c(H_2SO_4)$ = 0.5mol/L	0.57

在相同条件下,析氢过电位愈大,意味着氢去极化过程就愈难进行,金属的腐蚀就愈慢。析氢过电位对研究金属腐蚀具有很重要的意义,因此,可用提高析氢过电位 η_H,降低氢去极化过程,控制金属的腐蚀速度。

(3)提高析氢过电位措施。

①加入析氢过电位高的合金元素。如加入 Hg、Pb 等合金元素,提高合金的析氢过电位,增加合金的耐蚀性。②提高金属的纯度,消除或减少杂质。③加入阴极缓蚀剂提高阴极析氢过电位。如在酸性溶液中加 As、Sb、Hg 盐,在阴极上析出 As、Sb、Hg,增加了金属的析氢过

电位,从而提高了合金的耐蚀性。

3.氧去极化与吸氧腐蚀

(1)吸氧腐蚀的发生条件。

当电解质溶液中有氧存在时,在阴极上发生氧去极化反应。

在中性或碱性溶液中:$O_2 + 2H_2O + 4e^- \rightarrow 4OH^-$

在酸性溶液中:$O_2 + 4H^+ + 4e^- \rightarrow 2H_2O$

由此引起阳极金属不断溶解的现象称作氧去极化腐蚀,比析氢腐蚀更为普遍。

(2)氧去极化的阴极极化曲线。

由于氧去极化的阴极过程与氧向金属表面输送过程及氧的离子化反应有关,所以氧去极化的阴极极化曲线比较复杂。图 2-23 为氧去极化阴极过程的极化曲线,由于控制因素不同,这条曲线可以分为四个部分:

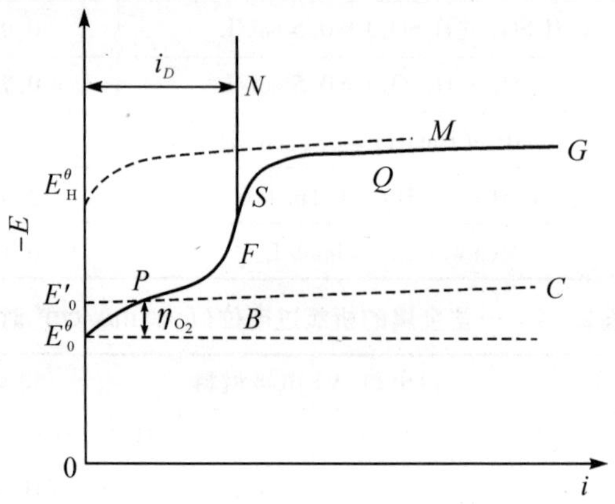

图 2-23　氧还原过程的总的阴极极化曲线

①阴极过程由氧离子化反应控制,即 $V_{反} \ll V_{输}$。

由图 2-23 看出当阴极电流为零时,氧的平衡电极电位为 E_0^θ,在此电位下不能发生氧去极化反应。当阴极电位负到一定程度即达到 E'_0 时,才能发生氧去极化反应。E'_0 为氧去极化电极电位。此阶段由于氧供应充分,阴极过程主要取决于氧的离子化反应,即活化极化过程。E'_0PBC 线表明了氧离子化过电位(η_{O_2})与阴极极化电流密度之间的关系:

$$\eta_{O_2} = a + b\ln i = \pm \beta \lg \frac{i}{i^o} \qquad (2-26)$$

式中,η_{O_2} 为氧去极化过电位,$\eta_{O_2} = E'_0 - E_0^\theta$;$E_0^\theta$ 为氧平衡电极电位;a 为单位电流密度时的过电位,与电极材料、表面状态有关的常数;b 为与电极材料无关,一般约为 0.118V。

式(2-26)说明,同等条件下,η_{O_2} 愈小,表示氧去极化反应愈容易进行。

②阴极过程由氧的扩散过程控制,即 $V_{输} \ll V_{反}$。

随着电流密度的不断增大,氧扩散过程缓慢引起浓差极化。当 $i = i_D$ 时,阴极极化过程如图 2-23 中曲线 FSN 所示。在这种情况下,电极电位急剧地向负方向移动,整个阴极过程完全由氧的扩散过程控制。此阶段浓差极化的过电位 η_c 与电流密度的关系为:

$$\eta_c = \frac{RT}{nF} \times 2.3\lg(1 - \frac{i}{i_D}) \quad (2-27)$$

式(2－27)表明，阴极过程与电极材料无关，而完全取决于氧的极限扩散电流密度。

③阴极过程由氧的离子化反应与氧的扩散过程混合控制，即 $V_{输} = V_{反}$。当阴极电流为 $\frac{1}{2}i_D < i < i_D$ 时，阴极过程与氧的离子化反应及氧的扩散过程都有关，即由活化极化与浓差极化混合控制。在这种情况下，阴极过程的过电位与电流密度的关系为：

$$\eta_T = \eta_a + \eta_c = \pm \beta\lg\frac{i}{i^o} + 2.3\frac{RT}{nF}\lg(1 - \frac{i}{i_D}) \quad (2-28)$$

④阴极过程由氧去极化及氢去极化共同控制。由图2－23看出，当 $i = i_D$ 时，极化曲线将保持着 *FSN* 的走向。实际上，电位向负方向移动不可能无限度，因为电位负到一定数值时，在电极上除了氧参与去极化反应外，还可能有某种新的物质参与电极反应。如在水溶液中，当电位负到－1.23V 时，阴极上会出现析氢反应的阴极过程。此时，电极过程就由吸氧和析氢过程混合控制，如图2－23中曲线 *FSQG* 所示。此时电极上总的阴极电流密度由氢去极化的电流密度和氧去极化的电流密度共同组成：

$$i = i_{O_2} + i_{H_2} \quad (2-29)$$

(3) 影响氧去极化腐蚀的因素。

多数情况下，发生的氧去极化腐蚀主要由扩散过程控制。腐蚀电流受氧去极化反应的极限电流密度影响。因此，凡是影响极限扩散电流密度的因素均能影响氧去极化腐蚀。

①温度。通常溶液温度升高有利于提高界面反应速度。因此，在一定的温度范围内腐蚀速度将随温度升高而加速。②盐浓度。这里所说的盐是指那些不具有氧化性或缓蚀作用的盐。随着盐浓度增加，溶液的电导率增大，腐蚀速度明显加快。③氧的浓度。溶液中氧的含量高，则氧的平衡电位和极限扩散电流都高，从而使腐蚀速度加快。④溶液流速和搅拌。可使扩散层厚度减小，氧的极限扩散电流增加，因而腐蚀速度增大。析氢腐蚀和吸氧腐蚀是重要的两种腐蚀，它们各自具有自己的特点。表2－5列出了析氢腐蚀与吸氧腐蚀的比较。

表2－5 析氢腐蚀与吸氧腐蚀的比较

项目	析氢腐蚀	吸氧腐蚀
去极化剂性质	H^+，迁移速度和扩散能力都大	O_2，靠扩散传输
去极化剂浓度	浓度较大，酸性溶液中 H^+ 放电	浓度不大，一定条件下，溶解度受到限制
阴极控制	主要是活化极化	主要是浓差极化
阴极反应产生	以 H_2 泡逸出，电极表面溶液受到附加搅拌	产物只能靠扩散或迁移离开，无气泡逸出

2.3 金属钝化

2.3.1 钝化现象

电动序中一些较活泼的金属，在某些特定的环境介质中，变为惰性状态。例如，铁在稀硝酸中腐蚀很快,其腐蚀速度随硝酸浓度的增加而迅速增大,当硝酸浓度增加到30%~40%时,溶解速度达到最大值。若继续增大硝酸浓度(>40%),铁的溶解速度却突然急剧下降,直到反应接近停止。这时金属变得很稳定,即使再放在稀硝酸中也能保持一段时间的稳定。铁在浓硝酸中或经过浓硝酸处理后失去了原来的化学活性,这一异常现象称为钝化(passivation)。

2.3.2 金属的阳极钝化

图2-24是典型的金属阳极钝化的实测极化曲线,整个曲线可分为四个区。金属的电位处于不同的区段,产生不同的电极反应,阳极腐蚀速度也不同。将电位维持在钝化区,金属可得到保护,就是电化学阳极保护的基本原理。

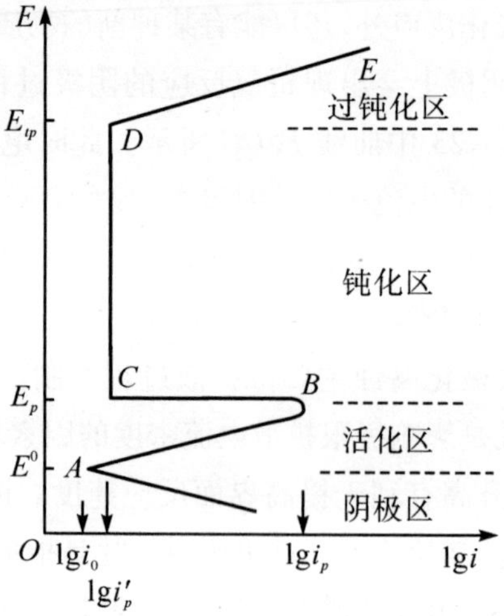

图2-24 金属钝化的阳极极化曲线示意图

通过控制电位法测得的阳极极化曲线可显示出金属是否具有钝化行为以及钝化性能的好坏。可以测定各钝化特征参数,如E_{pp}, i_{pp}, E_p, i_p, E_{tp}及稳定钝化电位范围等。同时还可用来评定不同金属材料的钝化性能及不同合金元素或介质成分对钝化行为的影响。

2.3.3 金属的自钝化

在没有任何外加极化的情况下,由于腐蚀介质的氧化剂(去极化剂)的还原引起的金属的钝化,称为金属的自钝化。要实现金属的自钝化,必须满足两个条件:①氧化剂的氧化-还原平衡电位$E_{0,C}$要高于该金属的致钝电位E_{pp}。②在致钝电位E_{pp}下,氧化剂阴极还原反应的电流密度i_c必须大于该金属的致钝电流密度i_{pp}。只有满足上述两个条件,才能使金属的腐蚀电位落在该金属的阳极钝化电位范围内,如图2-25中的交点E。因为金属腐蚀是腐蚀体系中阴、阳极共轭反应的结果。对于一个可能钝化的金属腐蚀体系,如具有活化—钝化行为的金属在一定的腐蚀介质中,金属的腐蚀电位能否落在钝化区,不仅取决于阳极极化曲线上钝化区范围的大小,还取决于阴极极化曲线的形状和位置。

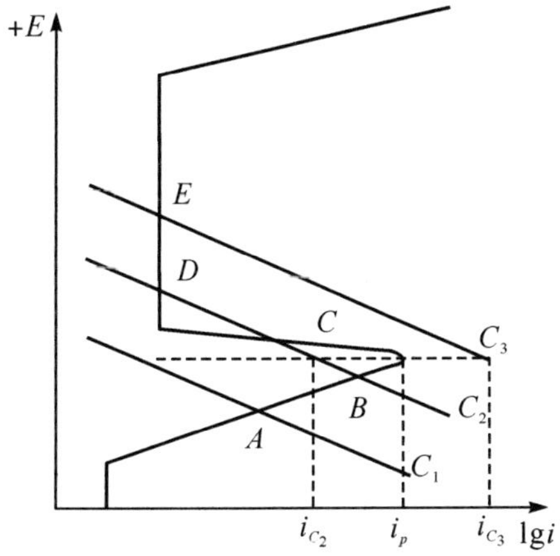

图 2-25 阴极极化对钝化的影响

不同的金属具有不同的自钝化趋势。若按金属腐蚀阳极控制程度减小而言，一些金属的自钝化趋势减小顺序为：Ti、Al、Cr、Be、Mo、Mg、Ni、Co、Fe、Mn、Zn、Cd、Sn、Pb、Cu。但这一趋势并不代表总的腐蚀稳定性，只能表示钝态所引起的阳极过程阻滞而使腐蚀稳定性的增加。此外，在可钝化金属中添加一些阴极性组分（如 Pt、Pd），进行合金化，也可促进自钝化，并提高合金的热蚀性。溶液组分如溶液酸度、卤素离子、络合剂等也能影响金属钝化。通常金属在中性溶液中比较容易钝化，这与离子在中性溶液中形成的氧化物或氢氧化物的溶解度较小有关。在酸性或碱性溶液中金属较难钝化。许多阴离子尤其是卤素离子的存在，甚至可以使已经钝化了的金属重新活化。活化剂除氯外，按其活化能力的大小可排列为如下次序：$Cl^- > Br^- > I^- > F^- > ClO_4^- > OH^- > SO_4^{2-}$，视条件不同这个次序也是有变化的。

2.3.4 钝化理论

金属钝化是一种界面现象，并未改变金属本体性能，只是使金属表面在介质中的稳定性发生变化。产生钝化的原因较为复杂，至今还没有一个完整的理论可以解释所有的钝化现象。目前认为能较满意地解释大部分实验事实的理论是成相膜理论和吸附理论。

1.成相膜理论

成相膜理论认为，当金属阳极溶解时，可在金属表面生成一层致密的、覆盖得很好的固体产物薄膜。这层产物膜构成独立的固相膜层，把金属表面与介质隔离开来，阻碍阳极过程的进行，导致金属溶解速度大大降低，使金属转入钝态。只有在金属表面上直接生成固相产物才能导致钝化。这种表面膜层很可能是由于表面金属原子与定向吸附的水分子（酸性溶液），或与吸附的 OH^- 离子（碱性溶液）之间相互作用而形成的。一旦钝化膜形成，在适当的条件下，膜会继续增长。这可能是金属离子与阴离子在膜/溶液界面上，或在金属/膜界面上发生进一步作用的结果。

2.吸附理论

吸附理论认为，金属钝化是由于表面生成氧或含氧粒子的吸附层，改变了金属/溶液界面的结构，并使阳极反应的活化能显著提高的缘故。即由于这些粒子的吸附，使金属表面的反应能力降低了，因而发生了钝化。在金属表面吸附的含氧粒子是由腐蚀系统中的介质条件来定。可能是 OH^- 离子，也可能是 O^{2-} 离子，多数情况中还可能是氧原子。实际上，引起钝化的吸附粒子不只限于氧粒子，如汞和银在氯离子作用下也可以发生钝化。吸附粒子为什么会降低金属本身反应能力呢？这主要是因为金属表面的原子－离子价键处于未饱和态，当有含氧粒子时，易于吸附在金属表面，使表面的价键饱和，失去原有的活性。同时，由于氧吸附层形成过程中不断地把原来吸附在金属表面的 H_2O 分子层排挤掉，这样就降低了金属离子的水化速度，即减慢了金属的离子化过程。

这两种钝化理论都能较好地解释大部分实验事实，然而无论哪一种理论都不能较全面、完整地解释各种钝化机理。这两种理论的相同之处是都认为由于在金属表面生成一层极薄的钝化膜阻碍了金属的溶解，至于对成膜的解释，却各不相同。事实上金属在钝化过程中，在不同的条件下，吸附膜和成相膜可分别起主要作用。有人企图将这两种理论结合起来解释所有的金属钝化现象，认为含氧粒子的吸附是形成良好钝化膜的前提，可能先生成吸附膜，然后发展成成相膜。认为钝化的难易主要取决于吸附膜，而钝化状态的维持主要取决于成相膜。膜的生长也服从对数规律，吸附膜的控制因素是电子隧道效应，而成相膜的控制因素则是离子通过势垒的运动。

第3章　局部腐蚀

金属腐蚀按腐蚀形态分为全面腐蚀和局部腐蚀两大类。

全面腐蚀(general corrosion)通常是均匀腐蚀(uniform corrosion),它是一种常见的腐蚀形态。其特征是腐蚀分布于金属整个表面,腐蚀结果使金属变薄,其电化学特点是腐蚀电池的阴、阳极面积非常小,甚至在显微镜下也难以区分,而且微阴极和微阳极的位置是变幻不定的。

局部腐蚀(localized corrosion)是相对全面腐蚀而言的。其特点是腐蚀仅局限或集中在金属的某一特定部位。局部腐蚀时阳极和阴极区一般是截然分开,其位置可用肉眼或微观检查方法加以区分和辨别。腐蚀电池中的阳极溶解反应和阴极区腐蚀剂的还原反应在不同区域发生,而次生腐蚀产物又可在第三地点形成。局部腐蚀可分为电偶腐蚀、点蚀、缝隙腐蚀、晶间腐蚀、选择性腐蚀、磨损腐蚀、应力腐蚀断裂、氢脆和腐蚀疲劳等。

全面腐蚀虽可造成金属的大量损失,但其危害性远不如局部腐蚀大。因为全面腐蚀速度容易测定,容易发觉,而且在工程设计时可预先考虑留出腐蚀余量,从而防止设备过早地被腐蚀破坏。某些局部腐蚀则难以预测和预防,通常是在没有先兆的情况下,使金属突然发生破坏,常造成重大工程事故或人身伤亡。局部腐蚀很普遍,曾对767例腐蚀失效事故进行统计得出结论:全面腐蚀占17.8%,局部腐蚀占82.2%,其中点蚀、应力腐蚀和腐蚀疲劳占有突出地位。

引起局部腐蚀的因素很多,例如下列各种情况:异种金属接触引起的宏观腐蚀电池(电偶腐蚀),也包括阴极性镀层微孔或损伤处所引起的接触腐蚀。同一金属上的自发微观电池,如晶间腐蚀、选择性腐蚀、孔蚀、石墨化腐蚀、剥蚀(层蚀)以及应力腐蚀断裂等。由差异充气电池引起的局部腐蚀,如水线腐蚀、缝隙腐蚀、沉积腐蚀、盐水滴腐蚀等。由金属离子浓差电池引起的局部腐蚀。由膜-孔电池或活性-钝性电池引起的局部腐蚀。由杂散电流引起的局部腐蚀。

在发生局部腐蚀的情况下,通常阳极区面积比阴极区面积小得多,使阳极区腐蚀非常强烈。虽然金属失重不大,但危害性很大。例如点蚀能使容器穿孔而报废;晶间腐蚀能使晶粒间丧失结合力,导致材料的强度丧失。全面腐蚀与局部腐蚀的比较见表3-1。

表 3－1　全面腐蚀与局部腐蚀的比较

项 目	全 面 腐 蚀	局 部 腐 蚀
腐蚀形貌	腐蚀分布在整个金属表面上	腐蚀集中在一定区域，其他部分不腐蚀
腐蚀电池	阴、阳极在表面上变幻不定，阴、阳极不可辨别	阴、阳极可以分辨
电极面积	阳极面积＝阴极面积	阳极面积＝阴极面积
电位	阳极电位＝阴极电位＝腐蚀电位	阳极电位 ＜ 阴极电位
极化图	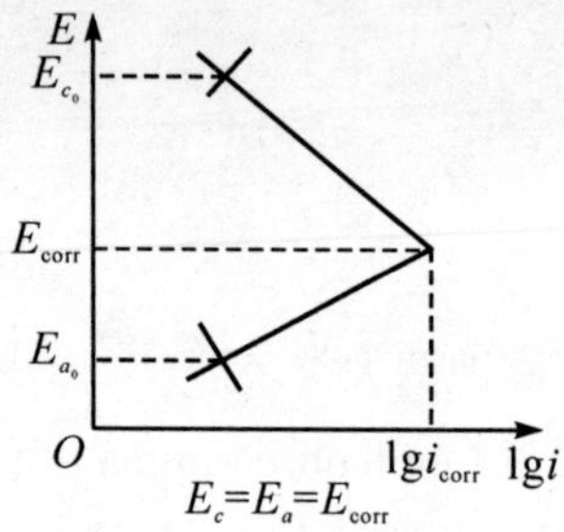	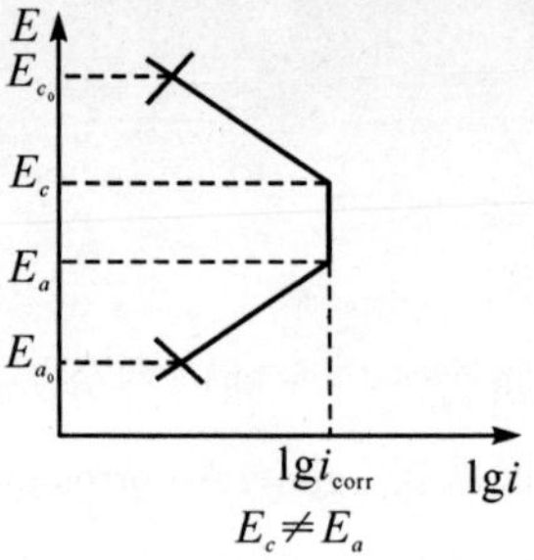
腐蚀产物	可能对金属有保护作用	无保护作用

3.1　电偶腐蚀

当两种不同的金属或合金接触并放入电解质溶液中或在自然环境中，由于两种金属的腐蚀电位不等，原腐蚀电位较负的金属腐蚀速率增加，而电位较正的金属腐蚀速率反而减小，这就是电偶腐蚀。电偶腐蚀也称为双金属腐蚀或接触腐蚀。电偶腐蚀实际上就是由于材料差别引起的宏电池腐蚀。

电偶腐蚀存在于众多的工业装置和工程结构中，它是一种最普遍的局部腐蚀类型。工程上很多机器、设备其零部件出于某些特殊功能的要求或经济上的考量，采用不同材料的组合是非常普遍的，甚至是不可避免的。

图 3－1 列举出了几种电偶腐蚀的实例。图 3－1(a)为二氧化硫石墨冷却器，管间通冷却介质海水，由于石墨花板、管子与碳钢壳体构成电偶，碳钢壳体因发生电偶腐蚀，不到半年便被腐蚀穿孔；图 3－1(b)为镀锌管与黄铜阀连接在水中形成的电偶。先是镀锌层加速腐蚀，随后碳钢管加速腐蚀。有时，两种不同的金属虽然没有直接接触，但也有引起电偶腐蚀的可能。例如循环冷却系统中的铜零件，由于腐蚀下来的铜离子可通过扩散在碳钢设备表面上沉积，沉积下的疏松的铜粒子与碳钢之间便形成了微电偶腐蚀电池，结果引起了碳钢设备严重的局部腐蚀。再如，图 3－1(e)所示的碳钢换热器，由于输送介质的泵采用石墨密封，摩擦副磨削下来的石墨微粒在列管内沉积，也会加速碳钢管的腐蚀。这种现象是由于构成了间接的电偶腐蚀，可以说是一种特殊条件下的电偶腐蚀。

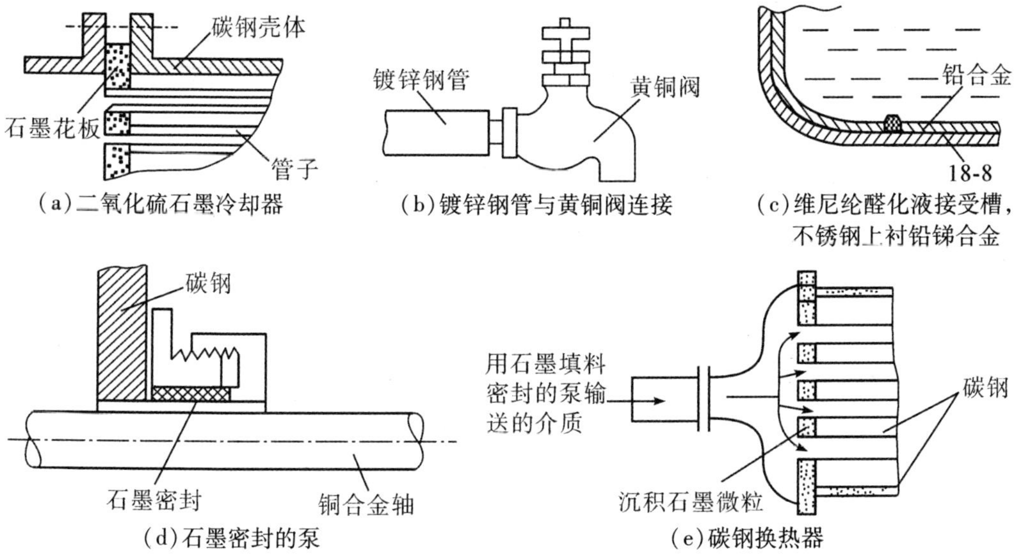

图 3-1 电偶腐蚀实例

3.1.1 电偶腐蚀的推动力与电偶序

在前面腐蚀电化学中已提及过电动序的概念，电动序即标准电位序是由热力学公式计算得出，它是按金属的标准电极电位的高低排列成的次序表。此电位是指金属在活度为1的该金属盐的溶液中的平衡电位，该电位与实际金属或合金在介质中的电位可能相差甚远。电偶腐蚀与相互接触的金属在溶液中的实际电位有关，由它构成了宏观腐蚀电池。产生电偶腐蚀的动力来自两种不同金属接触的实际电位差。一般来说，两种金属的电极电位差愈大，电偶腐蚀愈严重。

实际电位是指腐蚀电位序（电偶序）中的电位。电偶序是根据金属或合金在一定条件下测得的稳定电位（非平衡电位）的相对大小排列的次序表。表3-2是某些金属及合金在土壤中的电偶序，从近似电位值的大小可判断这些材料偶合时的阴、阳极性。

表 3-2 某些金属及合金在土壤中的电偶序

金 属	电位（近似值）/V
碳、焦炭、石墨	+0.1
高硅铸铁	+0.1
铜、黄铜、青铜	+0.1
软钢	+0.1
铅	-0.2
铸铁	-0.2
生锈的软钢	+0.1~0.2
干净的软钢	-0.5~0.2
铝	-0.5
锌	-0.8
镁	-1.3

此外,在电偶序中隔开越远的金属或合金,产生的电位差越大,越不应互相偶合或接触。相反,有些金属,特别是一些合金基本成分类似,它们在电位序中的位置很接近,在多数场合下若把它们连成电偶,很少有发生电偶腐蚀的危险性。

电偶序数据也可作为其他环境中研究电偶效应的参考依据,但为了更好地考虑一些实际破坏事故,最好是实际测量有关金属或合金在具体环境介质中的稳定电位(自腐电位)和进行必要的电偶试验,以获取切实的结果。

电偶的实际电位差乃是产生电偶腐蚀的必要条件,它标志着电偶腐蚀的热力学可能性。但它不能决定腐蚀电偶的效率,因还需知道极化性能、腐蚀行为的特性等。

3.1.2　电偶腐蚀的影响因素

对电偶腐蚀来说,其影响因素较复杂。除了与接触金属材料的本性有关外,还受其他因素的影响。

1.面积效应

所谓面积效应就是指电偶腐蚀电池中阴极和阳极面积之比对阳极腐蚀速率的影响。不同金属偶合的结构,在不同的阴阳极面积比下,对阳极的腐蚀速率就有不同的影响。现以两个实际结构的例子加以说明。

图3-2(a)表示钢板用铜螺钉连接,这是属于大阳极、小阴极的结构。由于阳极面积大,阴极面积小,阳极溶解速度相对减小,不至于在短期内引起连接结构的破坏,因而相对较为安全。

图3-2(b)表示铜板用钢螺钉连接,这是属于大阴极、小阳极的结构,这种结构可使阳极腐蚀电流急剧增加,连接结构很快受到破坏。

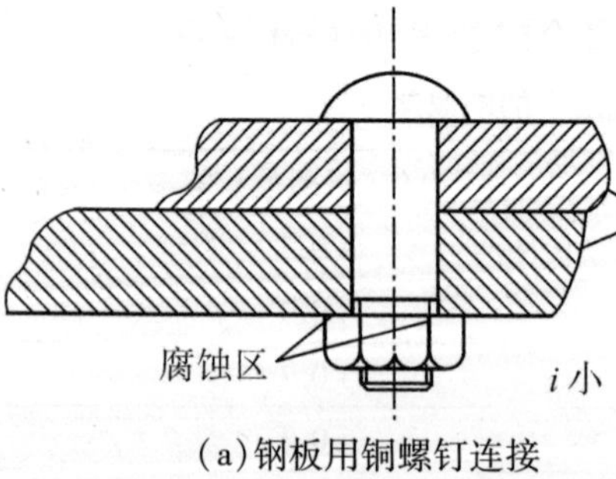

(a)钢板用铜螺钉连接

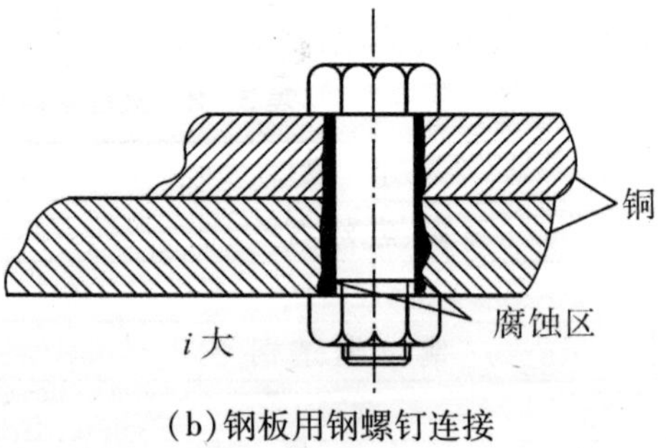

(b)钢板用钢螺钉连接

图3-2　面积效应的实例

2.环境因素

对电偶腐蚀来说,环境因素影响也很大。不同的环境有不同的腐蚀性,对双金属的腐蚀程度影响也各不相同。通常,在一定的环境中耐蚀性较低的金属是电偶的阳极。有时在不同的环境中同一电偶的电位会出现逆转,从而改变材料的极性。例如,钢和锌偶合后在一些水溶液中锌被腐蚀,钢得到了保护。若水温较高(80℃以上)时,电偶的极性就会逆转,钢成为阳极而被腐蚀。又如镁和铝偶合后在中性或微酸性氯化钠溶液中,镁呈阳极性。可是随着镁不断溶解,溶液变碱性使铝反而成为阳极性了。

3.电阻的影响

在双金属腐蚀的实例中很易从连接处附近的局部侵蚀来识别电偶腐蚀效应。这是因为在电偶腐蚀中阳极金属的腐蚀电流分布是不均匀的,在连接处由电偶效应所引起的加速腐蚀最大,距离接合部位越远,腐蚀也越小。此外,介质的电导率也会影响电偶腐蚀率,如电导性较高的海水,使活泼金属的受侵面扩大(扩展到离接触点较远处),因而降低侵蚀的严重性。但在软水或大气中,侵蚀集中在接触点附近,侵蚀严重,危险性大。

3.1.3 电偶腐蚀的控制措施

减小或防止电偶腐蚀效应的措施包括以下几个方面:

(1)在设计设备或部件时正确选择接触材料,尽量避免异种金属或合金相互接触。若不可避免时,应选取在电偶序中位于同组或位置相隔较近的金属或合金。前已提及,两种金属或合金的电位差是电偶效应的动力,是产生电偶腐蚀的必要条件。因此在实际结构设计中应尽可能地使接触金属间电位差达最小值。经验认为,电位差小于50 mV时电偶效应通常可忽略不计。

(2)在设备的结构上,阴极面积与阳极面积应保持最佳的比例,切忌形成大阴极、小阳极的不利面积比。为此,螺钉、螺帽、焊接点等通常采用比基体较稳定的材料为好,以使被固接的基体材料呈阳极性,避免强烈的电偶效应。或采用牺牲阳极保护法,接上比两接触金属更不耐蚀的第三块金属。此外,在生产过程中不要把不同金属的零件堆放在一起,尤其是有色金属零件在任何情况下不能和黑色金属零件堆放在一起,以免引起锈蚀。铁屑落在镁合金上;或用金刚砂砂纸打磨镁合金时,金刚砂粒落在或嵌入镁合金表面;或用喷钢铁零件的砂子(里面含有铁锈、铁屑、热处理残盐等污物)喷镁合金零件等,都易引起镁合金锈蚀。

(3)采用不同腐蚀电位的异金属结构件时,应设法对接触面采取绝缘措施,以消除电偶效应,如图3-3所示。但一定要仔细检查是否已真正绝缘。例如采用螺杆连接的装配中,往往忽略螺杆与螺孔的绝缘,这样就不能达到真正的保护。

(4)隔绝或消除阴极去极化剂(如溶解 O_2 和 H^+ 离子),也是防止电偶腐蚀的有效办法。因为这些物质是腐蚀体系中进行阴极过程所不可缺少的。所以,当钢和铜接触用于封闭的热水系统时,若加入适当的水溶性缓蚀剂,则可以较好地防止电偶腐蚀。

(5)采用适当的表面处理,如油漆、环氧树脂或金属覆盖层都会使金属或合金的电偶效应得到一定程度的减弱。例如镀锌的铜接点可以减少对铁或铝零件的腐蚀。

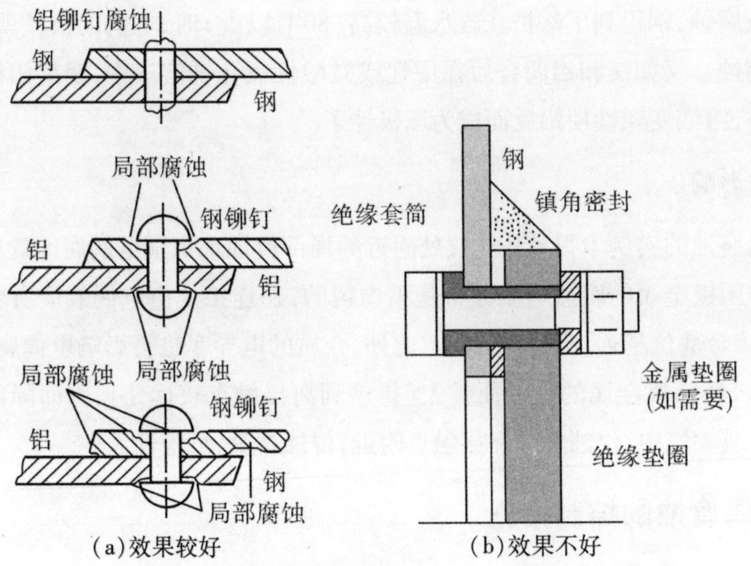

图 3-3　不同的金属部件之间采取绝缘措施可有效防止电偶腐蚀

3.2　点腐蚀

3.3.1　点腐蚀的形貌特征及产生条件

点腐蚀(亦称孔蚀)是一种导致在金属表面产生坑点的局部腐蚀,也是化工生产和航海事业中常遇到的腐蚀破坏形态。蚀孔有大有小,多数情况下为小孔。一般说来,点蚀表面直径等于或小于它的深度,只有几十微米,分散或密集分布在金属表面上,孔口多数被腐蚀产物所覆盖,少数呈开放式。有的为碟形浅孔,有的是小而深的孔,也有的孔甚至使金属板穿透。图 3-4 是某钢油罐因点蚀而穿透的情形。

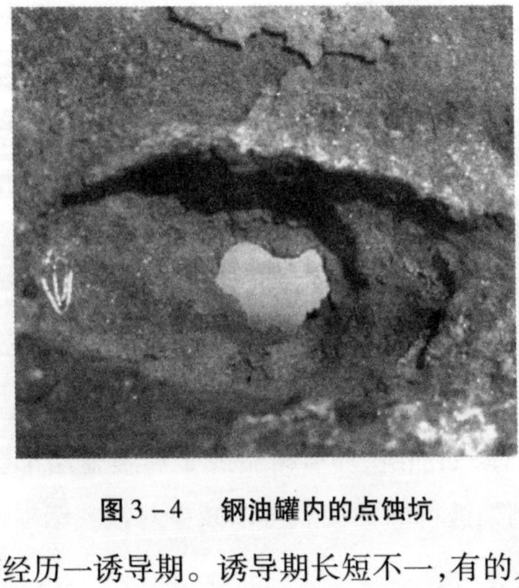

图 3-4　钢油罐内的点蚀坑

点蚀从起始到暴露需经历一诱导期。诱导期长短不一,有的几个月,甚至一两年。蚀孔通常沿着重力方向或横向发展,并向深处加速进行,但也因外界因素等的改变,使有些蚀孔停止发展。例如,铝在大气中的某些蚀孔常见这种现象。

点蚀多发生在表面有钝化膜或有保护膜的金属上。凡是表面具有氧化或钝化膜的金属或合金材料,如铝及铝合金、不锈钢、耐热钢、钛合金等,在大多数含有氯离子或氯化物的腐蚀介质中,都有发生点蚀的可能。在阳极极化条件下介质中只要含有氯离子,金属就很容易发生点蚀。点蚀随着氯离子浓度加大而加速,其他阴离子如 Br^-、$S_2O_3^{2-}$、I^- 离子、过氯酸盐或硫酸盐等也可诱发点蚀。尤其是当钝化膜表面存在有机械裂缝、擦伤、夹杂物或合金相、晶间沉淀、位错露头、空穴等缺陷造成膜的厚薄不匀等时,就更容易诱发局部破坏。因为缺陷处易显露基体金属,使之呈活化态,而钝化膜处却呈钝态,这样就形成了活性－钝性腐蚀电池,使点蚀的产生具备了条件。换句话说,既有钝化剂又有活化剂的腐蚀环境,是易钝化金属产生点蚀的必要条件,而钝化膜的缺陷及活性离子的存在是引起点蚀的主要原因。

当然,有些情况也会引起点蚀的发生。如在基体金属上镀一些机械保护的阴极性镀层(如钢上镀铬、镀镍、镀锡、镀铜等),在镀层的孔隙处会引起底部钢件的点状腐蚀。因为,当这些镀层上某点发生破坏时,破坏区下的金属基体与镀层未破坏区形成电偶腐蚀电池,这种大阴极小阳极状态使腐蚀向深处发展,以至形成小孔。又如,当阳极性缓蚀剂用量不足时,也会引起点蚀。然而钝化－活化条件下产生的点蚀,对工程技术最有意义,因为它与一些其他局部腐蚀密切相关。

此外,点蚀的发生还需在一临界电位以上,该电位称作点蚀电位(或称击穿电位)。金属点蚀电位的高低反映了发生点蚀的难易。若某个金属在某个腐蚀介质中的点蚀电位较正,说明该金属不容易发生点蚀。反之,点蚀电位较负的金属则容易发生点蚀。点蚀电位的高低与介质的组成有很大的关系,如不锈钢的点蚀电位随着溶液中氯离子浓度的增加而下降,使点蚀易于发生。

若向 NaCl 溶液添加 Na_2SO_4、$NaNO_3$、$NaClO_4$ 等物质,不锈钢的点蚀电位向正方向移动。说明这些添加成分能抑制不锈钢的点蚀。当添加的盐量足够使点蚀电位比腐蚀电位还要正,不锈钢就不再发生点蚀了。例如,不锈钢在 10% $FeCl_3$ 中几小时内就出现明显的点蚀坑,而添加 3% $NaNO_3$ 后长达 25 年的不锈钢挂片试验也未发现失重。

表 3－3 比较了一些常用金属及合金在 0.1N NaCl 溶液中的点蚀电位。由表中数据可看出,Al 的点蚀电位是负值,特别容易在 NaCl 溶液中发生点蚀。Cr 与 Ti 的点蚀电位较正,比空气中氧的电极电位还正,这就说明它们在充气的盐水介质中常温下不会发生点蚀。Fe 基合金的点蚀电位随着 Cr 含量增大而变得愈来愈正,30% Cr－Fe 的点蚀电位比 15% Cr－Fe 的要正 0.42V。

表 3－3 一些金属与合金在 0.1 N NaCl 中的点蚀电位(25℃)

金属或合金	点蚀电位/ V	金属或合金	点蚀电位/V
Al	－0.37	Zn	0.46
12% Cr－Fe	0.20	30% Cr－Fe	0.62
18% Cr－8% Ni－Fe	0.26	Cr	1.0
Ni	0.28	Ti	1.0

3.2.2 点腐蚀机理

一般说来,点蚀的发生和发展要经历两个不同的阶段。第一阶段是点蚀坑的发生阶段,第二阶段为点蚀坑的生长阶段。在有些条件下,点蚀过程还会过渡到第三阶段,即点蚀坑地再钝化阶段。

(1)点蚀的发生。点蚀的发生是与金属表面钝化膜的局部区域在达到了给定条件下的临界电位后,阳极氧化膜要击穿相联系的。当介质中有活化阴离子(如氯离子)时,Cl^-离子优先吸附在钝化膜的缺陷处,并和钝化膜中的阳离子结合成可溶性氯化物。这样在钝化金属表面上形成了第一批活性溶解点,这些点称为蚀核。蚀核生长到孔径等于 20~30μm 微米,宏观可见时才称为蚀孔。因此,在点蚀坑生长的初始阶段虽然有一定的阳极电流,但钝化膜的形貌还没有发生明显的变化。在这个阶段圆形(或半球形)点蚀坑还没有形成,在未形成的蚀坑中电解质浓度也没有发生大的变化。从理论上讲,蚀核可在钝化金属的光滑表面上任何一点形成,随机分布。但是,实际上钝化膜的破裂通常与金相组织上的某种畸变或钝化膜成分上的某种变化相联系。例如,晶界上有碳化物沉积物存在,钝化膜有硫化物夹杂以及位错露头,异种原子嵌入晶格等都可能成为破裂的原因。钝化膜中主要钝化元素(如不锈钢中的 Cr)浓度的下降以及添加的有利于钝化的合金元素(如 Si、Mo 等)浓度的减少都能引起钝化膜局部组织的变化,蚀核将在这些特定点上优先形成。

(2)点蚀坑地生长。大多数情况下,蚀核将继续长大,最终变为蚀孔。蚀孔出现的特定点称为点蚀源。金属电位超过点蚀电位,是从蚀核发展到蚀孔的必要条件,因此在自然腐蚀条件下,溶液中除有 Cl^- 离子外,还必须含有氧或其他氧化剂。在外加电流极化情况下,溶液中只含 Cl^- 离子即可发生点蚀。紧接着点蚀初始阶段在阳极电流作用下,活性阴离子如 Cl^- 离子向点蚀坑中迁移并富集,而溶解下来的金属离子发生水解使溶液变为酸性。Cl^- 离子浓度升高和溶液 pH 值的下降都提高了蚀坑内部溶液的腐蚀性,从而加速了小孔的活性溶解。实际上,蚀孔内金属表面处于活性溶解状态,电位较负;蚀孔外的金属表面仍处于钝态,电位较正。于是内外构成了一个活化－钝化电池。此电池具有大阴极、小阳极的特点,阳极电流密度很大,蚀孔遭受腐蚀,而孔外钝化金属表面受到阴极保护。点蚀的发展实际是化学和电化学联合作用的结果。

(3)点蚀坑地再钝化。实际过程观察到,有些金属如不锈钢上大多数蚀坑是在它浸入溶液开始阶段生成的。如果条件不变,蚀坑的数目几乎不再增加。还观察到蚀坑的尺寸大小是不同的,只有少数蚀坑有较大尺寸,而大部分蚀坑的尺寸很小。这显然是大部分蚀坑在腐蚀初期就发生了再钝化,停止了继续向深度发展的缘故。通过测定阳极电流随时间的变化曲线也发现在曲线上有一个最大值。点蚀开始时阳极电流密度迅速上升,到达最大值后电流随时间而下降。

点蚀坑地再钝化条件是蚀坑中金属的电位向负方向移动,离开了点蚀电位,重新进入钝化区。因为,随着蚀坑向深处发展,蚀坑底部与蚀坑口之间溶液的欧姆压降增大,使蚀坑口外金属的电位相差几十毫伏以上,给再钝化创造了条件。

3.2.3 点腐蚀的影响因素

环境介质的组成、pH 值、温度和流速以及金属和合金的性质，表面状态等都是影响点蚀的主要因素。

1.腐蚀介质的影响

不锈钢的点蚀是在特定的腐蚀介质中发生的，特别是含 Cl^- 离子的水溶液几乎成为主要原因。其他卤素离子中 Br^- 离子的侵蚀作用较大，I^- 离子的作用较小。一般说来，I^- 离子只能增加均匀腐蚀速度，而不引起点蚀。此外还观察到在 ClO_4^-、SCN^- 等介质中也会发生点蚀。在各种氯化物溶液中阳离子对点蚀带来不同的影响，以 NaCl、$CaCl_2$ 为代表的碱金属和碱土金属氯化物促进阴极上发生溶解氧还原反应，而以 $FeCl_3$、$CuCl_2$ 为代表的重金属氯化物则加速阴极上金属离子的还原。

2.卤素离子的浓度

一般认为点蚀只有当卤素离子达到一定浓度时才发生。当然，这个临界浓度，是因材料的成分和状态不同而异的。表 3－4 列出了铁和铁合金发生点蚀所需的临界 Cl^- 离子浓度，可见 Fe－Cr 合金中临界 Cl^- 离子浓度随着合金中含 Cr 量增加而上升。对于有些碱金属氯化物，发生点蚀有一个 Cl^- 离子浓度的极大值，高于这个浓度点蚀反而难以进行。

表 3－4　铁和铁合金点蚀的临界 Cl^- 离子浓度

金属或合金	Cl^- 浓度/N	金属或合金	Cl^- 浓度/N
Fe	0.000 3	18.6Cr－9.9Ni－Fe	0.1
5.6Cr－Fe	0.017 0	24.5Cr－Fe	1.0
11.6Cr－Fe	0.061 0	29.5Cr－Fe	1.0
20Cr－Fe	0.100 0		

3.溶液中其他离子的作用

在卤化物阴离子共存条件下能促进点蚀发生的有氧化性金属离子，如 Fe^{3+}、Cu^{2+}、Hg^{2+} 离子等，它们是有效的阴极去极化剂，使阴极还原反应电流增大，从而使金属达到点蚀电位。溶液中另一类离子能抑制点蚀发生，如含氧阴离子 OH^-、SO_4^{2-}、NO_3^- 等对点蚀起缓蚀作用。其原因可能是在竞争吸附过程中它们从金属表面排斥了 Cl^- 离子，从而阻碍了蚀核的形成。这些阴离子对不锈钢点蚀的抑制作用大小按以下顺序：$OH^- > NO_3^- > SO_4^{2-} > ClO_4^-$

4.溶液 pH 值的影响

在碱性介质中，随着 pH 值升高，金属的点蚀电位显著地变正，而在中性和酸性介质中对 pH 值的影响有不同的看法，一些研究者发现随 pH 值升高，腐蚀电位稍有增加，另一些人则认为 pH 值实际上对点蚀电位没有影响。

5.溶液温度的影响

在 NaCl 溶液中不锈钢在 90℃时达到最大的点蚀速度，温度继续升高，由于氧溶解度减小，点蚀速度反而下降。随着温度升高，点蚀坑数目急剧增多，但蚀坑的平均速度或最大深度变化不大。据认为这个现象首先与高温下氯离子反应能力增高有关，也可能是提高了膜的溶解速度后膜中缺陷数目增多的缘故。

6.介质流动的影响

介质处于流动状态，金属的点蚀速度比介质处于静止状态时为小。增大的介质流速，一方面有利于溶解氧向金属表面传递，使钝化膜容易形成；另一方面可以减少金属表面的沉积物，消除闭塞电池的自催化作用。实践证明，一台不锈钢泵，经常运转则点蚀程度较轻，长期不使用则很快出现蚀孔。当然，介质的流速有一定的限制。如果流速过大出现湍流时，钝化膜经不起冲刷作用，将发生磨损腐蚀。

7.金属本性的影响

在0.1N NaCl中一些常用金属在25℃的点蚀电位如下：Al：-0.45V；Fe：+0.23V；Ni：+0.28V；18-8不锈钢：+0.26V；Zr：+0.46V；Cr：+1.0V；Ti：+1.2V。可见，最不耐点蚀的是Al，最耐点蚀的是Ti、Cr。具有自钝化特性的金属或合金，一般对点蚀的敏感性较高，钝化能力愈强则敏感性愈高。铝及其合金在Cl^-离子溶液中遭受严重的点蚀。点蚀程度与氧化膜形态、有无第二相、合金退火温度、退火时间等有关。铁在含Cl^-离子的酸性、中性和碱性溶液中都会发生点蚀。

8.合金元素的影响

不锈钢中铬是最有效地提高耐点蚀性能的合金元素。随着铬含量增加，点蚀电位向正方向移动。在一定含铬量下增加含镍量，也能起到减轻点蚀的作用。加入2%~5%的钼能显著提高不锈钢的耐点蚀性能。表3-5列举了不同合金元素的不锈钢在3% NaCl中的点蚀电位。降低合金中C含量可使点蚀敏感性下降。电子束重熔的超低碳和氮的25% Cr-1% Mo不锈钢具有最高的耐点蚀性能。

表3-5 一些不锈钢的点蚀电位

合金	点蚀电位/V	合金	点蚀电位/V
13Cr-Fe	0.275	27Cr-Fe	0.775
17Cr-Fe	0.375	18Cr-12Ni-2MoTi	0.825
18Cr-10NiTi	0.555	18Cr-12Ni-3MoTi	1.275
21Cr-5NiTi	0.60		

9.钢的金相组织、热处理与冷加工的影响

奥氏体不锈钢经过固溶处理的状态具有最佳的耐点蚀性能。冷加工对点蚀电位影响不大，但发现点蚀坑的数目增多，尺寸减小。

10.金属材料表面状态的影响

表面磨光、抛光或酸侵蚀都对钢的点蚀敏感性带来影响。一般说来，光滑和清洁的表面不易发生点蚀，在难于避免有害物质附着表面的情况下酸洗面较好，虽然点蚀坑多但深度浅。经冷加工的粗糙表面或加工后残留在表面上的焊渣、焊渣飞溅等都易引起点蚀。还要指出，随着温度升高，表面状态的影响减弱。

3.2.4 点腐蚀的控制

1.选择耐蚀合金

从改变材质着手，加入抗点蚀的合金元素，降低有害杂质的影响是控制点蚀发生的根本措施。以不锈钢为例，高铬量与高钼量配合能取得良好的抗点蚀效果。为了改进这类合金的塑性和冲击韧性，可采用真空重熔或电子束重熔的方法。目前，耐点蚀不锈钢基本上有3类：铁素体不锈钢，铁素体－奥氏体双相钢和奥氏体不锈钢。

选用的材质一般要经过正确的热处理，如奥氏体不锈钢使用前要进行高温淬火和固溶处理。

2.电化学保护

防止点蚀的较好方法是对金属设备采用恰当的电化学保护。在外加阴极电流作用下将金属的极化电位控制在保护电位以下、析氢电位以上可以停止蚀坑的继续生长。这种方法可采用牺牲阳极来实现。

3.应用缓蚀剂

对于循环体系，可加入缓蚀剂来减轻点蚀。缓蚀剂的作用是增加钝化膜的稳定性或有利于受损坏的钝化膜的修复。常用的缓蚀剂有硝酸盐、铬酸盐、硫酸盐和碱等，其中以硝酸盐的效果最好。例如，在0.1N NaCl中加入0.4～0.5g/L的$NaNO_3$可以完全抑制18－8不锈钢的点蚀。不锈钢在含有$NaNO_3$的HCl溶液中，即使在高于点蚀电位下还会重新钝化。但是$NaNO_3$这类缓蚀剂的用量必须足够，否则非但不能中止点蚀反而可能提高点蚀强度。

3.3 缝隙腐蚀

金属表面由于存在异物或在金属结构件的连接处（如铆、焊、螺钉等方法连接）常会形成缝隙。常常观察到缝隙处金属发生强烈的选择性腐蚀破坏，这种破坏形式称为缝隙腐蚀。因此缝隙腐蚀是指与缝隙相关联并在缝隙内或紧靠缝隙周围发生的腐蚀，它是一种很普遍的局部腐蚀，在各类介质中都会发生。不论同种金属还是异种金属相接触均会引起缝隙腐蚀。就是金属同非金属（如塑料、橡胶、玻璃、木材、石棉、织物以及各种法兰盘之间的衬垫等）相接触也会引起金属缝隙腐蚀。金属表面的一些沉积物、附着物，如灰尘、砂粒、腐蚀产物的沉积等也会给缝隙腐蚀创造条件。几乎所有的金属和合金，从正电性的银或金到负电性的铝或钛，从普通的不锈钢到特种不锈钢，都会产生缝隙腐蚀。其中以依赖钝化而耐蚀的金属材料和以含氯离子的溶液最易发生此类腐蚀。

3.3.1 缝隙腐蚀的特征

缝隙腐蚀可发生在所有金属和合金上，特别容易发生在靠钝化而耐腐蚀的金属和合金上。介质可以是任何浸蚀性溶液，酸性或中性，而含有氯离子的溶液最容易引起缝隙腐蚀。与点蚀相比，缝隙腐蚀更易发生，缝隙腐蚀的临界电位比点蚀电位低。

3.3.2 缝隙腐蚀机理

缝隙腐蚀机理较复杂，对它的认识还在不断深化，至今未取得统一的见解。过去大多数作者认为缝隙腐蚀是由于金属离子和溶解气体在侵蚀溶液中造成缝隙内外浓度不均匀，形成浓差电池所致。现在普遍为大家所接受的缝隙腐蚀机理是氧浓差电池与闭塞电池自催化效应共同作用的结果，如图 3-5 所示。

在缝隙腐蚀初期，阳极溶解：$M \rightarrow M^{n+} + ne^-$

阴极还原：$O_2 + 2H_2O + 4e \rightarrow 4OH^-$

这一过程是在包括缝隙内部的整个金属表面上均匀出现，但缝隙内的 O_2 在孕育期就消耗尽了。致使缝隙内溶液中的氧靠扩散补充，氧扩散到缝隙深处很困难，从而中止了缝隙内氧的阴极还原反应，使缝隙内金属表面和缝隙外自由暴露表面之间组成宏观电池。缺乏氧的区域（缝隙内）电位较负为阳极区，氧易到达的区域（缝隙外）电位较正为阴极区。结果缝隙内金属溶解，金属阳离子不断增多，这就吸引缝隙外溶液中的负离子（如 Cl^-）移向缝隙内，以维持电荷平衡。所生成的金属氯化物在水中水解成不溶的金属氢氧化物和游离酸。即：

$$MCl + H_2O \rightarrow MOH + HCl$$

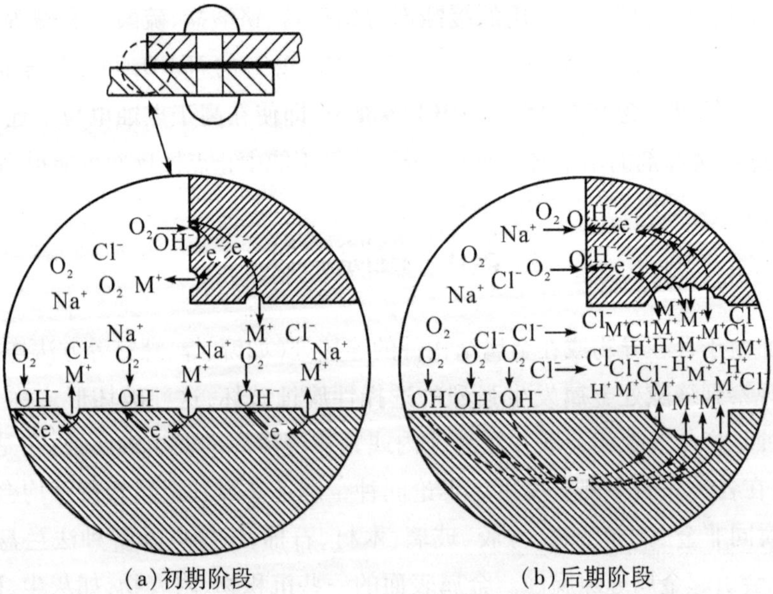

(a) 初期阶段　　(b) 后期阶段

图 3-5 缝隙腐蚀机理示意图

由于狭缝的影响，腐蚀产物难以排出，很快形成闭塞电池，缝隙中 Cl^- 离子浓度愈来愈高，溶液 pH 值可达 2~3，加速了阳极的溶解。阳极的加速溶解又引起更多的 Cl^- 离子迁入，氯化物的浓度又增加,氯化物的水解又使介质更酸化,如此反复循环,形成了一个自催化溶解过程,从而加速了缝隙腐蚀。

对于活化-钝化金属不锈钢、铝合金等来说,增加 Cl^- 离子和 H^+ 离子浓度都有利于缝隙内钝态的破坏,这有以下两种解释。

缝隙内溶液 pH 值的下降,将导致金属的弗莱德(Flade)电位(即金属由钝态转变为活化状态时的电位)升高。这可从下面的公式看出:

$$E_F = E_F^0 - 0.059\text{pH}$$

式中,E_F 为 Flade 电位,E_F^0 为 pH = 0 时的 Flade 电位。

弗来德电位上升意味着原来的钝化状态可能转变为活化状态,即缝隙内金属面的钝化膜发生全面的破坏。缝内活化阳极和缝外钝化阴极构成大阴极、小阳极面积比的电偶电池,两极间电位差通常为 50~100 mV,有时高达 600 mV,造成缝隙内金属的严重腐蚀。上面这种腐蚀称为活化型缝隙腐蚀,多数发生在还原介质和材料耐蚀性较差(腐蚀电位较低)的场合。腐蚀的发生取决于去钝化 pH 值的大小。

另一类是点蚀型缝隙腐蚀,一般发生在氧化性介质(如充气的海水)和材料耐蚀性较好(腐蚀电位较高)的场合。这种缝隙腐蚀起源于点蚀。由于 Cl^- 离子浓度增高,使钝化金属的点蚀电位降低,以至腐蚀电位超过点蚀电位,使缝隙内金属钝化膜发生破裂。这类缝隙腐蚀的发展与 Cl^- 离子浓度有很大关系。

3.3.3 缝隙腐蚀与点腐蚀的比较

缝隙腐蚀与点蚀有许多相似之处,两者在成长阶段的机理是很一致的,都是以形成闭塞电池为前提。由于特殊的几何形状或腐蚀产物在缝隙、蚀坑或裂纹出口处的堆积,使通道闭塞,限制了腐蚀介质的扩散,使腔内的介质组分、浓度和 pH 值与整体介质有很大差异,从而形成了闭塞电池腐蚀。但是,它们也有着本质上的区别。首先,缝隙腐蚀在所有的介质中,几乎所有金属都有可能发生;点蚀通常局限于含活性阴离子(主要是 Cl^- 离子)的介质,而且多数与钝化金属或合金有关。其次,它们在腐蚀形成过程中有所不同。缝隙腐蚀是在腐蚀前就已存在缝隙,腐蚀一开始就是闭塞电池作用,而且缝隙腐蚀的闭塞程度较点蚀的大;点蚀则是起源于金属表面的点蚀核,并通过腐蚀过程的进行逐渐形成蚀坑(闭塞电池),而后加速腐蚀的。或者说,前者是通过介质的浓度差引起的,而后者一般是由钝化膜的局部破坏引起的。再次,从环形阳极极化曲线上的特征电位看,同一不锈钢试样在同一试验条件下,点蚀电位值高于缝隙腐蚀的电位值,这说明缝隙腐蚀比点蚀更易发生。最后,在腐蚀形态上缝隙腐蚀较广而浅,而点蚀较窄而深。这从外观上是较易区别的。

3.3.4 缝隙腐蚀的控制

防止或减轻缝隙腐蚀可采取以下措施:

(1)合理设计和施工。设计要合理,并尽量避免缝隙。设计工程构筑物时应避免积水处,设计容器时要使液体能完全排净,要便于清理和去除污垢。在施工时采用焊接比铆接或螺钉连接好，而焊接中对焊优于搭焊。焊接时要焊透，避免产生焊孔，搭接焊的缝隙要采取措施将其封塞。螺钉连接结构中应采用各种塑料膜，低硫橡胶片，不吸水的垫片，或在接合面上涂以环氧、聚氨酯或硅橡胶密封膏，以保护连接处。

(2)电化学保护和采用缓蚀剂。若工程构件中缝隙难以避免，可以采用阴极保护或者在接合面涂以带缓蚀剂的油漆。阴极保护可以采用外加电流法或牺牲阳极法。据报道，可用碳钢作牺牲阳极来保护不锈钢和镍－铜合金不发生缝隙腐蚀。在海水中还可采用镁阳极或锌阳极来保护金属结构，防止缝隙腐蚀。在连接结构的接合面上涂以带缓蚀剂的油漆对防止缝隙腐蚀有一定效果，如对钢可用加有 $PbCrO_4$ 的油漆，对铝可用加有 $ZnCrO_4$ 的油漆。

(3)选择耐缝隙腐蚀的金属或合金。通常自钝化金属或合金对缝隙腐蚀都比较敏感，因为缝隙中钝态很易被破坏。抗缝隙腐蚀材料一般都是贵重合金，因价格较高，限用于关键部件。在常温静海水中最合适的材料有 Ti 和 Ni－16Cr－16Mo－5Fe－4W－2.5Co。其他耐缝隙腐蚀材料有 18Cr－12Ni－3MoTi，18Cr－19Ni－3MoTi，18Cr－12Ni－2MoTi 等。由于 Cr 具有较高的抗缝隙腐蚀性能，可以采用金属构件表面镀 Cr 的办法来防腐。Cu－Ni，Cu－Sn，Cu－Zn 等铜基合金也能较好地抗缝隙腐蚀。钛和钛合金在热的 $MgCl_2$ 和 NH_4Cl 溶液中和潮湿的 Cl_2 气中也会发生缝隙腐蚀。添加 0.2% Pd 能显著改变它们的抗缝隙腐蚀性能。

3.4 晶间腐蚀

3.4.1 晶间腐蚀的特征及产生条件

晶间腐蚀是一种由微电池作用而引起的局部破坏现象，是金属材料在特定的腐蚀介质中沿着材料的晶界产生的腐蚀。这种腐蚀主要是从表面开始，沿着晶界向内部发展，直到成为溃疡性腐蚀，整个金属强度几乎完全丧失。其腐蚀特征是，在表面还看不出破坏时，晶粒之间已丧失了结合力，失去金属声音，严重时只要轻轻敲打就可破碎，甚至形成粉状。因此，它是一种危害性很大的局部腐蚀。

晶间腐蚀的产生必须具备两个条件。一是晶界物质的物理化学状态与晶粒本身不同，另一是特定的环境因素，如潮湿大气、电解质溶液、过热水蒸气、高温水或熔融金属等。前者实质是指晶界的行为，是产生晶间腐蚀的内因。从电化学腐蚀原理知道，腐蚀常局部地从原子排列较不规则的地方开始。常用金属或合金都由多晶体组成，其表面有大量晶界或相界。晶界具有较大的活性。因为，晶界是原子排列较为疏松而紊乱的区域。对于晶界影响并不显著(晶界只比基体稍许活泼些)的金属来说，在使用中仍发生均匀腐蚀。但当晶界行为因某些原因而受到强烈影响时，晶界就会变得非常活泼，在实际使用中就会产生晶界腐蚀。影响晶界行为的原因大致有以下几种：

(1)合金元素贫乏化。由于晶界易析出第二相，造成晶界某一成分的贫乏化。例如，18－8不锈钢因晶界析出沉淀相($Cr_{23}C_6$)，使晶界附近留下贫铬区，如图3－6所示；硬铝合金因沿晶界析出 $CuAl_2$ 而形成贫铜区。

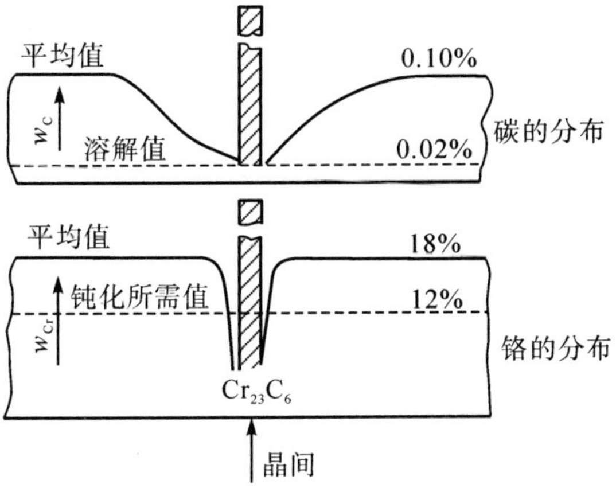

图3－6 奥氏体不锈钢晶界上铬析出示意图

(2)晶界析出不耐蚀的阳极相。例如,Al－Zn－Mg系合金在晶界析出连续的$MgZn_2$;Al－Mg合金和Al－Si合金很可能沿晶界分别析出易腐蚀的新相Al_3Mg_2和Mg_2Si。

(3)杂质或溶质原子在晶界区偏析。例如,铝中含有少量铁时(铁在铝中溶解度低),铁易在晶界析出;铜铝合金或铜磷合金在晶界可能有铝或磷的偏析。

(4)晶界处因相邻晶粒间的晶向不同,晶界必须同时适应各方面情况,其次是晶界的能量较高,刃型位错和空位在该处的活动性较大,使之产生富集。这样就造成了晶界处远较正常晶体组织松散的过渡性组织。

(5)由于新相析出或转变,造成晶界处具有较大的内应力。还证实由于表面张力的缘故,使黄铜的晶界含有较高的锌。

由于上述原因,使晶界行为发生了显著的变化。造成晶界、晶界附近和晶粒之间很大的电化学不均匀性。一旦遇到合适的腐蚀介质,这种电化学不均匀性就会引起金属晶界和晶粒本体的不等速溶解,引起晶界腐蚀。

3.4.2 晶间腐蚀机理

1.贫铬理论

贫铬理论最早发现于奥氏体不锈钢的晶间腐蚀,后来也用于铁素体不锈钢及铝合金、镍合金的晶间腐蚀的解释。由于晶界析出碳化铬而引起晶界附近铬的贫化而造成晶间腐蚀。

奥氏体不锈钢出厂时经过固溶处理,在使用时就会出现晶间腐蚀。奥氏体不锈钢中的碳在固溶处理时或使用时,就会析出形成碳化铬,并连续分布在晶界上。而且在析出过程中,碳的扩散阻力小,铬的扩散阻力大,形成碳化物时要消耗晶界附近的铬,从而在晶界形成贫铬区。贫铬区的小阳极与大阴极使晶间腐蚀速度加快。

2.阳极相理论

高碳、高钼含量的不锈钢在650～850℃时,常由于在晶界析出σ相而引起晶间腐蚀。在过钝化电位,σ相发生严重的相选择性溶解。σ相为金属间化合物,促使σ相形成的元素除铬外,还有钼、铌、钛等。

3.晶界吸附理论

在一些非敏化态钢中,由于杂质元素(如 P、Si 等)在晶界吸附而产生晶间腐蚀。

在探索晶间腐蚀的起因和发展时,有不同的依据和解释,形成了不同的理论(如贫铬理论、阳极相理论、晶界吸附理论等)。我国学者肖纪美从合金脱溶沉淀理论和金属化合物在腐蚀介质中的电化学行为出发,将晶间腐蚀理论分成三大类:第一类是从脱溶结果考虑,基于热力学和结构学,依据平衡相图及金相组织分析沉淀相的性质、沉淀相的形貌、沉淀相所导致的应力而得出理论,有阳极相理论、贫乏理论、沉淀相形貌理论、沉淀相应力理论。第二类是从脱溶过程考虑,基于动力学,从脱溶各阶段特别亚稳沉淀相而得出理论,有沉淀相理论、晶界吸附理论。第三类是从腐蚀过程考虑,从晶间腐蚀的性质和特征出发,考虑腐蚀介质中各相电化学行为,认为晶间腐蚀是一个微区电化学现象。

3.4.3 晶间腐蚀的影响因素

晶间腐蚀与介质种类、条件和合金结构有关。

1.加热温度与时间的影响

不锈钢晶界沉淀与晶间腐蚀之间的关系,如图 3-7 所示,由图可见,晶间腐蚀倾向与碳化物析出有关,但两者发生的温度和加热范围并不完全一致。在低温(低于 450℃)两者符合得很好,不易产生晶间腐蚀;而高于 750℃,析出的碳化物是孤立的颗粒,高温下也易扩散,也不易产生晶间腐蚀;在 600～700℃易析出连续的 $Cr_{23}C_6$,晶间腐蚀倾向最严重;低于 600℃,碳化物析出需要更长时间。

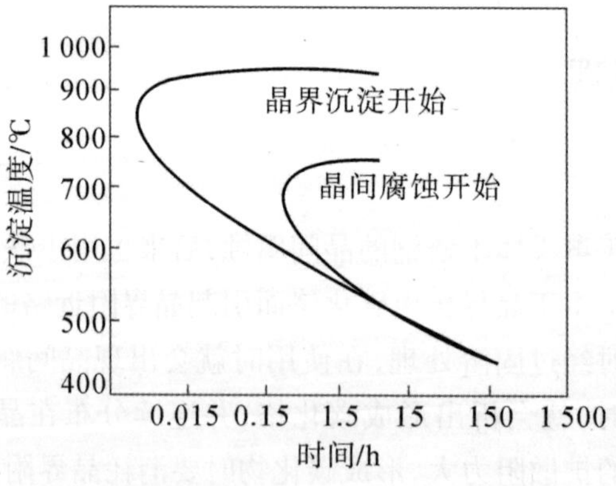

图 3-7 不锈钢晶界沉淀与晶间腐蚀之间的关系

这种表面晶间腐蚀倾向与温度、时间关系的曲线称为温度(T)-时间(T)-敏化(S)曲线。每种合金都可以做出 $T-T-S$ 曲线,利用 $T-T-S$ 曲线可以帮助我们制定不易产生晶间腐蚀的金属热处理工艺及焊接工艺;还可以利用 $T-T-S$ 曲线研究冶金因素对晶间腐蚀的影响。

2.合金成分的影响

(1)碳。奥氏体不锈钢中碳含量增高,晶间腐蚀倾向增大。

(2)铬、镍、钼、硅。铬、钼含量增高,晶间腐蚀倾向减弱;镍、硅等不形成碳化物的元素会提高碳的活度,降低碳在奥氏体中的溶解度,促进了碳的扩散剂碳化物的析出。

(3)钛、铌。钛、铌与碳的亲和力大,高温时形成 TiC 和 NbC,降低钢中固溶碳量,铬的碳化物难以析出,降低了晶间腐蚀倾向。

(4)硼。在不锈钢中加入 0.004% 的 B,减小了 C、P 在晶界的偏析,降低晶间腐蚀倾向。

3.4.4 晶间腐蚀的控制

由于不同合金的组成和结构不同,晶界腐蚀的具体情况也各不相同,因此,应针对不同的腐蚀情况采取不同的控制措施。下面主要讨论防止奥氏体不锈钢晶间腐蚀的措施。基于上述不锈钢晶间腐蚀的贫铬理论,防止措施大都是从控制生成 $Cr_{23}C_6$ 沉淀出发的。大体上可分为两大类,一类是改变钢的化学成分,另一类则从工艺上采取措施。

(1)降低合金中含碳量。为了消除晶界腐蚀,最重要的(或最根本的)措施是降低固溶体中含碳量,以减少碳化铬形成,从而降低晶间腐蚀倾向。为此,在重熔过程中应设法将钢中含碳量降低到 0.03% 以下。工业上把这种含碳量很低的 18-8 不锈钢称为超低碳不锈钢。若 18-8 不锈钢中含碳量不大于 0.02%,则即使在 700℃ 长时间回火,也不会带来晶间腐蚀的危险。目前冶金工业已能大量生产低碳(<0.08%)和超低碳(<0.03%)的奥氏体不锈钢,但冶炼成本较高,只能在一些特殊情况下使用。

(2)加入能固定碳的合金元素。加入与碳亲和力大的稳定碳化物元素 Ti、Nb 等是防止晶间腐蚀的有效措施。这些合金元素与钢中的碳生成的相应的碳化物 TiC 和 NbC 是稳定化合物,不易发生水解。而且,这些碳化物的固溶度比 $Cr_{23}C_6$ 小。这样就能抑制固溶体中的过饱和碳向晶界扩散。对于含稳定化元素 Ti、Nb 的 18-8 不锈钢在高温下使用时,还要经过专门的稳定化处理。就是说,这些钢种在常规的固溶处理后还要在 850~900℃ 下保温 1~4h,然后空冷至室温。稳定化处理能使钢中的 $(Cr \cdot Fe)_{23}C_6$ 向 TiC、NbC 转变,为了达到最大的转变程度,拟采用较低的加热温度和较长的保温时间。

(3)固溶处理。固溶处理能使碳化物不析出或少析出,所以也是一种防止晶间腐蚀的手段。具体工艺是将 18-8 不锈钢零件(或焊接件)加热至 1 050~1 150℃,使晶界上沉淀析出的 $Cr_{23}C_6$ 重新溶解。然后快速冷却。固溶处理温度与钢中含碳量有关。这个方法仅适用于小型零件,而且经过固溶处理后一般不宜再在 450~800℃ 区间加热或焊接。对于大量的焊接件,通常在焊接前先对半成品进行固溶处理,然后再加速焊接,焊好后速冷,尽量减少焊缝两侧母材在敏化温度范围内的停留时间。

(4)适当的冷加工。敏化前进行 30%~50% 的冷变形,可以改变碳化物的形核位置,促进沉淀相的析出,减小碳化物在晶界的析出,降低奥氏体不锈钢的晶间腐蚀。

(5)采用双相钢。改变化学成分,在奥氏体钢中含有 10%~20% 铁素体的钢称为双相钢。这种钢兼有韧性好和耐蚀性好的优点。铁素体在钢中大多沿晶界形成,含铬量又较高,因此在敏化温度范围内加热不至于产生贫铬现象。双相钢是目前抗晶间腐蚀的优良品种。

3.5 选择性腐蚀

选择性腐蚀是指多元合金中较活泼组分或负电性金属的优先溶解，只发生在二元或多元固溶体中，如黄铜脱锌，铜镍合金脱镍，铜铝合金脱铝等。比较典型的选择性腐蚀是黄铜脱锌。

3.5.1 黄铜脱锌腐蚀

1.黄铜脱锌腐蚀的特征

黄铜脱锌与锌含量有关。$\omega(Zn)<15\%$ 时，一般不脱锌，但不抗冲蚀；锌量增加，脱锌敏感性增加，$\omega(Zn)>30\%$ 时，黄铜表面由黄色变为红色。

脱锌有两种类型：一种是层状脱锌，即均匀型脱锌。一般含锌量较高的黄铜在酸性介质中易产生均匀型脱锌。另一种是塞状脱锌。含锌较低的黄铜在中性、碱性及弱酸性介质中，如用作海水热交换器的黄铜，经常出现脱锌腐蚀现象。

2.黄铜脱锌腐蚀的机理

关于黄铜脱锌，目前有两种理论。一种认为黄铜中的锌优先溶解而残留铜；另一种认为溶解－沉积理论。对后者，多数人认为脱锌分三个步骤：①黄铜溶解。②锌离子留在溶液中。③铜回镀在基体上。

以黄铜在海水中为例，讨论脱锌机理。近代脱锌理论认为，脱锌是锌、铜(阳极)溶解后，Zn^{2+} 留在溶液中，而 Cu^{2+} 迅速形成 Cu_2Cl_2。Cu_2Cl_2 又分解成 Cu 和 $CuCl_2$ 的电化学过程。

$$Cu_2Cl_2 \rightarrow Cu + CuCl_2$$

阳极反应：

$$Zn \rightarrow Zn^{2+} + 2e^-$$

$$Cu \rightarrow Cu^{2+} + 2e^-$$

阴极反应：

$$\frac{1}{2}O_2 + H_2O + 2e^- \rightarrow 2OH^-$$

Cu_2Cl_2 的形成及分解反应：

$$Cu^{2+} + 2Cl^- \rightarrow Cu_2Cl_2$$

$$Cu_2Cl_2 \rightarrow Cu + CuCl_2$$

分解生成的活性铜回镀在基体上。

3.控制黄铜脱锌的方法

控制黄铜脱锌的方法主要有：①选用对脱锌不敏感的合金，如锌质量分数低于15%的黄铜，或 Monel 合金($Ni_{70}Cu_{30}$)。②在 α 黄铜中加入抑制脱锌的合金元素。如在 α 黄铜中加入少量的砷或锑可有效地抑制黄铜脱锌。但这种方式对 α + β 黄铜不适用。③用砷可抑制 α 黄铜脱锌，其作用在于降低了 Cu^{2+} 浓度，抑制 Cu_2Cl_2 分解：

$$3Cu^{2+} + As \rightarrow 3Cu^{+} + As^{3+}$$

α 黄铜在中性水溶液中电位低于$\frac{Cu^{2+}}{Cu}$的电位，而高于$\frac{Cu^{+}}{Cu}$的电位，显然只有前者能生成活性铜。α 黄铜的脱锌必须经过 Cu_2Cl_2 形成 Cu^{2+} 的中间过程，而砷能抑制 Cu^{2+} 的产生，也就抑制了 α 黄铜的脱锌。另外 As^{3+} 还可优先沉积在基体上，增加了合金吸氧过电位，因此降低 α 黄铜的脱锌速度。

对于 α + β 黄铜，$\frac{Cu^{+}}{Cu}$及$\frac{Cu^{2+}}{Cu}$的电位都高于 α + β 黄铜的电位。即 Cu^{2+}、Cu^{+} 都可参与阴极反应，从而加速脱锌过程。因此砷的加入对 α + β 黄铜脱锌不起抑制作用。

3.5.2 石墨化腐蚀

灰口铸铁在土壤、矿水、盐水等环境中使用时常发生选择性腐蚀。灰口铸铁的铁素体相对石墨是阳极，石墨为阴极。铁被溶解下来，只剩下粉末状的石墨沉积在铸铁的表面上，称此现象为"石墨化"腐蚀。虽然石墨化腐蚀是一个缓慢而均匀的过程，但仍具有一定的危险性。如长期埋在土壤中的灰口铸铁管道发生的石墨化腐蚀，它可使铸铁丧失强度和金属特性。

另外，在实际中，有时也会遇到铝青铜脱铝腐蚀，硅青铜的脱硅腐蚀，以及钨钴合金的脱钴腐蚀等。

第4章　应力腐蚀

金属材料在实际使用过程中,不仅会受到腐蚀介质的作用,同时还会受到各种应力的作用,并常常因此造成更严重的腐蚀。这些应力可以是外部施加的,如通过拉伸、弯曲、扭转等方式直接作用在金属上,或通过接触面的相对运动、高速流体的流动等施加在金属表面上;也可以来自金属内部,如氢原子侵入金属内部产生应力。因而,造成的腐蚀破坏包括应力腐蚀断裂、氢致开裂、腐蚀疲劳、冲刷腐蚀、腐蚀磨损等。

4.1　应力腐蚀断裂

金属构件通常在应力(内应力、负荷)与环境介质的联合作用下工作,因而使金属材料遭受严重的破坏。由于受力状态的不同(如拉伸应力、交变应力、振动力及摩擦力等),与介质作用造成的腐蚀破坏形态是多种多样的。常见的有应力腐蚀断裂、腐蚀疲劳、磨损腐蚀、湍流腐蚀、空泡腐蚀和微振腐蚀。此外,金属由于氢的存在或与氢反应也可引起机械性破坏,这种破坏形式有脱碳、氢鼓泡、氢腐蚀、氢脆,统称氢损伤。这些腐蚀破坏中以应力腐蚀断裂最为重要。

应力腐蚀断裂是指金属结构在拉伸应力和腐蚀环境的共同作用下引起的断裂,在许多文献中简称为应力腐蚀,区别于没有应力作用下发生的纯腐蚀和没有腐蚀介质下发生的纯力学断裂。拉伸应力和腐蚀环境这两个因素缺一不可,相互促进,但并不是简单的加合。应力腐蚀断裂是危害最大的局部腐蚀破坏形态之一,材料可以在没有明显预兆的情况下几分钟内破裂。腐蚀过程中一旦形成微裂纹,其扩展速度比其他类型的局部腐蚀速度要快几个数量级,是一种“灾难性的腐蚀”。例如飞机失事、桥梁断裂、油气管的爆炸等造成了巨大的生命和财产损失。此外,在核电站、登月舱、火箭、船只、储罐、锅炉以及各种石油化工等管路设备、建筑物等也都发生过多次应力腐蚀断裂的事故。据美国杜邦公司统计,仅 1968 年至 1969 年在全部设备破坏事故中应力腐蚀断裂就占 21.6%,而日本石油化工厂在 10 年内各种材料的应力腐蚀断裂占全部腐蚀破坏的 42.2%。

工程上常用的奥氏体不锈钢、铜合金、钛合金及高强度钢和高强度铝合金等，对应力腐蚀都很敏感，这些材料即使在腐蚀性不大的介质中如含少量氯离子的水、有机溶液、潮湿大气及蒸馏水中，也会引起强烈的应力腐蚀断裂。此外，还观察到非金属的应力腐蚀断裂，例如玻璃在水中、氧化铝在水中及有机聚合体在极性溶剂中。

对应力腐蚀断裂的重视始于19世纪下半叶。黄铜弹壳的破裂可能是最早发现的应力腐蚀断裂的例子。当时英国殖民军在印度储存的弹壳每到雨季就要发生破裂，由于不了解发生破裂的真正原因，给了一个不恰当的名称“季裂”。后来查明，引起黄铜弹壳破裂的原因是冷加工留下的残余应力，外在原因是印度的大气中含有微量氨。除了黄铜的“季裂”以外，早在20世纪初，已经有人报道了铆制的钢锅炉的开裂，发现裂缝大都在铆接部位附近，而且缝内残留白色固体，经化验是氢氧化钠，因此称之为“碱脆”。一般铆钉上的应力总是超过塑性变形范围，而锅炉酸洗后又常常用碱处理，结果在铆钉与锅炉板之间的狭缝中积聚了含高浓度碱的锅炉水。当碱的浓度大于某一临界值时，便引起了应力腐蚀断裂。随着焊接锅炉的应用以及水处理方法的改进，锅炉“碱脆”的事故减少了。其他如低碳钢的“硝脆”，奥氏体不锈钢的“氯脆”，都是应力腐蚀断裂的例子。目前，应力腐蚀断裂已成为一个广泛涉及国防、化工、电力、石油、宇航、运输、海洋开发、原子能等多种工业部门的腐蚀失效问题，它是近几十年来腐蚀领域中研究得最多的课题。

4.1.1 应力腐蚀断裂的条件和特征

产生应力腐蚀必须同时具备几个条件，即特定环境（包括介质成分、浓度、杂质和温度），足够大的拉伸应力（超过某极限值），特定的合金成分和组织（包括晶粒大小、晶粒取向、形态、相结构、各类缺陷、加工状态等），才能产生应力腐蚀断裂。也就是说，应力腐蚀是与环境因素、力学因素和冶金因素密切相关的。应力腐蚀断裂具有高度的选择性，在使用环境中没有敏感性的合金，即使有拉伸应力的作用也不会发生应力腐蚀断裂。拉伸应力可能有以下几个来源：

（1）合金零件、部件、构件在冷加工、锻造、焊接、热处理、装配过程中产生的残余应力，据报道，由于残余应力造成的腐蚀断裂故障占应力腐蚀断裂总数的40%。

（2）工作时产生的外应力和使用中的载荷等。

（3）由于腐蚀产物的体积效应（腐蚀产物的体积往往大于其金属的体积）而造成的不均匀应力。

环境介质，尤其是腐蚀介质，对产生应力腐蚀断裂十分重要，只有在一定合金和一定环境的组合情况下才能发生这类腐蚀断裂。例如，众所周知的黄铜遇到少量氨气或氨溶液会产生断裂；不锈钢在含氯离子的介质中，碳钢在含 OH^- 的溶液中，都有应力腐蚀的危险。表4－1列举了一些易产生应力腐蚀断裂的合金和环境介质。

表4-1 产生应力腐蚀断裂的合金和环境介质

合金	腐蚀介质
低碳钢	热硝酸盐溶液、碳酸盐溶液、过氧化氢
碳钢和低合金金钢	氢氧化钠、三氯化铁溶液、氢氰酸、沸腾42%氯化镁溶液、海水
高强度钢	蒸馏水、湿大气、氯化物溶液、硫化氢
奥氏体不锈钢	氯化物溶液、高温高压含氧高纯水、海水;F^-、Br^-、$NaOH-H_2S$ 水溶液、$NaCl-H_2O_2$ 水溶液、二氯乙烷等
铜合金	氨蒸汽、汞盐溶液、含二氧化硫大气、氨溶液、三氯化铁、硝酸溶液
镍合金	氢氧化钠溶液、高纯水蒸气
铝合金	氯化钠水溶液、海水、水蒸气、含 SO_2 大气、熔融氯化钠,含 Br^-、I^- 水溶液
镁合金	硝酸、氢氧化钠、氢氟酸溶液、蒸馏水、$NaCl-H_2O_2$ 溶液、$NaCl-K_2CrO_4$ 水溶液、海洋大气、SO_2-CO_2 湿空气
钛合金	含 Cl^-、Br^-、I^- 水溶液,N_2O_4、甲醇、三氯乙烯、有机酸

溶液的温度也有影响。一般来说,温度升高,易发生应力腐蚀断裂。但温度过高,由于全面腐蚀的进行,却抑制了应力腐蚀断裂。此外,对某些体系来说,存在一个临界断裂温度,即在此温度下应力腐蚀断裂最敏感。

合金与介质组成的腐蚀体系不同,在应力作用下,发生应力腐蚀的电位就不同。凡是能促使钝化膜不稳定的电位区域,都易产生应力腐蚀断裂。因为在这些电位下易使合金表面的活性点产生溶解破坏,形成裂纹源。

应力腐蚀断裂的特征,有如下几点:①几乎所有金属的合金在特定环境中都有某种应力腐蚀敏感性,纯金属不会发生应力腐蚀断裂。②应力腐蚀断裂是一种典型的滞后破坏。金属在无裂纹、无蚀坑或缺陷的情况下,应力腐蚀断裂过程可分为三个阶段。萌生阶段,即由于腐蚀引起裂纹或蚀坑的阶段。也就是说,是导致应力集中的裂纹源的生核孕育阶段,所以也可把相应的这一段时间称作孕育期(诱导期)。接着为裂纹扩展阶段,由裂纹源或蚀坑至达到极限应力值(单位面积所能随最大载荷)为止的这一阶段。最后是失稳断裂阶段。前一阶段受应力影响很小,时间长,约占断裂总时间的90%,后两阶段时间短,为总断裂时间的10%。在有裂纹情况下,应力腐蚀断裂过程只有裂纹扩展和失稳快速断裂两个阶段。应力腐蚀断裂可能在很短时间内发生,但也可能几年后才发生。③金属和合金腐蚀量很微小,腐蚀局限于微小的局部。同时产生应力腐蚀断裂的合金表面往往存在钝化膜或保护膜。④裂纹方向宏观上和主拉伸应力的方向垂直,微观上略有偏移。⑤宏观上属于脆性断裂,即使塑性很高的材料也是如此。微观上,在断裂面上仍有塑性流变痕迹。⑥有裂纹分叉现象。断口形貌呈海滩条纹、羽毛状、撕裂岭、扇子形和冰糖块状图像。⑦应力腐蚀裂纹形态有沿晶型、穿晶型和混合型,由具体合金-环境体系而定。例如,铝合金、高强度钢多半是沿晶型的;奥氏体不锈钢多半是穿晶型的;而钛合金为混合型的。即使是同种合金,随着环境、应力大小的改变,裂纹形态也会随之改变。

4.1.2 应力腐蚀断裂机理

虽然人们提出了多种解释应力腐蚀开裂的机理,但尚无一个统一的机理,主要分为两种类型——阳极溶解型和氢致开裂型。氢致开裂将在下一节专门介绍,本节先介绍阳极溶解机理。

阳极溶解机理认为,发生应力腐蚀的环境里,金属通常被钝化膜覆盖,不与腐蚀介质接触,只有钝化膜遭受局部破坏后,裂纹才能形核,并在应力作用下裂纹尖端沿某一择优路径活化溶解,导致裂纹扩展,最终发生断裂。所以,应力腐蚀开裂经历了裂纹形核、裂纹扩展和断裂三个阶段。

(1)膜局部破裂导致裂纹形核。表面膜可能是钝化膜、氧化膜、盐膜等,它们可能因电化学作用或机械作用发生局部破坏导致裂纹形核。电化学作用是因点蚀、晶间腐蚀等诱发应力腐蚀裂纹形核。机械作用是由于膜的延性或强度比基体金属差,受力变形后局部膜破裂,诱发应力腐蚀裂纹形核。

(2)裂纹尖端定向溶解导致裂纹扩展。只有在裂纹形核后裂纹尖端高速溶解,而裂纹壁保持钝态的情况下,裂纹才能不断地扩展。裂纹的特殊几何条件构成了一个闭塞区,存在着裂纹尖端高速溶解的电化学条件,而应力与材料为快速溶解提供了择优腐蚀的途径。预存活性途径为晶间型应力腐蚀裂纹扩展提供途径;应变产生活性途径为穿晶型应力腐蚀裂纹扩展提供途径。预存活性途径可能是晶间存在活性杂质,或阳极性沉淀相,或其周围存在阳极性的合金元素贫乏区造成的。穿晶型应力腐蚀裂纹扩展与应变产生活性途径有关。裂纹尖端的应变集中强化了裂纹尖端的溶解,溶解有利于位错的发展,促进塑性变形,变形与溶解的协调作用导致穿晶型裂纹扩展。

(3)断裂。应力腐蚀裂纹扩展到临界尺寸时,裂纹失稳导致断裂。

4.1.3 应力腐蚀断裂的影响因素

应力腐蚀断裂的影响因素包括力学因素、环境因素和冶金因素,下面分别进行讨论。

1.力学因素

(1)应力来源。引起应力腐蚀断裂的应力来源于工作应力、残余应力、结构应力和腐蚀产物楔入的应力。

(2)应力集中。应力集中是由于受力物体的几何形状或截面变化时局部应力升高,也可以是材料内部不均匀性引起的。表面裂纹或内部裂纹常常是裂纹集中源。

2.环境因素

(1)应力腐蚀的热力学。与阳极溶解有关的应力腐蚀要满足的条件是金属在所处电解质中的溶解必须是热力学上可能的,生成的保护膜必须是热力学上稳定的,这样裂纹尖端才能不断溶解,而裂纹壁保持钝化,保证裂纹向前发展。这反映在应力腐蚀存在着临界电位。

(2)裂纹内电化学。裂纹的几何特征构成闭塞区,裂纹内氧浓度低成为阳极,溶解的金属离子发生水解反应,使溶液 pH 值降低,为 H^+ 在裂纹内参与阴极过程生成氢原子为氢致开裂创造了条件。裂纹内的溶液化学特点不同于环境的溶液化学特点,裂纹尖端的电位也不同于金属表面的电位,这种差别是由于金属离子需要从活化腐蚀的裂尖扩散出来,阴离子需要迁移进入裂纹内,裂纹内电解质的对流,甚至在某些情况下有气泡形成等原因造成的,这些都使得裂纹内的电位降低。

(3)裂纹扩展动力学。在纯阳极溶解控制裂纹扩展的情况下,裂尖维持裸金属状态,而裂纹壁保持钝态,裂纹扩展速度是裂尖阳极溶解电流密度的函数:

$$\frac{\mathrm{d}a}{\mathrm{d}t} = i_a \frac{M}{ZF\rho} \tag{4-1}$$

式中,i_a是裸金属的阳极电流密度;M 为相对原子质量;Z 为溶解的金属离子价数;ρ 为金属密度;F 为法拉第常数。

由于某些因素的影响,有的体系裂纹扩展速率比上式计算结果要低。这些因素包括在某个时刻裂尖可能被膜覆盖,裂纹扩展速率与膜破裂和重新形成的速率有关;其他因素涉及反应物质在裂纹内传质过程受到的限制、裂纹偏离主应力方向、局部材料化学变化等。

3.冶金因素

整体的合金成分能够影响钝化膜的稳定性和相分布,微量合金元素能够引起钝化膜形成元素的局部变化,杂质元素能够在晶界偏析引起腐蚀速度局部差异,在裂纹与夹杂物相遇时夹杂物能够引起局部裂尖化学变化,合金也能产生选择性腐蚀。

(1)晶间应力腐蚀断裂。金属的化学成分和显微组织对晶间应力腐蚀影响主要涉及晶间沉淀和晶间偏析。由于晶界能量高,容易满足新相形核所需的能量条件,使得过饱和固溶体优先沿晶界脱溶沉淀。晶界也富集一些能降低晶界能的异类原子,用富集比来表示晶间杂质富集程度。虽然工程中合金整体杂质含量不高,但晶界的杂质浓度可达 10%~20%。因此,晶间应力腐蚀裂纹可以沿与整体金属成分不同的晶界扩展。

(2)穿晶应力腐蚀断裂。影响穿晶应力腐蚀的冶金因素包括合金成分、晶体结构、各向异性、晶粒尺寸与形状、位错密度、屈服强度、堆垛层错能、有序化和相成分。合金化对滑移平面性的影响是关键因素。平面滑移发生在具有低层错能的合金及长程有序的合金中。滑移台阶露头使钝化膜破坏,平面滑移造成的高位错密度面发生了优先腐蚀。晶应力腐蚀的断裂面往往与滑移面不一致,并具有解理特征。有人认为裂纹尖端存在的脆性膜阻碍了位错发射,导致裂尖前方韧性基体形成脆性解理断裂。

4.1.4 奥氏体不锈钢的应力腐蚀断裂

1.环境因素的影响

(1)氯化物和温度的影响:凡遇水分解为酸性的氯化物溶液能引起奥氏体不锈钢的应力腐蚀断裂,其影响程度按 $Mg^{2+} > Fe^{3+} > Ca^{2+} > Li^{+} > Na^{+}$ 的顺序排列,这与氯化物水解后的 pH 值有关。奥氏体不锈钢氯脆多发生在 50~300℃范围,同一温度下,氯化物浓度增加氯脆敏感性增大;但浓度过高,反而使断裂时间延长。

(2)pH 的影响:pH 越低断裂时间越短;但 pH 过低有可能造成全面腐蚀,反而不易发生应力腐蚀断裂。

(3)可还原的氧化性离子的影响:可还原的氧化性离子(如 Fe^{3+}、NO_3^-、NO_2^-、$Cr_2O_7^{2-}$)一方面可因其还原作用而加速应力腐蚀断裂;另一方面,可起到阳极缓蚀剂的作用延缓应力腐蚀断裂。

(4)溶解氧的影响:将氧以鼓泡方式通入溶液,会加速应力腐蚀断裂。溶解氧的存在对奥氏体不锈钢的应力腐蚀断裂有重要影响。

(5)电位的影响:环境因素大都通过电位的影响而对应力腐蚀起作用,对奥氏体不锈钢来说,阳极极化使断裂时间缩短;阴极极化可抑制应力腐蚀断裂。

2.力学因素

(1)应力的影响:应力是导致应力腐蚀的推动力,应力来源有:①工作应力,即工程构件一般在工作条件下都承受外加载荷引起的应力。②在生产、制造、加工过程中,如铸造、热处理、冷热加工变形、焊接、切削加工等过程中引起的残余应力,残余应力引起的应力腐蚀事故占有相当大的比例。③由于腐蚀产物在封闭裂纹内的体积效应,可在垂直裂纹面方向产生拉应力导致应力腐蚀开裂。

(2)表面状态的影响:不同的表面处理方法得到的机械的表面状态不同,造成应力腐蚀敏感性不同,机械抛光比化学抛光的敏感性大。砂纸或砂轮打磨可能加速应力腐蚀。锤击或喷丸处理可降低残余应力,从而降低应力腐蚀敏感性。

(3)冷加工残余变形的影响:冷加工预变形在变形量较小时,随变形量增加,敏感性增大;当变形量超过某一数值后,随变形量增加,敏感性降低。

3.冶金因素

(1)合金成分的影响:

镍。18Cr 不锈钢中加入少量镍增加了应力腐蚀敏感性,特别是在 5%~10% Ni 时敏感性最大;当含镍量超过 10%~12% 时,敏感性降低;当含镍量超过 40% 时基本无应力腐蚀。

铬。铬含量 5%~12% 时无应力腐蚀发生;但当铬含量从 12% 提高到 25% 时,应力腐蚀敏感性急剧上升。调整成分使铁素体含量达到 40%~50% 时,可极大改善耐应力腐蚀性能。

碳。多数认为在高浓氯化物中,碳含量增加对改善奥氏体不锈钢的应力腐蚀性能有益。

氮、磷。氮、磷对奥氏体不锈钢的应力腐蚀性能有害。

锰、钼、硅。锰含量较低时对奥氏体不锈钢的应力腐蚀性能影响较小;而锰含量超过 2% 则应力腐蚀增大。微量钼促进应力腐蚀断裂;而钼含量超过 4% 则显著改善应力腐蚀性能。硅能显著改善奥氏体不锈钢的应力腐蚀性能。

(2)晶体结构的影响:具有面心立方结构的奥氏体不锈钢在较低应力下容易产生滑移,容易产生应力腐蚀。具有体心立方结构的铁素体不锈钢滑移系多,难于出现粗大的滑移台阶,较难发生应力腐蚀。

(3)敏化处理的影响:敏化处理对奥氏体不锈钢的氯脆是有害的,并随敏化程度增加氯脆敏感性增大。

(4)晶粒的影响:细晶粒将改善不锈钢耐氯脆的性能。

4.奥氏体不锈钢氯脆机理

奥氏体不锈钢氯脆机理为滑移-溶解-断裂机理。奥氏体不锈钢的钝化膜主要是 Cr_2O_3 和少量的 NiO,而在 $MgCl_2$ 溶液中主要是盐和氢氧化物,其保护性能较差,容易在应力作用下遭受破坏。奥氏体不锈钢容易出现层状位错,变形时将在基体与膜的界面塞积,造成应力集中,致使不稳定的表面膜破裂。裸露的新鲜金属表面与表面膜存在电位差,发生瞬时溶解。由于形成的裂纹尖端应力集中使脆性膜破裂,并阻滞钝化膜地再形成,尖端快速溶解,裂纹两侧仍保持钝态。裂纹的扩展与裂纹尖端屈服、裂尖溶液酸度的急剧升高及闭塞区内的自催化有关。

4.1.5 碳钢和低合金钢的应力腐蚀断裂

造成碳钢和低合金钢发生应力腐蚀断裂的环境有水和氯化物溶液、H_2S 及其水溶液、CO_2 和碳酸盐水溶液、NaOH、硝酸盐水溶液、液氨、H_2、$H_2O-CO-CO_2$、$NH_3-H_2S-HCN-CO_2$、HCN 等,这里介绍碱脆和硝脆。

1.碱脆

碳钢和低合金钢在 NaOH 水溶液中产生的应力腐蚀断裂称为碱脆,其断裂主要是晶间型的。这种腐蚀主要发生在用碱处理的锅炉、制碱工业、石化工业、碱法炼铝、印染工业及汽轮机叶片上。

(1)碱脆的影响因素。

碱的浓度和温度的影响。碱的浓度较小(<5%)不发生碱脆,但局部浓缩可发生碱脆;碱的浓度大于5%~15%时才可能发生碱脆;特别是碱的浓度在30%左右最容易发生碱脆。腐蚀碱脆的临界温度为60~65℃,温度越高越容易产生碱脆,尤其是在沸点温度附近最容易产生碱脆。

电位的影响。腐蚀碱脆的敏感点位在-0.8~-1.0V,对应活化-钝化敏感区电位,所以可以通过电化学保护防止碱脆。

添加物的影响。少量的溶解氧促进碱脆,通入较多的氧可抑制碱脆;少量的 NaCl 促进碱脆,加入较多的 NaCl 可降低碱脆。其他促进碱脆的物质还有适当浓度的 PbO、SiO_2、硅酸盐、硫酸盐、硝酸盐、$KMnO_4$、$NaCrO_4$ 等,但这些物质浓度较高则可起缓蚀剂作用;可抑制碱脆的物质有硅酸盐、硫酸盐、硝酸盐、铬酸盐、高锰酸盐、磷酸盐、醋酸盐、碳酸盐、磺酸盐、丹宁酸、丁酸等,可能是这些物质促进了膜的形成,阻碍了阳极活性溶解。

应力的影响。只有受到某种程度塑性变形的钢,即应力超过屈服强度时才有可能发生碱脆。

合金成分的影响。免于碱脆的碳钢含碳量上限为0.2%~0.25%,随含碳量的减少,碱脆敏感性增大。低碳钢中加入 Al、Ti、Nb、V、Cr 等元素可以降低碱脆敏感性。

热处理的影响。奥氏体不锈钢敏化处理后氯脆敏感性增大。

(2)碱脆机理。

碱脆敏感电位区发生的反应为:

阳极

$$Fe + 3OH^- \rightarrow HFeO_2^- + H_2O + 2e^-$$

$$3HFeO_2^- + H^+ \rightarrow Fe_3O_4 + 2H_2O + 2e^-$$

阴极

$$2H^+ + 2e^- \rightarrow H_2$$

在敏感点位区的氧化膜为 Fe_3O_4,在电位处于活化－钝化过渡区时,覆盖在表面上 Fe_3O_4 的是不完整的,据估计 Fe_3O_4 氧化膜与裸露基体间存在1V 左右的电位差,使局部无膜的区域优先溶解。裂纹的扩展是按预存活性途径的机理进行的,碳和杂质沿晶界偏析构成了择优溶解的阳极相。也有人认为碱脆是属于氢脆机理。

2.硝脆

硝脆主要发生于吊桥钢索、油井用钢管、放射性废弃物储罐、热风炉、生产化肥或硝酸钠的设备,硝脆主要是晶间型断裂。

(1)硝脆的影响因素。

硝酸盐种类的影响。不同硝酸盐引起硝脆的能力:$NH_4NO_3 > Ca(NO_3)_2 > LiNO_3 > KNO_3 > NaNO_3$。这主要是不同盐类水解后酸度不同造成的。在 $NaNO_3$ 溶液中加入酸促进硝脆,加入碱降低硝脆。碳钢在沸腾的60% $Ca(NO_3)_2$ +3% NH_4NO_3 溶液中硝脆敏感性最大。

温度的影响。温度高,硝脆敏感性大。如果试验时间足够长,室温下也能发生硝脆。

添加物的影响。促进硝脆的物质有 $KMnO_4$、$MnSO_4$、$Mn(NO_3)_2$、$NaNO_2$、$K_2Cr_2O_7$、K_2CrO_4 等;抑制硝脆的物质有 $NaCO_3$、H_3PO_2、NaCl、$FeSO_4$、Na_2HPO_4、$CuSO_4$、NaOH 等。

电位的影响。硝脆存在一临界电位,高于临界电位将发生硝脆。临界电位随试验温度的升高而变得更正,所以可用电化学保护防止硝脆。

合金成分的影响。碳含量极低时不发生硝脆,碳含量增加硝脆敏感性增大,碳含量超过0.2%时反而可免于硝脆。硫、磷的晶界偏向有害。碳钢中加入 Cr、Mo、Al、Ti、Nb、Ta 等元素能改善硝脆。少量的 Ni、Cu 或较多的 Si 是有害的。

热处理的影响。提高奥氏体化温度,硝脆敏感性增大。从奥氏体化温度冷却下来的速度减缓,硝脆敏感性降低。回火可以改善耐硝脆能力,但回火温度过高,硝脆敏感性重新出现。

冷加工的影响。冷加工的影响与含碳量有关,对于含碳量为0.017%~0.11%的软钢,冷加工后耐硝脆;对含碳量为0.09%~0.19%的软钢,中等程度的塑性变形增加了硝脆敏感性,而较大的变形提高耐硝脆能力。

(2)硝脆机理。

硝脆的反应为:$10Fe + 6NO_3^- + 3H_2O \rightarrow 5Fe_2O_3 + 6OH^- + 3N_2$

钢表面存在 Fe_2O_3 和 Fe_3O_4 膜。对碳钢,C >0.1%时,铁素体中的碳含量超过溶解度时,将在晶界析出碳和碳化物,晶界的富碳区构成阴极,邻近的铁素体构成活化溶解途径。

此外,还提出了应力吸附机理来解释碳钢的碱脆。

4.1.6 铝合金的应力腐蚀断裂

纯铝对应力腐蚀不敏感,铝合金的应力腐蚀主要发生在含 Cl^- 的水溶液、潮湿气体、液态金属、有机溶剂等环境中,断裂往往是晶间型的。

1.环境因素的影响

(1)在水溶液中。水溶液中阴离子的影响:Cl^-、Br^-、I^- 离子能够加速铝合金的应力腐蚀;SCN^-、F^-、SO_4^{2-}、NO_3^-、HCO_3^-、CH_3COO^- 离子没有加速作用,有的甚至有缓释作用。水溶液中阳离子的影响:Li^+、Na^+、K^+、Rb^+、Cs^+、Ca^{2+}、Al^{3+}、NH_4^+ 等离子对裂纹扩展无直接影响;Hg^+、H^+ 离子能起到加速作用。pH 的影响:pH 由 6 降到 0 时,在 K_1 相同时,pH 越低Ⅰ区的裂纹扩展速度越快;在 pH 为 0~11 时,Ⅱ区的裂纹扩展速度没有变化。温度的影响:随温度升高,裂纹扩展速度越快。电位的影响:在中性溶液中,阴极极化可以降低裂纹扩展速度,阳极极化则增大裂纹扩展速度。在酸性溶液中,电位变化对裂纹扩展速度影响不大。

(2)在潮湿气体中。在干燥气体中没有发现铝合金的应力腐蚀断裂,在潮湿气体中则产生应力腐蚀断裂,且随相对湿度增大,裂纹扩展速度加快。在相对湿度 100% 的潮湿气体中的裂纹扩展速度与浸在蒸馏水中的相同。

(3)在有机溶剂中。在醇、丙酮、乙烯、苯等有机溶剂中,只要含有 0.05% 的水,就会引起高强铝合金的应力腐蚀断裂,如果含水量降到 0.01% 以下,可使裂纹扩展速度大大降低。

2.力学因素的影响

(1)加载方式的影响。铝合金经拉拔、轧制后呈纤维组织,晶粒沿加工方向显著拉长,而垂直于加工方向的晶粒呈圆柱状或片状。这些方向通常称为纵向、长横向、短横向,对应力腐蚀断裂最敏感的加载方式是短横向,其次是长横向,而沿纵向加载的耐应力腐蚀能力较强。

(2)应力对裂纹扩展速度的影响。在 $\frac{da}{dt}-K_1$ 的曲线上,Ⅰ区和Ⅲ区是在较低或较高应力强度因子下与应力密切相关的区域;而Ⅱ区是在中等应力强度因子下与应力无关,而有传质控制的区域。

3.冶金因素的影响

(1)合金成分的影响。对给定的铝合金系列,随着加入的能产生过饱和过溶体的合金元素数量增加,对应力腐蚀的敏感性也增大。三元或三元以上的铝合金耐应力腐蚀能力不仅与合金元素添加总量有关,而且也同它们的比值有关。加入微量的 Cr、Mn、Zr、Ti、V、Ni、Li 能够改善铝合金的耐应力腐蚀能力。

(2)沉淀硬化的影响。沉淀硬化处理对铝合金的应力腐蚀性能带来不利影响;而固溶处理时铝合金耐应力腐蚀。在常温或高温下进行硬化处理,使敏感性逐渐增加,最大的敏感性是在沉淀硬化过程中达到强度峰值之前出现的;超过峰值或继续沉淀强化能改善铝合金的耐应力腐蚀性能。

4.铝合金的应力腐蚀断裂机理

铝合金腐蚀的电化学反应:

阳极 $Al \rightarrow Al^{3+} + 3e^-$

阴极 $O_2 + 2H_2O + 4e^- \rightarrow 4OH^-$

当絮状 $Al(OH)_3$ 沉淀堵住这些部位时,形成闭塞区,如图 4-1 所示。裂纹扩展按预存活性途径进行,裂纹多为沿晶扩展。也有人认为是位错与沉淀相交互作用的结果,在晶界产生较大的应力集中,导致沿晶断裂。也有研究者认为铝合金的应力腐蚀断裂是氢脆机理。

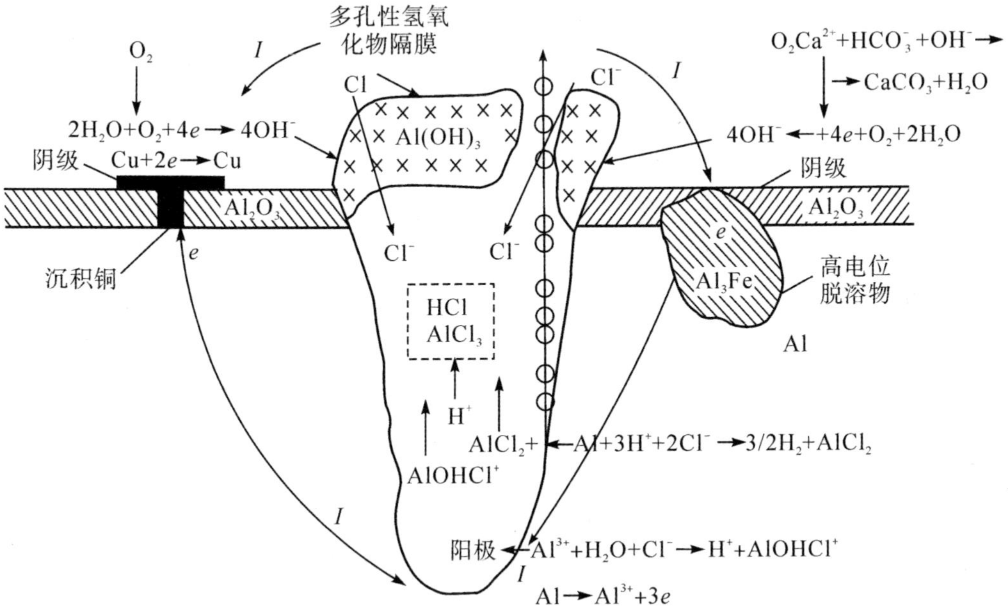

图 4-1 铝合金的腐蚀机理

4.1.7 铜合金的应力腐蚀断裂

最早发现黄铜弹壳往往在雨季开裂,当时称之为季裂。后来证实其断裂与环境中含有氨有关,所以又称氨脆。黄铜在某些柠檬酸盐和酒石酸盐水溶液中也能产生应力腐蚀。

1.环境因素的影响

受拉应力作用的黄铜在大气、海水、淡水、高温高压水、蒸汽和含氨的介质中都可能发生应力腐蚀断裂。溶液中铜络离子 $Cu(NH_3)_n^{2+}$ 的存在是黄铜氨脆所必需的条件,这种铜络离子 $Cu(NH_3)_n^{2+}$ 是溶解在溶液中的氨、氧与铜反应生成的:

$$Cu + nNH_3 + \frac{1}{2}O_2 + H_2O \rightarrow Cu(NH_3)_n^{2+} + 2OH^-$$

含氨水溶液的成分决定了黄铜应力腐蚀断裂的途径。在成膜溶液中主要是晶间断裂;在不成膜溶液中主要是穿晶断裂。

2.应力的影响

造成黄铜应力腐蚀断裂的应力主要是在加工、制造过程中产生的残余应力。

3.冶金因素的影响

黄铜中锌含量越高,应力腐蚀敏感性越大,而且改变了在不成膜溶液中的断裂途径。Si 对提高黄铜耐应力腐蚀性能是有益的,Si 含量 >1.5% 时可使断裂时间增加一个数量级。

4.黄铜的应力腐蚀断裂机理

(1)在成膜溶液中的沿晶断裂机理。在铜合金表面存在的氧化亚铜膜韧性差,在应力作用下膜发生脆性断裂。主要是在晶界处破裂,是基体与溶液接触,沿晶界重新生成膜。塑性变形时晶界处的膜再发生破裂,如此循环,造成应力腐蚀。锌含量低时,钝化快,应力腐蚀敏感性小;锌含量高时,合金呈平面滑移,容易使膜破裂,应力腐蚀敏感性大。

(2)在不成膜溶液中的穿晶断裂机理。黄铜在不成膜溶液中处于活性溶解状态,应力的存在引起露头的位错优先溶解,因而裂纹将沿着位错密度高的途径扩展。对锌含量较低的合金,晶间为最大位错密度区,故产生晶间断裂;而锌含量较高的黄铜呈平面位错结构,堆垛层错是最大位错密度区,故产生穿晶断裂。由于锌原子在应力作用下在位错处偏聚,使得这些位置具有更高的活性,故裂纹扩展速度随锌含量增加而增大。

4.1.8 防止应力腐蚀断裂的措施

由于应力腐蚀断裂涉及金属-介质体系中的所有因素,因此要提出一致的应力腐蚀断裂理论是不太现实的。但可以肯定的是,裂纹的扩展和断裂的发生与应力、冶金、环境三要素是密切相关的。因此,防止和减轻应力腐蚀的措施应从这三个方面进行考虑,如图 4-2 所示。

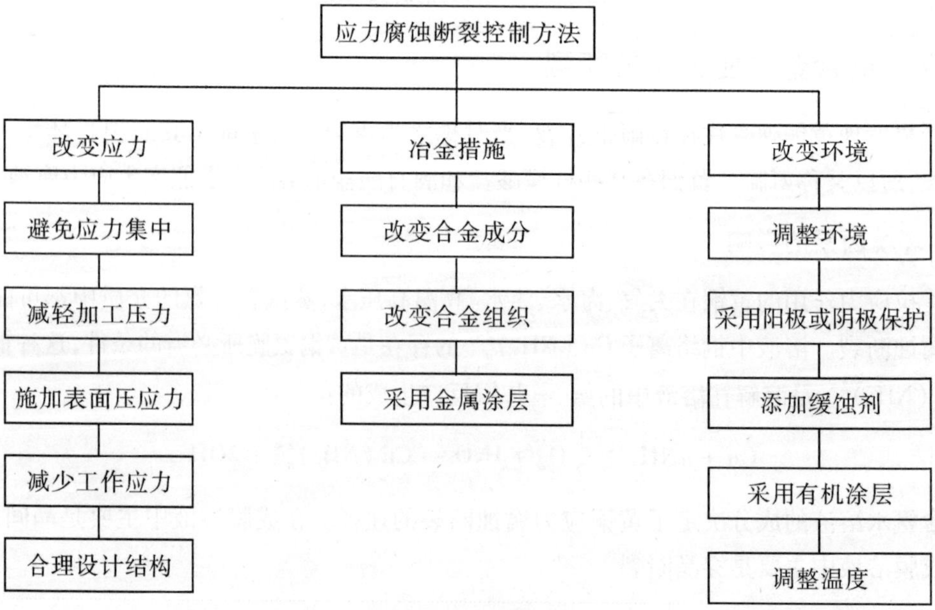

图 4-2 控制应力腐蚀断裂的措施

1.合理选材

在设计金属构件时首先应明确地选用金属或合金材料,尽量避免金属或合金在易发生应力腐蚀的环境介质中使用。对于接触海水的热交换器,采用普通软钢比不锈钢更好。选择抗硫化物应力腐蚀断裂和点蚀的材料时,则采用高含镍量的奥氏体钢或采用含1%~2%Ti的低碳钢。近年发展了多种耐应力腐蚀的不锈钢,主要有高纯奥氏体镍铬钢、高硅奥氏体镍铬钢、高铬铁素体钢和铁素体-奥氏体双相钢等,其中以双相钢的抗应力腐蚀性能最好。如用1Cr18Ni10双相钢的弯曲试样在沸腾的42% $MgCl_2$ 溶液中做试验,试件经2 000h仍未破裂。双相钢还具有抗点蚀和缝隙腐蚀的性能。还可以通过真空重熔提高合金纯度来减少应力腐蚀的敏感度。

2.控制应力

在制备和装配金属构件时,应尽量使结构具有最小的应力集中系数,并使与介质接触的部分具有最小的残余应力。例如,选用大的曲率半径,采用流线设计,关键部位适当增加壁厚。残余应力常常是引起应力腐蚀断裂的主要原因,因此特别要加以注意。采用热处理退火是消除残余应力的有效办法。例如,碳钢构件在650℃下退火1h即可消除焊接引起的残余应力,奥氏体不锈钢可在900℃左右消除应力。有时,高温热处理受到设备的限制,可改用降低温度延长时间的办法。在受张应力的金属表面进行锻打或喷丸、滚压、球磨等都可提高金属对腐蚀断裂的稳定性。此外,用机械或化学热处理的方法改变金属表面结构也能起到一定效果。

3.改变环境介质

通过除气、脱氧、除去矿物质或蒸馏等办法可除去环境中危害较大的介质组分,还可控制温度、pH值,添加适当的缓蚀剂的办法来达到改变环境介质的目的。例如,热电站给水中脱氧,能大大提高金属结构耐应力腐蚀的稳定性。镍钢不锈钢在含溶解氧的氯离子介质中使用时,应把氧含量降低到1ppm以下。脱氧的办法除用机械法外还可采用化学法,如在循环体系中加入适当的肼或亚硫酸盐作为脱氧剂。镍铬钢的应力腐蚀主要和氯离子对钝化膜的破坏有关。在含氯离子浓度不大的体系中,可用离子交换树脂将水处理,同时加入适当的碱或磷酸盐亦有助于防止应力腐蚀。在含油气中加入粗吡啶,沸水中加硝酸钠都是有作用的。

4.电化学保护

目前已经清楚,金属或合金发生应力腐蚀断裂与电位有关。有些体系存在一个临界断裂电位,高于此值则断裂,低于此值不断裂。更多的体系有一定的敏感电位范围,这个电位范围通常是钝化-活化区。例如,软钢在5% NaOH溶液中发生碱脆的电位范围是-0.70~-0.80V(v.s.SCE),304不锈钢在154℃沸腾的 $MgCl_2$ 溶液中开裂的电位范围是-0.29~-0.39V(v.s.SCE)。因此,通过电化学极化的办法使金属的电位离开敏感电位范围,有可能抑制应力腐蚀开裂,阴极保护和阳极保护在不同的场合使用都是有效的。曾对 Mn - Cu 合金在 3.5% NaCl 中的应力腐蚀行为进行研究,发现这种材料的 K_1SCC 等于 8MN/$m^{3/2}$。为了使这种高阻尼合金能够成功用作舰艇螺旋桨材料,研究者采用了阴极保护,在极化电位 -0.90V(v.s.SCE)下抑制疲劳裂纹不再扩展,控制了该合金在海水中的 SCC。

据报道,阴极保护效果与金属材料的原有裂缝的深度/宽度比值有关。当裂缝达到临界深度时(几十微米),阴极极化已不能阻止裂缝继续扩展。所以,最好在裂缝形成之前就加以阴极保护。换句话说,应在没有加负载时就施加阴极保护或者当金属构件一接触介质就开始采用阴极保护,才是有效果的。

有时,为了防止 SCC 也可采用阳极保护。例如,在沸腾 NH_4NO_3 溶液或者 30% NaOH 中阳极保护能使碳钢变得耐应力腐蚀。

实施电化学保护时要考虑以下因素:①当某些合金的 SCC 与氢脆有联系时,阴极极化电位不得低于析氢电位,否则是危险的。②如果保护电位上限达到点蚀电位,则也是危险的。如奥氏体不锈钢在 Cl^- 低含量的溶液中,在不会产生点蚀的前提下,阳极保护才是可行的。

总之,实施电化学保护时应该适当地控制极化电位。控制电位从理论上看似简单易行的方法,但实际上并非如此简单,因为确定某个合金的临界破裂电位或敏感电位范围是一项困难的工作,它同时受环境和应力的影响,而在实际环境中这两者都可能变化。

5.保护镀层或涂层

良好的镀层(涂层)可使金属表面和环境隔离开来,从而避免产生应力腐蚀。一般涂层总含有微孔,在强腐蚀性介质中是不安全的。但是,产生 SCC 的环境通常腐蚀性不强,如含 Cl^- 离子的水。涂层除了应耐蚀外,还要能在应力作用下不开裂。涂层保护的实例有,输送热溶液的不锈钢管子,外表用石棉层绝热,由于石棉层中有 Cl^- 离子浸出,引起不锈钢表面受热破裂,当不锈钢外表面涂上有机硅涂料后,就不再破裂了。高强钢也曾采用聚氨酯和加有缓蚀剂(如铬酸盐)的环氧树脂涂料作隔离层。也有报道采用金属镀层的,如对于含 5% Cr 的高强钢在工业大气中可采用铝镀层防止应力腐蚀。

4.2 氢致开裂

含有氢的金属材料在足够高的外加应力或残留应力作用下发生开裂,这种破坏形式称为氢裂(或称氢脆)。氢裂是由于氢扩散到金属中以固溶态存在或生成金属氢化物而导致材料脆性断裂,它是高强度金属材料的一个潜在破坏源,如受应力的高强钢或马氏体不锈钢在盐酸或稀硫酸溶液中几分钟之内就会开裂,而且施加阴极保护也不能阻止开裂。含硫气田有关设备受硫化氢腐蚀很严重。由于钢管插入井下很深,经受高的应力,在几个星期甚至几天内就发生氢裂破坏。此外,与含硫石油接触的钢管或储油罐,钢材的酸洗设备,电镀设备以及受阴极保护的装置都有可能产生氢裂。纯钛和 α - 钛合金即使含氢量很低,也可生成氢化钛,大大降低合金的韧塑性以致脆断。

氢裂与应力腐蚀开裂之间有一个原则区别,氢裂是可逆过程,而应力腐蚀是不可逆过程。氢裂中氢的来源由于接触氢气或腐蚀反应或阴极极化可导致原子氢进入金属,使材料变脆。但是,材料失去延展性并不一定就开裂。如果及时进行适当的热处理,将氢自金属内部赶出,材料又会恢复原有强度,即使在应力作用下也不再破裂。应力腐蚀开裂是一个不可逆过程,如上节所述,初始裂纹形成后在应力与介质的共同作用下裂纹将不断扩展,最终导致材料破裂。但是,在实际例子中往往很难区别氢裂与应力腐蚀开裂。例如,碳钢与不锈钢在硫化氢溶液中的开裂,氢裂是一个原因,可能是主要原因,但是也有人认为同时还存在应力腐蚀开裂的因素。他们提出,应力腐蚀是由于阳极反应在晶界或其他薄弱部位将金属变成了硫化物,并在不低于正常断裂应力的情况下发生破坏。还有人认为,在几小时或几天内发生的破裂是氢裂引起的,而几个月或几年后发生的破裂主要是 SCC 作用的结果。

4.2.1 氢致开裂机理

上一节讨论应力腐蚀开裂理论中已涉及吸氢变脆的问题,氢来源于裂缝内部微电池的阴极过程,原子氢是阴极反应的产物,一部分原子氢还来不及结合成分子氢,便向金属内部扩散。发生氢裂的氢远远超出腐蚀反应所提供的氢,它的来源有两方面,一是内氢,即由冶炼、焊接、酸洗、阴极充氢等过程引起金属内部含有过量的氢;二是环境氢,即在氢气和含氢介质环境中或者在腐蚀性环境或潮湿工业大气环境中工作所吸收的氢。

氢在金属中可以 H、H^+、H^-、H_2、金属氢化物、固溶体化合物、碳氢化合物、气团等多种形式存在。氢在金属中的分布是不均匀的,主要富集在应力集中的位错,裂纹尖端等缺陷处,并向拉伸应力集中处扩散。实际晶体中有大量的位错,其因外力作用而产生或移动,并随外界条件(冷加工、热处理等)的变化而变化。位错与氢裂有密切的联系,大多数人用溶解氢对位错滑移的干扰来解释氢裂现象。在一定的应力条件下,晶体中的位错产生滑移。当在一定温度与应变速率范围内氢原子的扩散速度与位错运动速度相适应时,氢气团随位错运动而运动,但落后一定距离。这样,就使位错不能自由移动,这一现象称为氢对位错的钉扎作用。由于钉扎作用,使塑性流动引起困难,造成材料的局部硬化,只有在外力作用下不断产生新的位错,才能使塑性变形不断进行,在新的位错处产生新的氢气团;当运动着的位错与氢气团遇到如晶界等障碍时,便在该处形成位错塞和氢气集结,在足够大的应力下便产生裂纹,并由此扩展长大。当裂纹长大并进入到贫氢区后,位错的移动恢复自由,基体通过塑性变形使应力松弛,裂纹就停止发展。直到氢原子在应力作用下重新在此集结后,裂纹才继续长大。如此循环,使裂纹一段一段地向前扩展,最后造成脆性断裂。氢与位错的相互作用理论能较好地解释氢裂的可逆性特点。若在裂纹形成前卸掉载荷,则由于热扩散可使已聚集的氢原子逐渐扩散均匀,最后消除脆性。

氢化物型氢裂,主要是由于原子氢扩散进入金属,后生成相应的脆性氢化物所致。例如,钛和钛合金的氢裂是由氢化钛引起的。这种氢裂的敏感性随着温度的降低及试样存在缺口而增加,并与形变速度关系密切,只有高速形变时才出现脆断。氢化物的形态对氢裂会带来影响,如薄片状氢化物具有最大的敏感性,因为这类氢化物易产生较大的应力集中。

氢裂的一个特点是具有氢裂敏感性的金属材料在外加应力下在出现裂缝之前有一段滞后时间，因此氢裂事故常在构件应力下经过一段时间后才发生。滞后时间的长短与外加应力大小无关，而是随着钢中氢浓度的增高而缩短。滞后时间表明了氢扩散到邻近裂纹核心的区域，并达到开裂所需要的氢浓度是要时间的。正如上面氢与位错相互作用机理所说，在氢裂过程中裂纹传播不是连续的，而是先产生塑性变形，然后间隙氢原子扩散到变形所引起的缺陷区造成局部硬化，使裂纹向前发展。裂纹核心多数出现在沉淀相与塑性变形基体的相界面上，因此没有第二相或沉积相的纯铁具有较高的耐氢裂性能。杂质硫在奥氏体不锈钢中的溶解度比铁素体钢中大，因而奥氏体钢的耐氢裂性能亦较好。

一些元素，如 Bi、S、Te、Se、As 等恶化钢的耐氢裂性能，因为它们抑制了原子氧生成分子氢的反应，使钢中原子氢浓度升高。这些元素中 As 的破坏作用最大。在含硫油田中，与油共生的水中常常含有 H_2S。钢材与含 H_2S 的水接触，只要轻微地腐蚀就会产生氢和 Fe_9S_8。H_2S 和 Fe_9S_8 都是催化毒物，阻碍分子氢的形成，促使大量氢原子吸附在金属表面，形成很大的氢原子浓度梯度，加速了氢向钢中的扩散。H_2S 引起的金属材料破裂还称为硫化物破裂。

氢裂通常存在一个临界最小应力。在这个临界应力以下，金属一般不发生开裂。当然，临界应力值随着氢浓度的增大而减小。

氢裂的另一个特征是其断口形貌大都是晶间开裂，从断口表面看，氢裂与应力腐蚀开裂很相似，很难把两者区分开。但是，采用外加电流的办法能区分这两种腐蚀破坏形式。阴极极化能抑制应力腐蚀，但它却使析氢反应加速，促进氢裂破坏，而阳极极化促进了阳极溶解过程的进行，使应力腐蚀开裂加速，它对氢裂似无明显的影响。

4.2.2 氢致开裂的控制

1.合金化

合金中加入 Cr、Al、Mo 等元素使钢表面形成致密的保护膜，阻止氢向钢内的扩散，可减小氢裂敏感性。加入少量低氢过电位的合金元素，如 Pt、Pd 和 Cu 等，使腐蚀反应产生的原子氢吸引到合金表面的这些金属上，然后氢原子结合成 H_2 分子外逸。还有些合金元素，如 Mo、W、Cr 和 Nb 等能降低氢原子在钢中的扩散速度，有利于降低钢中氢的含量和局部浓集，提高抗氢裂能力。

2.热处理

马氏体钢对氢裂特别敏感，如果将马氏体结构改变为珠光体结构，氢裂敏感性下降。碳钢经过热处理后生成球化碳结构，对氢裂有较高的稳定性。

还可采用烘烤除氢的方法恢复钢材的力学性能，有条件的话在真空中加热，效果更佳。例如，钛合金在 600～900℃，真空度为 10^{-4}mmHg 下处理，可使含氢量降低到 10ppm 左右。

3.合理的加工和焊接工艺

高强度钢加工的残余应力是个严重问题。在酸洗和电镀过程中，如何降低金属中氢的浓度是十分重要的。焊接时应尽量采用低氢焊条,在干燥条件下焊接。

4.缓蚀剂

在水溶液中一般采取加入缓蚀剂的方法,抑制钢中氢的吸收量。例如,在3% NaCl 溶液中加入少量N-椰子素和β—氨基丙酸后,降低了高强度钢中的含氢量,延长了钢到达断裂的时间。在阴极酸洗时,应在酸洗液中加入微量锡盐;由于锡在金属表面的析出,阻碍了原子氢的生成和对金属的渗入。

在气态氢中,一般加入氧作为抑制剂,由于氧的加入,氧原子优先在裂纹尖端吸附,生成了具有保护性的膜,从而阻止了氢向金属内部的扩散。加入惰性气体没有观察到这种抑制效果。

4.3 腐蚀疲劳

腐蚀疲劳是指材料或构件在交变应力与腐蚀环境的共同作用下产生的脆性断裂。这种破坏要比单纯的交变应力造成的破坏或单纯的腐蚀作用造成的破坏严重得多。在工程技术上腐蚀疲劳是造成安全设计的金属结构件发生突然破坏的最重要原因之一。如抽油杆钢只有很短的使用寿命,美国石油工业每年要损失数百万美元来更换抽油杆;船用螺旋桨、矿山用的牵引钢丝绳、汽车弹簧和轴、涡轮机叶片等常常发生腐蚀疲劳破坏;另外,在化学工业、原子能工业、宇航工业中发生的腐蚀疲劳断裂事故屡见不鲜。腐蚀疲劳造成的危害仅次于应力腐蚀。因而,这种破坏造成的经济损失也是相当可观的。

4.3.1 腐蚀疲劳的特征

疲劳是指材料在交变应力作用下导致疲劳裂纹萌生、亚临界扩展,最终失稳断裂的过程。交变应力是指大小和(或)方向随时间变化的应力。循环应力的波形可以呈正弦波、三角波、梯形波、锯齿波等。

随着疲劳应力降低,发生疲劳断裂所需的循环周次增加。通常,低、中强度钢若能经受10^7周次的循环而不发生断裂就可以认为不会发生疲劳断裂,并把不发生疲劳断裂的最大应力称之为疲劳极限。

真正的纯疲劳是很少的,只有在真空中或纯净的空气中,平时所遇到的大多是腐蚀疲劳。腐蚀疲劳裂纹萌生所需的时间及循环周次都有减少,裂纹扩展速度增大。腐蚀疲劳有如下特征:

(1)腐蚀疲劳的$\sigma-N$曲线与纯力学疲劳的$\sigma-N$曲线形状不同,由图4-3可知,腐蚀疲劳不存在疲劳极限。一般以预指的循环周次($N=10^7$)的应力作为腐蚀疲劳强度。

(2)腐蚀疲劳与应力腐蚀不同,只要存在腐蚀介质,纯金属也能发生腐蚀疲劳。

(3)腐蚀疲劳强度与抗拉强度间没有一定的联系。图4-4表明了海水中金属的腐蚀疲劳强度与其抗拉强度的关系不明显,但在空气中腐蚀疲劳强度随抗拉强度增加而明显提高。

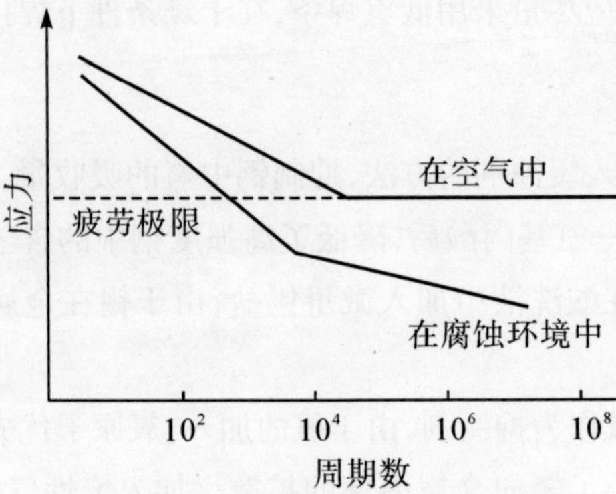

图 4－3　钢的腐蚀疲劳曲线

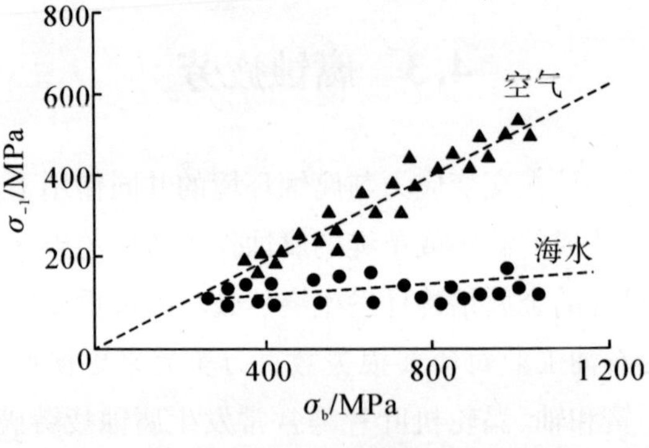

图 4－4　介质对钢腐蚀疲劳强度的影响

(4)腐蚀疲劳裂纹多起源于表面腐蚀坑或表面缺陷,往往成群出现,裂纹主要是穿晶型,并随腐蚀发展裂纹变宽。

(5)腐蚀疲劳断裂属于脆性断裂,没有明显的宏观塑性变形。腐蚀疲劳断口既有腐蚀的特征又有疲劳的特征(疲劳裂纹)。而纯力学疲劳断口分两种情况,对于塑性材料断口为纤维状,呈暗灰色;脆性材料断口呈现出一些结晶形状。

4.3.2　腐蚀疲劳的影响因素

影响腐蚀疲劳的主要因素有力学因素、环境因素以及材料因素。

1.力学因素

交变应力的频率。由于腐蚀疲劳受多种因素影响,交变应力的频率对腐蚀疲劳的影响尚不能一概而论。在给定的时间内,应力不对称系数 k 值一定时,频率较高对裂纹扩展速率影响较大;在给定的周期数内,k 值一定时,频率愈低,裂纹扩展速度愈显著。k 值高,腐蚀的影响增大,k 值低,一般反映出材料固有的疲劳性能。

加载方式。一般来说,扭转疲劳大于旋转弯曲疲劳,旋转弯曲疲劳大于抗压疲劳。

应力循环波形。方波、负锯齿波的影响较小;正弦波、三角波、正锯齿波的影响较大。

应力集中。表面缺口处引起的应力集中,容易引发裂纹,对腐蚀疲劳初始影响较大,但随疲劳周次增加,对裂纹扩展的影响减弱。

2.环境因素

介质的 pH 值对腐蚀疲劳影响很大。一般在 pH 值 <4 时,疲劳寿命较低;在 pH 值为 $4\sim10$时,疲劳寿命逐渐增加,pH 值 >12 时,与纯疲劳寿命相当。

介质中含氧量增加,腐蚀疲劳寿命降低。认为氧主要影响裂纹扩展速度。介质中卤素,尤其 Cl^- 能加速裂纹形成和扩展。

温度对腐蚀疲劳亦有显著的影响。一般温度高,腐蚀疲劳寿命降低。

外加电流。阴极极化使裂纹扩展速度降低,但进入析氢电位区后,对高强钢的腐蚀疲劳性能会产生有害作用;对处于活化态的碳钢而言,阳极极化加速腐蚀疲劳,但对在氧化性介质中使用的碳钢,阳极极化可提高腐蚀疲劳强度。

3.材料因素

耐蚀性较高的金属及合金,如钛、铜及其合金等,以及耐点蚀的不锈钢对腐蚀疲劳的敏感性小;而高强铝合金、镁合金对腐蚀疲劳的敏感性较大。

碳钢、低合金钢热处理对腐蚀疲劳行为的影响较小,提高强度的热处理有降低腐蚀疲劳倾向。

钢中的杂质、夹杂物对腐蚀疲劳裂纹形成有促进作用。

表面残余应力为压应力时,耐腐蚀疲劳性能较表面残余拉应力为好;施加保护涂层可改善材料的腐蚀疲劳性能。

4.3.3 腐蚀疲劳机理

腐蚀疲劳的全过程包括疲劳源的形成、疲劳裂纹的扩展和断裂破坏。关于腐蚀疲劳的机理已建立起多种模型,下面简要地介绍两种机理。

1.蚀孔应力集中模型

金属表面的蚀孔,或其他局部腐蚀造成的缝隙等是发生腐蚀疲劳的疲劳源。在蚀孔底,应力集中产生滑移,如图 4-5(a)所示。由于蚀坑底部优先发生滑移形成滑移台阶,如图 4-5(b)所示,滑移台阶在腐蚀介质作用下发生溶解形成新的活性表面,如图 4-5(c)所示。滑移台阶的溶解使逆向加载时,表面不能复原成为裂纹源。反复加载时,使裂纹不断扩展如图 4-5(d)所示。

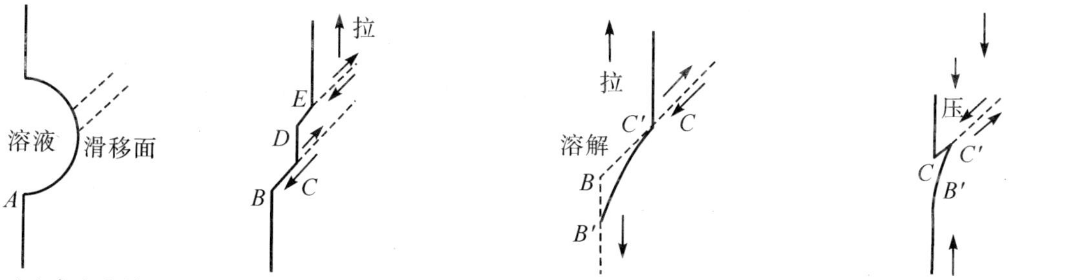

(a)产生点蚀　(b)生成 *BCDE* 滑移台阶　(c)*BC* 台阶溶解生成 *B′C′*新表面　(d)滑移生成 *B′C′C* 裂纹

图 4-5　蚀孔应力集中模型示意图

2.滑移带优先溶解模型

某些合金在腐蚀疲劳裂纹萌生阶段并未产生蚀坑,或虽产生蚀坑但未见裂纹从蚀坑处萌生,提出裂纹萌生机理。该模型认为在交变应力作用下产生驻留滑移带,挤出、挤入处由于为错密度高或杂质在滑移带沉积等原因,使原子具有较高的活性,故受到优先腐蚀,导致腐蚀疲劳裂纹形核。形核区为阳极,未形核区为阴极,在交变应力作用下促进了裂纹扩展直至断裂。

腐蚀疲劳较应力腐蚀裂纹易于形核的原因在于应力状态不同。在交变应力作用下,滑移具有累积效应,表面膜更易遭到破坏。在静拉伸应力下,产生滑移台阶相对困难一些,而且只有在滑移台阶溶解速度大于再钝化速度时,应力腐蚀裂纹才能扩展,故对介质有一定的要求。

4.3.4 腐蚀疲劳的控制

(1)合理选材。一般来说,抗点蚀能力高的材料,其抗腐蚀疲劳性能也较高。

(2)改善材料耐蚀性,表面涂或镀耐蚀材料,可改善耐蚀疲劳性能。如镀锌钢丝在海水中的疲劳寿命得到显著的提高。

(3)在介质中添加适当的缓蚀剂。如重铬酸盐、硝酸盐等。在盐水中加入重铬酸盐可以提高碳钢的腐蚀疲劳抗力。

(4)对海洋金属构件及设备施加阴极保护,可以防止腐蚀疲劳。

(5)改进设计,改变或降低应力均可提高材料抗腐蚀疲劳能力,如喷丸处理、表面硬化处理等。

4.4 磨损腐蚀

腐蚀介质与金属表面间的相对运动引起金属加速破坏或腐蚀称为磨损腐蚀(简称磨蚀)。

多数金属和合金在流动介质中,如气体、水溶液、有机体系、液态金属以及含有固体颗粒、含气泡的液体中,在机械力和电化学的共同作用下遭受磨损腐蚀。其中悬浮在液体中的固体颗粒尤为有害。磨损腐蚀的形貌常常是光滑的金属(合金)表面上呈现出带有方向性的沟、凹槽谷波纹及圆孔等,且一般按流体的流动方向切入金属表面层。如水电站的水轮机、船舶的螺旋桨、热交换器的入口管、弯管、弯头等都会遭受磨损腐蚀。

4.4.1 湍流腐蚀

流体雷诺数 Re 小于 2 300,流体质点迹线有条不紊为层流;雷诺数 Re 大于 2 300,流体质点迹线紊乱,流速及压强不规则的涨落称为湍流。由湍流导致的腐蚀称为湍流腐蚀。

湍流腐蚀大都发生在设备或部件的某些特定部位,介质流速急剧增大形成湍流。如管壳式热交换器,离入口管端高出少许的部位,是流体从大管径转入小管径的过渡区间,此处易形成湍流。当流体流入到管内很快又恢复为层流。图4-6是换热器入口管管壁湍流腐蚀示意图。

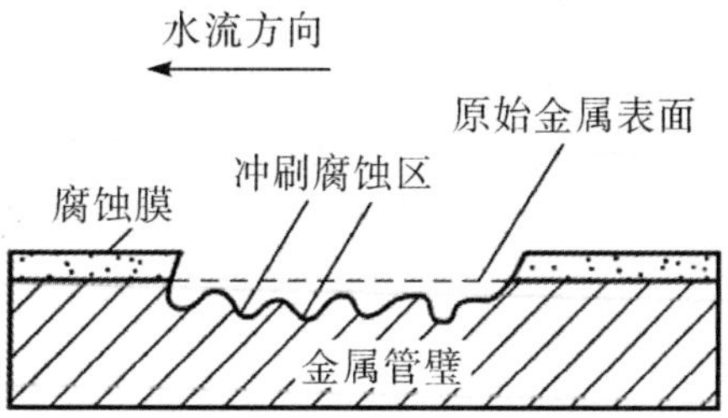

图4-6 冷凝管内壁湍流腐蚀示意图

遭到湍流腐蚀的金属表面,常常呈现深谷或马蹄形的凹槽。一般按流体的流动方向切入金属表面层,蚀谷光滑没有腐蚀产物积存。

湍流不仅加速了阴极去极化作用,而且又附加一个流体对金属表面的切力,这个高切应力能够把已经形成的腐蚀产物膜剥离并让流体带走。如果流体中含有气泡或固体颗粒,还会使切应力的力矩得到增强,使金属表面磨损腐蚀更加严重。

在输送流体的管道内,流体按水平方向或垂直方向运动时,管壁的腐蚀是均匀减薄的,但在流体突然被迫改变方向的部位,如弯管、U形换热管等的拐弯部位,其管壁就要比其他部位磨损快甚至穿洞。这种由高速流体或含颗粒、气泡的高速流体直接不断冲击金属表面所造成的磨蚀,又称为冲击腐蚀,但仍属于湍流腐蚀的范畴。冲击腐蚀亦是高速流体的机械破坏与电化学腐蚀共同破坏的结果。

4.4.2 空泡腐蚀

空泡腐蚀是流体与金属(合金)构件相对高速运动时,在金属表面局部区域产生涡流,伴随有气泡在金属表面迅速生成和破灭,造成材料表面粗化,导致材料丧失使用性能的一种破坏形式,亦称腐蚀空化或气蚀。在水轮机叶片和船用螺旋桨的背面常出现空泡腐蚀。

空泡腐蚀形成的条件比较复杂,当流速足够大时,它的静压力将低于流体的蒸汽压力,于是流体中便有气泡产生。如螺旋桨等的几何构型不能满足流体力学的要求,与海水做高速相对运动时使金属构件的局部区域产生涡流,形成一个压力突变区。在低压区引起溶解气体的析出或介质的气化,遂有气泡在金属表面形成,当流体从高压区迅速压入低压区时,气泡受压而迅速破灭。这个过程使螺旋桨接触的流体呈现出乳白混浊的现象。

气泡破灭时对金属表面施加冲击波,有如“水锤”作用,使金属表面膜不断地被锤破。试验计算表明,“水锤”作用对金属施加的压力可达140MPa。这个压力足以使金属发生塑性变形。因此遭受气蚀的金属表面可观察到有滑移线的出现。

目前认为,气蚀是电化学腐蚀和气泡破灭的冲击波对金属综合作用造成的。或者可把气蚀看成为气泡形成与破灭交替进行的特殊条件下的磨蚀。

4.4.3 防止磨损腐蚀的措施

可采用如下措施防止磨损腐蚀:①结构设计合理。改善流体流动状态,减少造成湍流和涡流的产生条件。②正确选材。根据工件条件、工艺等因素可选适宜的耐磨材料。③表面处理。如采用喷丸、冷加工等增加表面硬度的措施。④电化学保护。如可在冷凝器一端采用钢制花板,以对海水热交换器不锈钢管束的入口端提供阴极保护。

第5章　金属的高温腐蚀

金属的高温腐蚀是金属在高温下与环境中的氧、硫、氮、碳等发生反应导致金属的变质或破坏过程，是高温材料面临的关键问题之一，在现代科学技术和工程的发展中占有重要地位，特别是对航空航天、石油化工、能源动力等的发展尤为重要。如现代超音速飞机的工作温度已达1 150℃，必须解决材料的高温腐蚀和高温力学性能问题。金属的高温腐蚀由于其特殊性已成为金属腐蚀学中相对独立的部分。

5.1　金属高温腐蚀热力学

由于金属高温腐蚀的动力学过程往往是比较缓慢的，体系多近似处于热力学平衡状态，因此热力学是研究金属高温腐蚀的重要工具。金属在高温下的腐蚀日趋复杂，除单一气体的氧化外，还受到多元气体的作用及多相环境的腐蚀。

5.1.1　金属在单一气体中高温腐蚀的热力学

当金属M置于氧气中，其反应为：$M + O_2 \rightarrow MO_2$

反应的自由能变化：

$$\Delta G = -RT\ln K_p + RT\ln Q_p$$

$$\Delta G = -RT\ln \frac{1}{p_{O_2}} + RT\ln \frac{1}{p'_{O_2}} \qquad (5-1)$$

$$\Delta G^0 = -RT\ln K_p = -RT\ln \frac{1}{p_{O_2}} \qquad (5-2)$$

由上式可见，只要知道标准自由能变化，就可以知道该温度下金属氧化物的分压，进而与环境氧分压作比较，可以判断反应的方向。

ΔG^0称为金属氧化物的标准生成自由能。1944年Ellingham绘制了一些金属氧化物的$\Delta G^0 - T$图，1948年Richardson和Jeffes在Ellingham图上添加了p_{O_2}、$\frac{p_{CO}}{p_{CO_2}}$和$\frac{p_{H_2}}{p_{H_2O}}$三个辅助坐

标，组成 Ellingham - Richardson 图。由该图可以直接读出在任何温度下金属氧化物的 ΔG^0 值。ΔG^0 值愈负，则该金属的氧化物愈稳定。也可以预示一种金属还原另一种金属氧化物的可能性。如碳可以还原铁的氧化物，不能还原铝的氧化物，这在冶金工业中是非常重要的。

同理可得金属的硫化物、碳化物、氮化物、氯化物的 $\Delta G^0 - T$ 图，用于金属硫化、碳化、氮化、氯化的热力学分析。

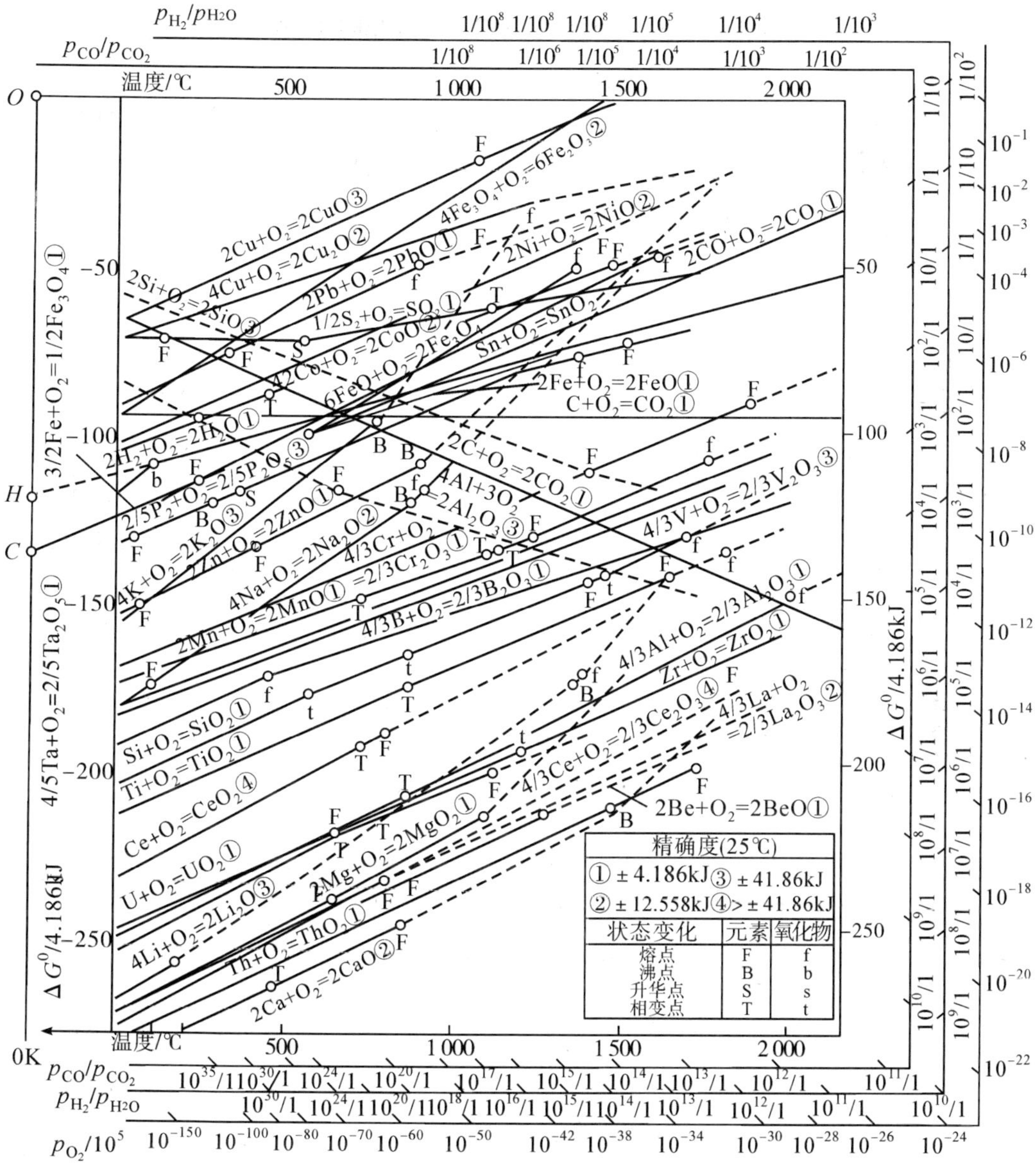

图 5 - 1　一些氧化物的 $\Delta G^0 - T$ 图

5.1.2　氧化物固相的稳定性

金属氧化物的稳定性可以通过 ΔG^0 来判断，亦可根据氧化物的熔点、挥发性来估计。低熔点、易挥发氧化物的产生往往是造成灾难性高温腐蚀的重要原因之一。

1.**氧化物的熔点**

利用熔点来估计氧化物的高温稳定性是很重要的。金属表面一旦生成液态氧化物，金属将失去氧化物保护的可能性，如硼、钨、钼、钒等的氧化物就属于这种情况。两种以上氧化物共存时会形成复杂的低熔点共晶氧化物。表 5-1 列出一些元素及其氧化物的熔点。可利用熔点来估计氧化物的高温稳定性。

表 5-1　某些元素及其氧化物的熔点

元素	熔点/℃	氧化物	熔点/℃
B	2 200	B_2O_3	294
V	1 750	V_2O_3	1 970
		V_2O_5	658
		V_2O_4	1 637
Fe	1 528	Fe_2O_3	1 565
		Fe_3O_4	1 527
		FeO	1 377
Mo	1 553	MO_2	777
		MO_3	795
W	3 370	WO_2	1 473
		WO_3	1 277
Cu	1 083	Cu_2O	1 230
		CuO	1 277

2.**氧化物的挥发性**

氧化物蒸气压的大小可以衡量氧化物在该温度下固相的稳定性，蒸气压与温度的关系可由 Claperlon 方程得出：

$$\frac{\mathrm{d}p}{\mathrm{d}T}=\frac{\Delta H^0}{T(Vg-Vs)} \qquad (5-3)$$

氧化物的蒸发热愈大则蒸气压愈小，氧化物愈稳定；氧化物的稳定性随温度升高而下降。在高温腐蚀过程中形成的挥发性物质会加速金属的腐蚀。

5.1.3　金属在混合气氛中的优势区相图

工程实际中，金属和合金往往处在复杂的多元混合气体环境中，如煤的气化、液化工程，石油化工，燃气轮机等，其高温腐蚀机理与在纯氧中大不相同。因此，研究金属在混合气体中的氧化具有实际意义。

当一种纯金属 M 在高温下与 O_2 和另一种气体 X_2 作用时：

$$M + \frac{1}{2}O_2 \rightarrow MO$$

$$M + \frac{1}{2}X_2 \rightarrow MX$$

达到平衡时：

$$(p_{O_2}^{\frac{1}{2}})_{平衡} = \exp(\frac{\Delta G_{MO}^0}{RT}) \tag{5-4}$$

$$(p_{X_2}^{\frac{1}{2}})_{平衡} = \exp(\frac{\Delta G_{MX}^0}{RT}) \tag{5-5}$$

$$(\frac{p_{X_2}^{\frac{1}{2}}}{p_{O_2}^{\frac{1}{2}}})_{平衡} = \exp(\frac{\Delta G_{MX}^0 - \Delta G_{MO}^0}{RT}) \tag{5-6}$$

据此可以得到金属在二元气体 $O_2 - X_2$ 中的优势区相图（如图5－2所示）。

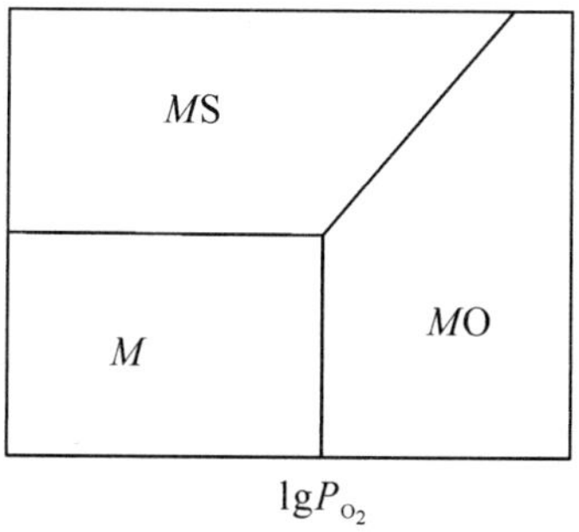

图5－2 $M-O-S$ 体系的基本相图

5.2 金属氧化物的结构及性质

金属及合金在高温腐蚀环境中能否使用，很大程度上取决于腐蚀产物的性质。一方面，腐蚀产物的多少及形成速度是高温腐蚀程度的标志；另一方面，腐蚀产物的性质将决定腐蚀进行的历程及有无防止金属的继续腐蚀。腐蚀产物的性质，如扩散、电导率、烧结和蠕变等都是由其物质结构所决定的。

5.2.1 金属氧化物的结构与缺陷

1.金属氧化物的晶体结构

大多数金属氧化物的晶体结构都是由氧离子的密排六方晶格或立方晶格组成。金属离子在这些密排结构中所处的位置可分为两类：四面体间隙和八面体间隙。金属氧化物的晶体结构主要有以下几种：

（1）NaCl 型：如 MgO、CaO、SrO、CdO、NiO、FeO、MnO、TiO、NbO、VO。

（2）纤锌矿型：如 BeO、ZnO。

（3）CaF_2 型：如 ZrO_2、HfO_2、UO_2、CeO_2、ThO_2、PuO_2。

(4)金红石型:如 TiO_2、MnO_2、VO_2、MoO_2、WO_2、SnO_2、GeO_2。

(5)ReO_3 型:如 WO_3、MoO_3。

(6)$\alpha-Al_2O_3$ 型:如 $\alpha-Fe_2O_3$、Cr_2O_3、Ti_2O_3、V_2O_3。

(7)尖晶石型(AB_2O_4):如 $MgAl_2O_4$。

(8)SiO_2 型:如 SiO_2。

2.金属氧化物的缺陷

金属氧化物的缺陷可分为以下几类:点缺陷、线缺陷、面缺陷、体缺陷和电子缺陷。氧化物中的点缺陷可以在氧化物内部形成,也可以通过与环境的反应而形成。金属氧化物可分为化学计量比氧化物和非化学计量比氧化物。

(1)化学计量比氧化物的点缺陷。这类缺陷的浓度与氧分压无关且与电子缺陷无关,因此化学计量氧化物是离子导体。

①Frenkel 型缺陷:含有等量的间隙阳离子和阳离子空位。

②反 Frenkel 型缺陷:含有等量的间隙阴离子和阴离子空位。

③Schotty 型缺陷:含有相同当量的阳离子和阴离子空位。

④反 Schotty 型缺陷:含有相同当量的间隙阳离子和间隙阴离子。

(2)非化学计量比氧化物的点缺陷。这类氧化物的非化学计量程度与温度和氧分压有关。例如

$$(1+x)MO = M_{1+x}O + \frac{x}{2}O_2$$

可以看到,在金属过剩氧化物中,非化学计量程度随着氧分压下降而增大;相反,在金属不足氧化物中,非化学计量程度随着氧分压增大而增大。

在金属过剩型氧化物中,过剩的金属离子形成点缺陷 $M_i^{n\cdot}$,带 n 个有效正电荷,同时必然产生 n 个电子。缺陷反应为

$$MO = M_i^{n\cdot} + ne' + \frac{1}{2}O_2$$

反应常数为:

$$K = [M_i^{n\cdot}][e']^n p_{O_2}^{\frac{1}{2}} \qquad (5-7)$$

金属过剩型氧化物的间隙金属离子浓度及电导率均随着氧分压的增加而减小。

典型的金属过剩型氧化物有 ZnO、CdO、BeO、RaO、V_2O_5、PbO_2、MoO_3、WO_3、CdS、BaS、Cr_2S_3、TiS_2 等。

在金属不足型氧化物中,形成金属离子的空位 $V_M^{n'}$,带 n 个有效负电荷,同时必然产生 n 个电子缺陷。缺陷反应为

$$\frac{1}{2}O_2 = V_M^{n'} + nh' + Oo$$

反应常数为:

$$K = [V_M^{n'}][h']^n p_{O_2}^{-\frac{1}{2}} \qquad (5-8)$$

金属不足型氧化物的间隙金属离子空位的浓度及电导率均随着氧分压的上升而增大。典型金属不足氧化物有 NiO、FeO、Cu_2O、CoO、MnO、Bi_2O_3、Cu_2S、Ag_2S、SnS、CuI 等。

5.2.2 与缺陷相关的氧化物的性质

1.氧化物中的扩散

金属的氧化过程往往受所生成氧化膜中的扩散过程控制，氧化的化学反应和氧化膜中微观结构的变化都是通过固态扩散进行的。这种扩散的发生是由于氧化物内存在化学位梯度或各种缺陷。当扩散通过点缺陷进行时，这种扩散称为体扩散。扩散也可以沿着线缺陷和面缺陷进行，这种扩散往往比晶格缺陷快得多，常称为短路扩散。

目前，氧化物的扩散机制仍然不很清楚，有两类极端情况：①氧化物中的点缺陷浓度太高，有可能形成更复杂的缺陷结构，如 FeO 等。②氧化物中点缺陷浓度极低，材料中含有微量杂质就足以使缺陷浓度发生很大的变化，如 Al_2O_3、Cr_2O_3、SiO_2 等。

2.氧化物的电导率

氧化物的电导率与扩散系数有关，符合 Nernst – Einstein 公式：

$$D_i = \frac{\sigma_i kT}{C_i Z_i^2 e}$$

式中，D_i 为 i 粒子的扩散系数；σ_i 为 i 粒子的电导率；C_i 为粒子浓度；$Z_i^2 e$ 为粒子所带电荷。

由于测定氧化物的电导率比测定氧化物中的缺陷结构和扩散系数更容易，因此测定电导率是研究氧化物性质的好方法。

3.氧化物的烧结与蠕变

氧化膜的生长涉及氧化物的生核、长大和烧结成膜过程。在氧化物质烧结中，要求金属和氧必须同时传输。在高温下氧化膜中存在应力时，氧化膜将发生蠕变。蠕变过程可导致氧化膜中应力的松弛，有利于提高抗氧化能力；但蠕变过程也可导致孔隙和孔洞在氧化膜中生成，产生晶间的裂纹，使抗氧化能力下降。

5.3 金属氧化动力学

金属与氧反应在金属表面形成一层致密的氧化膜将金属与氧隔开，氧化过程的继续进行取决于在金属/氧化物界面、氧化膜内以及氧化物/气相界面的物质反应和传输，金属氧化过程涉及很多问题：如氧化初期氧在金属表面的吸附、氧化物的生核与长大，氧化膜结构对氧化的影响、晶界引起的短路扩散、氧在金属内的溶解、氧化膜的蒸发与熔化、氧化膜中的应力与氧化膜的开裂和剥落等。控制步骤不同时，金属的氧化将呈现不同的动力学规律。

5.3.1 金属氧化的恒温动力学曲线

金属氧化的程度常用单位面积上的质量变化 Δm 来表示。金属氧化的恒温动力学曲线

($\Delta m-t$)是研究氧化动力学的基本方法，它不仅可提供关于氧化机理的信息(如氧化过程的速度限制性环节、氧化膜的保护性、反应的速度常数及过程的能量变化等)，而且可作为工程设计的依据。典型的金属氧化物动力学曲线有直线规律、抛物线规律、对数或反对数规律(如图5-3所示)。

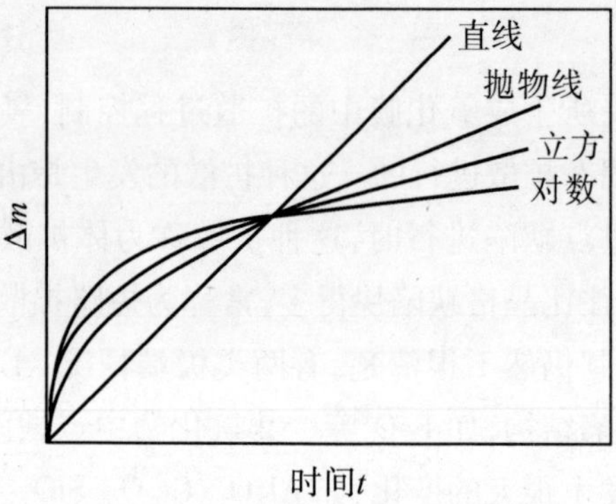

图5-3 金属氧化 $\Delta M-t$ 曲线

1.氧化动力学的直线规律

金属氧化时，若不能生成保护性的氧化膜，或反应期间形成气相或液相产物，则反应速度表达式如下：

$$\frac{\mathrm{d}y}{\mathrm{d}t}=k_1 \quad 或 \quad y=k_1t+C \tag{5-9}$$

式中，y 为氧化膜化厚度；k_1 为速度常数。

碱金属、碱土金属及钼钢、钒、钨等金属的氧化遵循这一线性规律。

2.氧化动力学的抛物线规律

多数金属和合金的氧化动力学为抛物线规律。金属或合金在较宽温度范围内氧化时，其表面形成一层致密的氧化膜，氧化速度与膜的厚度成反比，其速度表达式如下：

$$\frac{\mathrm{d}y}{\mathrm{d}t}=\frac{k_p}{y} \quad 或 \quad y^2=2k_pt+C \tag{5-10}$$

式中，y 为氧化膜化厚度；k_p 为速度常数。

多数金属和合金的氧化服从这一规律。

3.氧化动力学的对数与反对数规律

有些金属在低温和室温氧化时，服从对数或反对数规律，其速度表达式如下：

$$\frac{\mathrm{d}y}{\mathrm{d}t}=A\cdot e^{-By} \quad 或 \quad y=k_1\lg(k_2t+k_3) \tag{5-11}$$

$$\frac{\mathrm{d}y}{\mathrm{d}t}=A\cdot eBy \quad 或 \quad \frac{1}{y}=k_4-k_5\lg t$$

这两种氧化规律均在氧化膜相当薄时才出现，它意味着氧化过程受到阻滞远较抛物线规律中的为大。例如，室温下铜、铝、银等金属的氧化符合对数规律；铁、锌、镍、铅、钛、钽等金属的初始氧化符合反对数规律。

5.3.2 薄氧化膜的生长

金属在较低温度或室温下氧化往往生成薄氧化膜,其生长机理与在高温下生成厚氧化膜大不相同。薄氧化膜还可进一步分为极薄氧化膜和薄氧化膜。

1.极薄氧化膜

极薄氧化膜是指仅几纳米厚的氧化膜。由于氧化膜极薄,膜中产生的电场极强,金属的氧化和氧的还原在氧化膜中产生的电场变得极为强大,这时在电场作用下离子的迁移比浓度梯度产生的迁移多得多。金属氧化速度由离子和电子迁移速度决定。金属离子脱离金属晶格进入氧化膜所需的功 A;而电子由费米能级激发到氧化膜的导带所需的功 φ。

(1)氧化膜为离子导体时,$A<\varphi$ 时:

在强电场作用下,金属离子在氧化膜中较易迁移,而电子较难迁移成为金属氧化的控制步骤。在低温和极薄氧化膜的条件下,电子可以通过隧道效应进入导带。氧化膜的生长速度与膜的增厚呈指数下降,其氧化速度表达式为:

$$\frac{\mathrm{d}y}{\mathrm{d}t}=A\cdot\exp\left(-\frac{y}{y_0}\right)$$

$$y_0=\frac{h}{4\pi\sqrt{2m_e\varphi}}$$

将上式积分得:

$$y=A\lg(B\cdot t+1) \qquad (5-12)$$

(2)氧化膜为电子导体时,$A>\varphi$ 时:

离子的迁移阻力大于电子的迁移阻力,离子的迁移成为金属氧化的控制步骤。

$$\text{离子电流为:}i_{\text{ion}}=A\cdot\exp\left(\frac{ZaeE}{2kT}\right)$$

式中,Z 为离子的价数;a 为势垒的谷间距。

金属的氧化速度与 i_{ion} 成正比:

$$\frac{\mathrm{d}y}{\mathrm{d}t}=A\cdot\exp\left(\frac{y_0}{y}\right)$$

其中,$y_0=\dfrac{ZaeE}{2kT}$

将上式积分得:

$$\frac{1}{y}=A-B\lg t \qquad (5-13)$$

此即反对数规律,Cu、Fe、Al、Ag 等金属在室温或低温下的氧化均表现为此规律。

2.薄氧化膜

薄氧化膜是指 10~200nm 厚的氧化膜。在氧化的反对数规律中,氧化膜终止生长是由于膜增厚,膜中的电场强度减弱,导致离子不能再迁移。但如果氧化的温度较高,这时离子电流密度与电场强度不再服从指数规律,而变为直线关系,将导致新的氧化动力学规律。

(1)氧化膜为金属过剩型氧化物时。氧化膜生长的控制因素是晶格间离子通过膜的迁移,即氧化速率与晶格间金属离子的电流 i_{ion} 成正比。

$$\frac{dy}{dt} \propto i_{ion} \propto En_{ion} \propto \frac{1}{y}$$

$$y = kt^{\frac{1}{2}} \tag{5-14}$$

如铝在400℃的氧化、锌在350~400℃的氧化均属此类。

(2)氧化膜为金属不足型氧化物时。氧化膜中化学位梯度和电场作用下的离子迁移决定氧化膜生长速率。对于金属过剩型氧化物,间隙金属离子在金属/氧化物界面进入氧化物中,而金属不足型氧化物中的金属空位,是在氧化膜/氧界面同所吸附的 O^{2-} 发生反应生成。金属离子的空位浓度 n_v 与表面吸附氧离子的浓度 n_0 成正比:$n_v = k'n_0$。

电场强度 E 与 n_0 有如下关系:$E = \dfrac{4\pi \cdot en_0}{\varepsilon}$

电场强度随膜的厚度增长而下降。膜中的缺陷浓度 n_v 也随膜的厚度 y 成反比。

$$\frac{dy}{dt} \propto i_v \propto En_v \propto \frac{1}{y^2}$$

$$y = k \cdot t^{\frac{1}{3}} \tag{5-15}$$

如,Ta在350℃的氧化,Ti在216℃的氧化,Ni在400℃及475℃的氧化均属此类。

5.3.3 厚氧化膜的生长

金属高温下氧化生成厚氧化膜时表现为抛物线规律,但由于某些原因可能偏离抛物线规律:如氧化膜中生成孔洞,沿晶界的短路扩散,应力作用下氧化膜的开裂与剥落,氧化膜的蒸发等。

1.Wagner 金属氧化理论

Wagner 金属氧化理论的前提:氧化膜是均匀、致密、完整的;氧化膜的厚度远大于空间电荷层的厚度;在金属/氧化膜、氧化膜中及氧化膜/气体界面建立热力学平衡;氧化膜的成分偏离化学计量比较小;离子和电子在氧化膜中的传输是控制步骤。

Wagner 在此前提下建立金属氧化的抛物线规律,Hoar 和 Price 根据金属氧化的电池模型推导出与 Wagner 理论类似的抛物线规律。Bailey 和 Ritchie 提出了最新的金属氧化的电池理论,该理论认为,金属氧化存在若干电荷传输步骤和化学步骤,在不同条件下氧化电池具有不同的控制步骤,因而存在不同的动力学规律。

金属氧化是一个如图5-4所示的电池过程,氧化膜同时起到离子传输的固体电解质的作用和电子传输的电子半导体的作用。金属/氧化膜界面和氧化膜/气相界面分别为电池的阳极和阴极,其反应为:

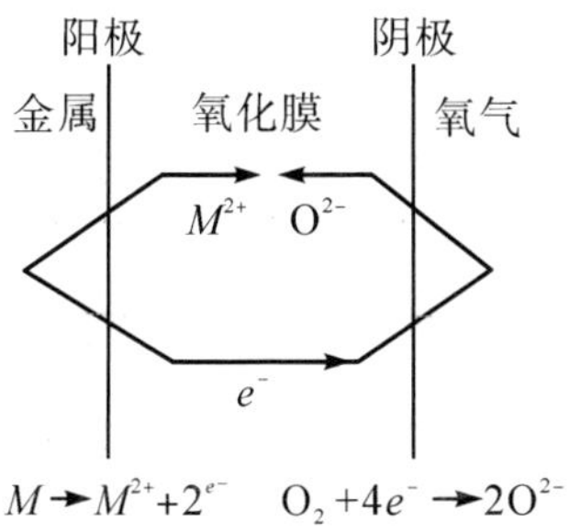

图5-4 金属氧化的电池模型

阳极反应：$M \rightarrow M^{2+}+2e^-$

阴极反应：$\frac{1}{2}O_2+2e^- \rightarrow O^{2-}$

总反应：$M+\frac{1}{2}O_2 \rightarrow MO$

$\Delta G=-nEF$

电池的总电阻：

$$R_{总}=R_{ion}+R_e=\frac{y}{\sigma(t_c+t_a)}+\frac{y}{\sigma \cdot t_e}=\frac{y}{\sigma \cdot t_e(t_c+t_a)} \tag{5-16}$$

式中，σ为氧化膜的平均电导率；t_a、t_c、t_e分别为阳离子、阴离子和电子的平均电导率。

通过电池的电流：$I=\frac{\sigma t_e(t_c+t_a)E}{y}$

则氧化膜的生长速度：

$$\frac{dy}{dt}=\frac{IM}{2F\rho}=\frac{M \cdot \sigma \cdot t_e(t_c+t_a)}{2F \cdot \rho \cdot y} \tag{5-17}$$

式中，M为氧化物的相对分子质量；ρ为氧化物的密度。

积分可得：

$$y^2=k \cdot t+C \tag{5-18}$$

其中

$$k=\frac{M \cdot \sigma \cdot t_e(t_c+t_a)E}{F \cdot \rho} \tag{5-19}$$

根据上述抛物线氧化速度常数的表达式可以分析影响氧化动力学的诸因素：

(1)金属氧化的控制步骤。当生成的氧化膜为半导体时，电子的迁移数$t_e \approx 1$，则氧化速度常数k的大小主要取决于离子迁移数(t_c+t_a)的大小，即离子迁移成为金属氧化的控制步骤；当生成的氧化膜为离子导体时，离子的迁移数$t_c+t_a \approx 1$，则氧化速度常数k的大小主要取决于电子迁移数t_e的大小，即电子迁移成为金属氧化的控制步骤。因此，在金属中加入适当元素使其掺杂到氧化膜中，降低离子或电子的迁移可以提高金属的抗氧化性能。

(2)缺陷种类及氧分压。氧分压的变化对生成金属不足氧化膜的氧化动力学影响较大，对生成金属过剩氧化膜氧化动力学影响甚微。如氧分压对锌的氧化影响较小，对镍的氧化影响较大。

(3)粒子的扩散系数。根据 Nernst – Einstein 方程,粒子的扩散系数与其电导率成正比,则抛物线氧化速度常数与粒子的扩散系数成正比。因此,测量氧化膜的抛物线速度常数也是研究氧化物扩散规律的一种方法。

(4)温度的影响。由于粒子的扩散系数与抛物线速度常数成正比 $k \propto D_i$,且扩散系数与温度有如下关系:

$$D_i = D_i^0 \exp(-\frac{Q}{RT})$$

式中,Q 为扩散激活能。

则抛物线速度常数与温度的关系:

$$k = A\exp(-\frac{Q}{RT}) \tag{5-20}$$

测定在不同温度下的抛物线速度常数,可以求出扩散的激活能。

2.缺陷对氧化动力学的影响

缺陷对氧化动力学的影响极其复杂,以晶界的扩散短路为例。氧化膜中的传输过程是由晶格扩散和沿晶界的扩散共同决定的,氧化膜中的有效扩散系数 D_{eff}:

$$D_{eff} = D_L(1-f) + D_B f \tag{5-21}$$

其中,D_L 为晶格系数;D_B 为晶界扩散系数。

氧化速率按有效扩散系数可表达为:

$$\frac{dx}{dt} = \Omega \cdot D_{eff} \cdot \frac{\Delta C}{x} \tag{5-22}$$

式中,x 为氧化膜的厚度;Ω 为金属原子形成氧化物的体积;ΔC 为氧化膜中的浓度差。

积分得:$x^2 = 2\Omega \cdot D_{eff} \cdot \Delta C \cdot t$

高温下氧化物的晶粒发生在结晶长大。设 t 时刻晶粒是边长为 δ_t 的立方体,那么晶粒的生长可表示为:

$$\delta_t^2 - \delta_0^2 = kt$$

时刻 t 单位面积中晶界所占份数:

$$f = \frac{2d}{\delta \cdot t} = \frac{2d}{(k \cdot t + \delta_0^2)^{\frac{1}{2}}} \tag{5-23}$$

设 $D_B \gg D_L$,可得到一个修正的速度公式:

$$x^2 = 2\Omega \cdot D_L \cdot \Delta C \int_0^t (1 + f\frac{D_B}{D_L})\,dt$$

其积分形式为:

$$x^2 = 2\Omega \cdot D_L \cdot \Delta C \cdot t + 8\Omega \cdot D_B \cdot \Delta C \cdot \frac{1}{k}(\delta_0^2 + kt)^{\frac{1}{2}} \tag{5-24}$$

讨论:①若氧化物的晶粒尺寸较大,再结晶长大很慢,上式右边第二项近似为常数,可得抛物线规律。②若氧化物的初始晶粒极小,右边第一项可忽略,则得到四次方规律。

3.多层氧化膜的生长

许多金属,如铁、钴、铜等,在高温下可生成多层氧化膜。现以生成双层氧化膜为例,分析其氧化动力学规律。

图5-5为两层氧化膜模型。内层为M_aO,外层为M_bO,两层氧化物生长的抛物线速度常数分别为k_a和k_b,氧化膜生长总的抛物线常数为k。氧化膜两层的厚度分别为x_a和x_b,氧化膜的总厚度为:

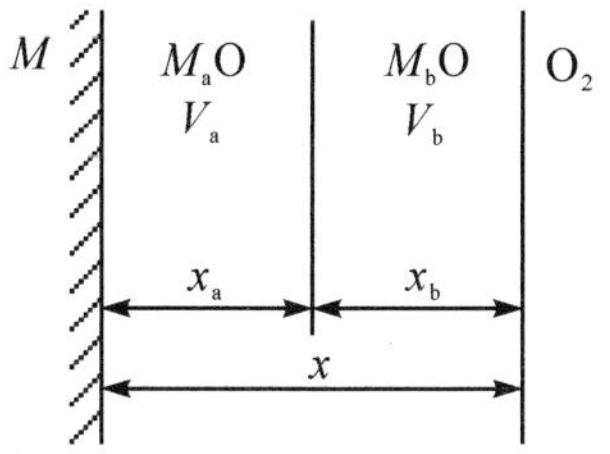

图5-5 两层氧化膜模型

$$x = x_a + x_b$$

则 $\dfrac{dx_a}{dt} = \dfrac{k_a}{x_a}$, $\dfrac{dx_b}{dt} = \dfrac{k_b}{x_b}$, $\dfrac{dx}{dt} = \dfrac{k}{x}$

积分得:

$$x_a^2 = 2k_a t, \quad x_b^2 = 2k_b t, \quad x^2 = 2kt$$

可得

$$k^{\frac{1}{2}} = k_a^{\frac{1}{2}} + k_b^{\frac{1}{2}}$$

$$k = \left(1 + \frac{x_b}{x_a}\right)^2 k_a = \left(1 + \frac{x_a}{x_b}\right)^2 k_b \tag{5-25}$$

当$x_b \ll x_a$时, $k \approx k_a$

$x_b \gg x_a$时, $k \approx k_b$

4.伴随蒸发过程的金属氧化

根据生成挥发性氧化物蒸气压的大小,蒸发过程对金属氧化可造成不同程度的影响。当蒸发过程较快时,无法形成保护性氧化膜,金属将发生灾难性的氧化;当蒸发过程较慢时,金属表面同时存在着由于离子扩散氧化膜不断增厚和氧化膜生成挥发物而变薄这两种作用。

5.3.4 氧化膜中的应力与应力松弛

金属的氧化动力学曲线常常由于发生氧化膜的开裂与剥落而偏离理论公式,并失去保护性。这是由于氧化膜中存在着应力,氧化膜中的应力与松弛是决定氧化动力学的重要因素。氧化膜中的应力有两种主要来源:一是生长应力,是在氧化膜恒温生长中产生的;另一种是热应力,是由于基体和氧化膜的热膨胀和收缩不同而产生的。

生长应力产生原因如下:

(1)PB比。PB比由Pilling和Bedworth提出,定义为氧化膜体积V_{MO}与所消耗金属的体积V_M之比。当PB比>1时,氧化膜中受到压应力,这是生成保护性氧化膜的必要条件;当PB比<1时,氧化膜中受到拉应力,无法生成保护性氧化膜。

(2)外延应力。氧化初期形成的氧化物与基体晶格保持外延关系,由于金属和氧化物的固有晶格的参数不同,这种外延约束导致应力的产生。当氧化膜变厚时,氧化膜恢复固有的晶格,外延应力消失。

(3)合金或氧化膜成分的变化。合金发生氧化时,合金表面成分变化引起合金晶格变化导致应力产生。氧化膜成分变化或氧在金属中溶解也可导致应力产生。

(4)点缺陷应力。氧化膜中存在点缺陷梯度引起晶格参数变化而产生应力。同样由于阳离子向外迁移,沿金属截面产生空位梯度,引起空位周围金属的收缩,在基体中产生应力。

(5)新氧化物在氧化膜内生成,在氧化膜内产生压应力。

(6)再结晶应力。氧化膜中再结晶是应力的起因之一,也可以消除生长应力。

(7)试样的几何形状引起的应力。在凸表面处形成的氧化膜易产生拉应力;在凹表面处形成的氧化膜易产生压应力。

由于金属与氧化物的热膨胀系数不同,在氧化温度下或冷却过程中产生的应力也不同。在较大的热应力作用下会使氧化膜从金属表面剥落下来。在氧化过程中,氧化膜产生的生长应力和热应力可通过多种机制实现松弛:①氧化膜的开裂。②氧化膜从基体上剥落。③氧化膜的塑性变形。④基体的塑性变形。

5.4 合金的氧化

合金的氧化存在相似之处也存在区别,在纯金属氧化中发生的现象也会在合金中发生。但是,合金的氧化与纯金属的氧化又存在区别,合金有两种或以上成分,合金氧化必须考虑更多的因素,氧化机理比纯金属的氧化更复杂。合金表面形成保护性的选择氧化膜,才能具有保护性能。

5.4.1 合金的选择氧化

设二元合金 AB,其中 B 比 A 具有对氧更大的亲和力。

$A(\text{合金}) + \frac{1}{2}O_2 \rightarrow AO$

$B(\text{合金}) + \frac{1}{2}O_2 \rightarrow BO$

反应的平衡常数:$K_1 = \frac{a_A \cdot p_{O_2}^{\frac{1}{2}}}{a_{AO}}$, $K_2 = \frac{a_B \cdot p_{O_2}^{\frac{1}{2}}}{a_{BO}}$

氧分压:

$$p_{O_2} = \left(\frac{K_1}{\gamma_A} + \frac{K_2}{\gamma_B}\right)^2 \tag{5-26}$$

合金成分:

$$N_B = \frac{1}{\left(\frac{K_1}{K_2}\right)\left(\frac{\gamma_B}{\gamma_A}\right) + 1} \tag{5-27}$$

AB 合金要生成选择性 BO 氧化膜，必须使氧化膜/合金界面满足：

$$p_{O_2} < p_{O_2}^e \quad 和 \quad N_B > N_B^e$$

当成分为 N_B^0 的 AB 二元合金表面生成唯一的 BO 氧化膜时，可建立如下扩散方程：

$$\frac{\partial N_B}{\partial t} = D \cdot \frac{\partial^2 N_B}{\partial x^2} \tag{5-28}$$

方程的一般解为：

$$N_{B(x>0)} = C_1 + C_2 \mathrm{erfc}\left(\frac{x}{2\sqrt{Dt}}\right) \tag{5-29}$$

式中，C_1 和 C_2 为常数，取决于边界条件。

$$N_{B(x-\chi)} = N_B^0 - \left[1 - N_{B(x=\chi)}\right] F(u) \tag{5-30}$$

$F(u)$ 为辅助函数：

$$F(u) = \sqrt{\pi} u \exp(u^2) \mathrm{erfc}(u) \tag{5-31}$$

当只生成 BO 氧化膜时，必须满足：

$$N_{B(x=\chi)} > N_B^e$$

生成 BO 氧化膜时合金中 B 的含量必须满足：

$$N_{B(\min)}^0 > N_B^e + \left[1 - N_B^e\right] F(u) \tag{5-32}$$

可简化为：

$$N_{B(\min)}^0 > N_B^e + \left[1 - N_B^e\right] \frac{\sqrt{\pi} V_{AB}}{V_{BO}} \sqrt{\frac{k_p}{2D}} \tag{5-33}$$

进一步可简化为：

$$N_{B(\min)}^0 > \frac{\sqrt{\pi} V_{AB}}{V_{BO}} \sqrt{\frac{k_p}{2D}} \tag{5-34}$$

此即合金选择氧化的 Wagner 公式。合金的氧化动力学是由合金中的传质过程和氧化膜中的传质过程共同决定的。氧化膜的生长速率越小，合金的扩散系数越大，合金越易发生选择氧化。因此，Fe(Ni,Co)Cr 和 Fe(Ni,Co)Al 合金中的 Cr 和 Al 含量超过某一临界浓度时将选择氧化生成 Cr_2O_3 或 Al_2O_3 氧化膜。当合金的晶粒细化时，发生沿晶界的短路扩散，可以降低发生选择氧化所需合金元素的临界浓度。

5.4.2 合金的内氧化及外氧化

在氧化过程中，氧（广义地，硫、碳、氮）溶解到合金中并在合金中扩散，与合金中较活泼的组元反应，在合金内生成氧化物，这一过程称为内氧化。

下面以 $A-B$ 二元合金为例说明内氧化的热力学条件。假设 A 稳定，B 与溶解氧生成氧化物 BO_ν。反应分两步：

第一步，氧以氧原子溶解到合金中：

$$\frac{\nu}{2}O_2 = \nu O(\text{溶解}) \tag{5-35}$$

第二步，溶解的氧原子与合金中的 B 反应生成氧化物：

$$B(\text{合金}) + \nu O(\text{溶解}) = BO_\nu \tag{5-36}$$

合金相中形成 BO_ν 内氧粒子的必要条件为：

$$p_{O_2} > \left(\frac{a_{BO_\nu}}{a_B}\right)^{\frac{2}{\nu}} \exp\left[\frac{2\Delta G^0_{(BO_\nu)}}{\nu RT}\right] \tag{5-37}$$

式中，a_B 为合金中 B 的活度；a_{BO_ν} 为氧化物的活度。

试验证明，内氧化深度 ξ 与时间 t 呈抛物线关系：

$$\xi = 2\gamma\,(D_0 t)^{\frac{1}{2}} \tag{5-38}$$

发生内氧化时，氧和元素 B 都在合金中发生扩散，而且，O 和 B 的浓度分布都不是线性的。B 以 BO_ν 的形式在内氧化区发生富集，其富集程度取决于 O 和 B 的扩散能力大小。一般规律是 O 的扩散能力越小，B 的扩散能力越大，则 BO_ν 的富集程度越高。当内氧化富集到一定程度，或 BO_ν 的体积分数达到一临界值时，合金不再内氧化，形成连续的外氧化膜，即发生内氧化向外氧化的转变。Wagner 导出内氧化向外氧化转变的判据：

$$x_B^0 > \left[\frac{\pi\varphi^* x_O^s D_O V_{AB}}{2\nu D_B V_{BO}}\right]^{\frac{1}{2}} \tag{5-39}$$

式中，x_B^0 为发生转变 B 的摩尔分数；x_O^s 为氧在合金表面的摩尔分数；D_O、D_B 为 O、B 在合金中的扩散系数。

由上式可以看出，降低氧向合金内传输的因素及加强 B 向外传输的因素都有利于向外氧化的转变。

在二元合金中加入中等活性元素可以促进合金由内氧化向外氧化的转变。例如，在 Ni－Al合金中加入适量的 Cr，可使生成 Al_2O_3 外氧化膜所需的 Al 的含量显著下降。这是由于 Cr 起到了除氧剂的作用，合金表面先生成一层 Cr_2O_3 氧化膜，降低了氧化膜/合金界面的氧活度，使合金中的铝在较低浓度下就可以选择氧化生成连续的 Al_2O_3 氧化膜。在高温及高氧压下，Cr_2O_3 逐渐以 CrO_3 蒸发掉，留下一个连续的 Al_2O_3 氧化膜。加入中等活性元素促进合金的外氧化是高温合金设计的重要原则。合金的氧化总是从合金的表面开始的，合金生成外氧化膜不一定需要先发生内氧化，合金内氧化是合金由外氧化向内氧化转变的结果。

5.4.3 掺杂对合金氧化的作用

在分析抛物线氧化速度常数的影响因素时，已提到在合金中加入适当元素使其掺杂到氧化膜中，降低离子或电子的迁移，可以提高金属的抗氧化性能。

1.离子导体氧化物

例如，Ag 和 Br 反应生成 AgBr，晶格内存在阳离子空位 V'_{Ag} 和电子空穴 $h^{\bullet}$，其缺陷反应：

$$Ag + \frac{1}{2}Br = AgBr + V'_{Ag} + h^{\bullet}$$

若在金属中加入少量Cd形成Ag-Cd合金,生成的膜中掺入Cd^{2+},每掺入一个Cd^{2+}就产生一个V'_{Ag}:

$$CdBr_2 = Cd_{Ag}^{\bullet} + V'_{Ag} + 2AgBr$$

可使V'_{Ag}增加,$[h^{\bullet}]$下降。由于离子导体的生长受电子迁移控制,Ag中加入高价的Cd后氧化速度变慢。

2.金属过剩氧化物

以ZnO为例,其缺陷反应为:

$$ZnO = Zn_i^{\bullet\bullet} + 2e' + \frac{1}{2}O_2$$

当在Zn中加入少量Al形成Zn-Al合金时,氧化膜中将掺杂Al^{3+},其反应为:

$$Al_2O_3 = 2Al_{Zn}^{\bullet} + 2e' + 2O_O + \frac{1}{2}O_2$$

每掺入一个Al^{3+}就放出1个电子,$[Zn_i^{\bullet\bullet}]$浓度下降,氧化速度下降。

3.金属不足氧化物

以NiO为例,其缺陷反应为:

$$O_o + V'_{Ni} + 2h^{\bullet} = \frac{1}{2}O_2$$

在Ni中加入少量Cr形成Ni-Cr合金,Cr^{3+}掺杂到NiO中,产生缺陷反应:

$$Cr_2O_3 = 2Cr_{Ni}^{\bullet} + V'_{Ni} + 3O_o$$

增加了NiO中的V'_{Ni},导致氧化速率上升。相反,掺入低价金属Li,则降低氧化速度。

综上所述,为了通过掺杂降低氧化速度,形成离子导体膜时,应掺杂高价的金属;形成金属过剩氧化膜时,应掺杂高价的金属;形成金属不足氧化膜时,应掺杂低价的金属。上述规律称为控制合金氧化的原子价规律(也称Hauffe原子价规律)。

值得指出的是,掺杂对合金的氧化动力学的影响是有限的,工程中最有意义的是通过选择氧化形成具有保护性的Cr_2O_3、Al_2O_3、SiO_2氧化膜。

4.活性元素效应

在合金中加入少量活性元素可显著提高抗氧化能力,特别是提高氧化膜在合金上的附着力,这一现象称为活性元素效应。活性元素包括:钇、稀土、锆、铪等。

活性元素对Cr_2O_3膜的效应:①促进Cr_2O_3氧化膜在Cr含量较低的情况下生成。②降低Cr_2O_3膜的生长速度。③使Cr_2O_3膜的生长机理发生变化。④使Cr_2O_3膜的晶粒细化。⑤使Cr_2O_3膜与合金基体的附着力改善,具有优异的抗热循环氧化能力。

活性元素对Al_2O_3也有类似的效应。活性元素改善Al_2O_3膜与合金基体的附着性;在氧化膜中氧的扩散增强。然而,活性元素并不能像对生成 Cr_2O_3 膜那样有效地降低合金中的 Al 含量,以及 Al_2O_3 膜的生长速率。

对于活性元素效应的机理,已提出多种模型和假说:

(1)大尺寸的活性元素原子吸附在合金表面的位错等缺陷处,阻止金属离子向氧化膜内迁移,因而改变了氧化膜的生长机制,使氧化膜的生长以氧向内扩散为主。

(2)弥散的活性元素的氧化物粒子起着空位陷阱的作用,降低或消除了孔洞的形成,提高了氧化膜的附着力。

(3)在主氧化膜和基体之间形成一层完整的活性元素化合物的封闭层,具有优良的热膨胀性能。

(4)活性元素的存在可以通过内氧化和晶间氧化起到钉扎氧化膜的作用。

(5)活性元素改善了合金/氧化膜界面化学键。活性元素效应运用的一个典型例子:NiCoCrAlY 抗高温氧化涂层。

5.5 其他类型的金属高温腐蚀

本节介绍一些其他类型的金属高温腐蚀,如炼油厂炼制高硫原油引起的高温硫腐蚀;燃料燃烧产生 CO、CO_2 使金属碳化;燃气涡轮在海上工作时高温部件沉积熔融导致热腐蚀,等等。

5.5.1 金属的高温硫化

金属的高温硫化是金属材料与含硫气体(S_2、H_2S、SO_2 等)反应形成硫化物的过程。与金属氧化物相比,金属硫化物具有以下特性:

(1)硫化物的热力学稳定性低于氧化物,所以在热力学上合金发生选择性硫化比发生选择性氧化困难。

(2)除难熔金属硫化物外,常见金属硫化物的缺陷浓度比相应金属氧化物高,硫化物中的扩散系数高,在动力学上合金发生选择硫化比发生选择氧化所需合金元素浓度要高得多。

(3)常见金属硫化物的熔点比氧化物低,且许多金属(如 Fe、Co、Ni 等)可与其硫化物形成低熔点共晶,导致金属材料发生灾难性的硫化腐蚀。

(4)硫化物的 PB 比值较氧化物大,且远大于 1,因此硫化物膜在生长中存在很大的应力,使硫化物膜易发生破裂和剥落,使含硫气体同金属基体接触加速硫化。

5.5.2 金属在 O－S 体系中的高温腐蚀

这类高温腐蚀的典型环境为 SO_2-O_2 的混合气体,根据 $M-O-S$ 体系的相平衡图,如图 5－6 所示,在特定环境下,热力学上只能生成一种稳定的化合物,如氧化物、硫化物或硫酸盐。但在高温腐蚀过程中,由于动力学的原因,可能导致各种化合物的产生。

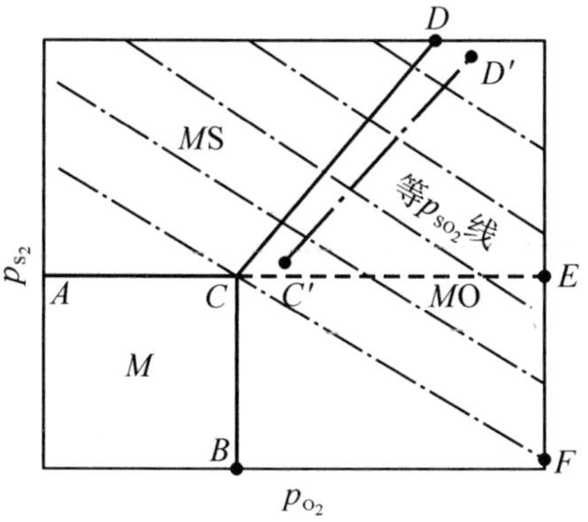

图5-6 $M-O-S$体系的相平衡图

1.金属氧化-硫化的动力学转变

金属氧化-硫化热力学的转变边界如图5-6中的MO区和MS区的边界线CD。但在实际腐蚀过程中,氧化-硫化的转变边界线往往位于较高的氧分压下,如图5-6中$C'D'$的位置。金属氧化-硫化转变的边界在热力学上和动力学上的这种差异,与在热力学上处于MO稳定区,但在动力学上金属仍然有可能生成硫化物有关。

2.金属在O-S体系中生成硫化物的机理

根据$M-O-S$体系的相平衡图,金属在SO_2-O_2混合气体中可能产生四种情况:

(1)金属处于图5-6中ACD线的左上方,为硫化物MS的稳定区,金属只发生硫化。

(2)金属处于图5-6中DCE的右上方的区域,为热力学上可生成MO区域的一部分。金属表面生成MO后,在MO/气相界面的硫分压大于MO/M界面的硫分压,则环境中的硫可在氧化膜内向MO/M界面扩散。由于存在下列反应:

$$S_2+2O_2=2SO_2$$

$$2SO_2+O_2=2SO_3$$

氧化膜内氧分压下降,硫分压上升,满足生成MS的条件。其结果硫化物在氧化膜中或在MO/M界面生成。

(3)金属处于图5-6中ECF区,仍然为热力学上可生成MO区域的一部分,CF线平行于SO_2等压线。这时环境中的硫分压低于MS/M的平衡分压,硫不可能以S_2的方式向MO/M界面扩散,但硫可以SO_2的形式通过氧化膜中的微孔隙或微裂纹向MO/M界面传输,随着氧分压的下降,硫分压上升,仍然可能生成MS。

(4)金属处于图5-6中BCF区,在热力学上和动力学上均可能生成MO。

从以上分析可以看到,当金属在热力学上处于MO生成区时,仍然有可能生成硫化物,而且与硫在氧化膜中的传输过程有关。当硫在氧化膜中的传输速率较小时,硫化过程受到阻滞,生成硫化物较困难。例如,生成AL_2O_3或Cr_2O_3氧化膜的合金可以有效地阻碍硫化,表现出优良的抗硫化性能。当硫在氧化膜中的传输速率较大时,易导致$MO+MS$混合物的生成,如Fe、Ni、Co在SO_2+O_2环境中的高温腐蚀产物就是如此。

5.5.3 金属的热腐蚀

金属的热腐蚀是指金属材料在高温工作时，基体金属与沉积在表面的熔盐（主要是Na_2SO_4）及周围气体发生的综合作用而产生的腐蚀现象。金属发生热腐蚀的特征：腐蚀产物的外层为疏松的氧化物和熔盐；次内层为氧化膜；氧化膜下为硫化物。

金属表面沉积的熔盐来源于燃料中的硫、钠、钾、钒等和空气中的盐雾，特别是在海洋环境下，在金属表面发生下列反应：

$$2NaCl + SO_2 + \frac{1}{2}O_2 \rightarrow Na_2SO_4 + 2HCl$$

$$2NaCl + SO_3 + H_2O \rightarrow Na_2SO_4 + 2HCl$$

根据发生热腐蚀的温度高低，可将热腐蚀分为高温热腐蚀和低温热腐蚀，低温热腐蚀发生的温度在700℃左右，对应于$Na_2SO_4 - NiSO_4$（共晶温度671℃）、$Na_2SO_4 - CoSO_4$（共晶温度565℃）低温共晶盐的产生；高温热腐蚀发生的温度在850～900℃，对应于Na_2SO_4（熔点884℃）熔盐的产生。

热腐蚀的机理较复杂，普遍认为是化学腐蚀与电化学腐蚀的共同作用，既包括界面化学反应又包括液态熔盐对氧化膜的溶解作用。目前为大多数人接受的热腐蚀机理是酸－碱熔融机理，由于表面生成的氧化膜不断被表面沉积而造成加速腐蚀。以镍的热腐蚀为例，在热腐蚀初期，镍表面沉积一层薄的熔盐膜，同时生成NiO表面膜。在氧化膜/熔盐界面处，由于硫与金属反应或通过氧化膜向氧化膜/金属界面扩散，熔盐中的硫活度下降。只要熔盐中能维持O^{2-}的负梯度，NiO膜就能持续不断地被溶解，产生加速腐蚀。

如果硫酸钠熔盐中的O^{2-}活度很低，处于酸性状态，NiO发生酸性熔融。当熔盐中存在酸的负梯度时，就可以发生氧化膜的酸性溶解和在熔盐膜外侧氧化物地再沉积。

金属发生碱性还是酸性熔融，其发生条件和反应可以由$M-N-O-S$体系的相图得出。由于熔盐是强电解质，熔盐膜的存在又是发生热腐蚀的必要条件，因此在热腐蚀过程中必然存在电化学过程。

5.5.4 金属的碳化

金属材料处于含碳的气体环境中，氧活度低而碳活度较高，就会发生碳化。金属在碳氢化合物－H_2的混合气体中易发生碳化，如

$$CH_4 = C + 2H_2$$

气体中碳的活度可由混合气体的成分及总压力来决定。

金属在甲烷－H_2混合气体中的碳化分为若干步：①含碳物质在样品表面的混合气体的附面层中扩散。②反应分子在样品表面发生吸附形成碳原子。③碳由金属表面向内部扩散形成碳化物。④气体产物的解吸及离开金属表面。

当碳的活度大于1时，在金属表面发生石墨沉积；当碳的活度较低时，导致内碳化物的形成。在$CH_4 + H_2$混合气体中含有微量硫时，能强烈地阻止铁的硫化。其机理是吸附的硫占据了甲烷吸附和分解的活性位置，此时硫的活度比形成FeS所需的硫活度要小两个数量级。

当金属或合金置于含碳和氧的气体中时,可导致氧化、碳化。在环境中加入 H_2S 可显著降低石墨化速度。用 H_2S 作抑制剂是降低碳化的有效方法,但实际应用中需小心控制气体成分,否则会引起其他腐蚀。通过在合金中加入较活泼元素,使其在碳化环境中可以生成氧化膜,成为碳扩散的阻挡层,可有效地减弱合金的碳化。如在 Fe－Cr－Ni 钢中增加 Si 含量,合金表面生成 SiO_2 薄膜,碳化会减弱。当硅含量大于 2% 时,碳化可以完全消除。其他氧化膜,如 Al_2O_3 和 Cr_2O_3 也可以用作碳扩散的阻挡层,因此含有较高 Al 或 Cr 的合金具有较好的抗渗碳能力。

5.6 高温防护涂层

5.6.1 发展高温防护涂层的必要性

高温下使用的金属材料的基本要求:一是具有优异的高温力学性能。二是具有足够好的抗高温腐蚀性能。但这两方面的性能往往是有矛盾的,如 Ni 基合金中只有 Cr 含量 $>$ 15% 时才有良好的抗高温腐蚀性能,而 Ni 基合金中 Cr 含量高又会促使 σ 相形成。为了弥补高温合金抗高温腐蚀性能的不足,解决高温力学性能与耐蚀性之间的矛盾,有效的途径是发展高温防护涂层。

5.6.2 高温涂层的基本类型

1.铝化物涂层

铝化物涂层主要通过热扩散方式获得,在镍基、钴基、铁基合金表面分别形成 NiAl、CoAl、FeAl 为主的金属间化合物渗层。铝化物涂层在高温可以形成保护性 Al_2O_3 氧化膜,因而具有优良的抗高温氧化、硫化和热腐蚀等性能。

2.覆盖型合金涂层

为了克服扩散型铝化物涂层存在的涂层与基体的相互制约,涂层组织受扩散反应限制等弱点,提高涂层的综合性能,发展了覆盖型合金涂层。*M*CrAlY 涂层的成分和结构完全与基体合金无关,这类涂层可以采用多弧镀、磁控溅射、电子束物理气相沉积和等离子喷涂等技术进行涂覆。

3.表面结构改性涂层

不改变合金表面的成分,仅仅改变合金表面的组织结构,就可以使合金的抗高温腐蚀性能得到大幅度的提高。如采用激光表面重熔、高能脉冲表面处理、表面喷丸、热处理等技术使合金表面形成微晶层或纳米层,以及采用磁控溅射等方法在合金表面沉积相同成分的微晶或纳米晶合金涂层,都可以加速被氧化元素沿晶界向外短路扩散,促进合金形成选择性的保护膜。

4.陶瓷涂层

高温合金陶瓷涂层分为两类:①以提高抗高温腐蚀为目的的陶瓷涂层。②以隔热为目的的热障涂层。以提高抗高温腐蚀为目的的陶瓷涂层一般较薄,厚度在几十纳米到几微米,如在含 Cr 合金表面沉积几十纳米厚的稀土氧化物薄膜,以及在合金表面沉积几微米的氧化铝都可以显著提高合金的抗氧化能力。这类涂层可以采用溶胶-凝胶法、喷雾热解法、化学气相沉积、物理沉积等技术制备。热障涂层通常是先在合金基体上沉积一层 *M*CrAlY 涂层,然后再沉积一层 $ZrO_2-Y_2O_3$ 陶瓷层。热障涂层是发展先进航空发动机的关键技术。热障涂层的发展是研制纳米结构 $ZrO_2-Y_2O_3/ZrSiO_3$ 微叠层。

5.6.3 涂层性能的限制因素

涂层的性能受多种因素的限制,首要的限制因素是高温腐蚀动力学。

1.涂层与基体的互反应

合金中的元素损失有两个途径:一是向外扩散;二是向合金内扩散。在氧化膜完好前提下,由于涂层与基体的互扩散速度比氧化膜中的扩散速度快得多,涂层的蜕化主要由互扩散控制。互扩散造成涂层中形成氧化膜的元素浓度下降,以致这种氧化物不能继续生长,涂层失去保护性。

2.涂层中的缺陷

涂层缺陷分为两大类:制备涂层时产生的缺陷和在使用中产生的缺陷。典型缺陷有:厚度不均、局部夹杂物、裂纹、界面局部分离等。

3.合金与涂层体系的力学性能

合金与涂层体系的力学性能呈现如下基本规律:沿合金基体—涂层—氧化膜顺序,塑性下降,脆性增大,热膨胀系数减小,强度下降。这种力学性能的差异往往是导致氧化膜剥落、涂层寿命缩短的主要原因。少量的稀土元素可以提高氧化膜的附着力,阻止氧化膜剥落。涂层力学性能的特点是在一定的温度范围内发生脆塑转变。涂层要免于机械破坏必须满足两个条件:①涂层应当能承受一定的拉应力。②涂层应具有一定的塑性来抵抗瞬时的冲击载荷。如果涂层在一定温度下不发生脆塑转变,则难免被破坏。脆塑转变温度已成为衡量涂层力学性能的重要指标。改善涂层的力学性能,使涂层的脆塑转变温度尽可能低,是涂层发展的重要方向。

第 6 章　环境腐蚀性

本章讲述金属在自然环境和工业介质中的腐蚀。金属在自然环境中的腐蚀是最普遍的腐蚀现象，自然环境包括大气、水、土壤、微生物等。

6.1　大气腐蚀

金属材料或构筑物在大气条件下发生化学或电化学反应引起材料的破损称为大气腐蚀，此为一种常见的腐蚀现象。全世界在大气中使用的钢材量超过其生产总量的60%，据统计，由于大气腐蚀而损失的金属约占总腐蚀量的50%以上，因此了解和研究大气腐蚀的机理、影响因素及防止方法是非常必要的。

6.1.1　大气腐蚀的分类

从全球范围看，大气的主要成分几乎是不变的（见表 6－1）。主要参与大气腐蚀过程的是氧和水气，其次是二氧化碳。因此可根据金属表面的潮湿程度的不同，把大气腐蚀分为三类：

表 6－1　大气的基本组成

成分	质量分数/%	成分	质量分数/%	成分	质量分数/ $\times 10^{-6}$
空气	100	水气（H_2O）	0.70	氦（He）	0.7
氮（N_2）	75	二氧化碳（CO_2）	0.04	氙（Xe）	0.4
氧（O_2）	23	氖（Ne）	12×10^{-4}	氢（H_2）	0.04
氩（Ar）	1.26	氪（Kr）	3×10^{-4}		

1.干大气腐蚀

干大气腐蚀是在空气非常干燥的条件下，金属表面不存在液膜层时的腐蚀。其特点是在金属表面形成极薄的保护性氧化膜（1～10nm）和某些金属失泽现象。如铜、银等在被硫化物污染的空气中所形成的一层膜。

2.潮大气腐蚀

潮大气腐蚀是指金属在相对湿度小于100%的大气中,表面存在肉眼看不见的薄的液膜层(10nm 至 1μm)发生的腐蚀。例如,铁在没受雨淋时的生锈即属于此。

3.湿大气腐蚀

湿大气腐蚀指金属在相对湿度大于100%,如水分以雨、雾、水等形式直接溅落在金属表面上,表面存在肉眼可见的水膜(1μm 至 1mm)发生的腐蚀。

大气腐蚀速度与金属表面水膜厚度的关系,如图6-1所示。由图可见,腐蚀速度与水膜厚度的规律大致可划分为四个区域:

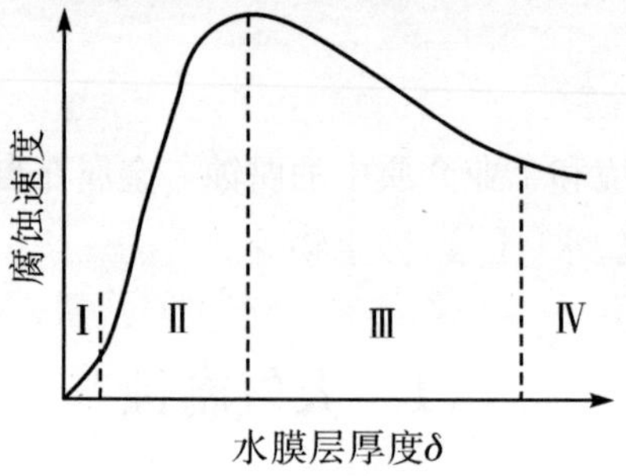

图6-1　大气腐蚀速度与金属表面水膜厚度的关系

①区域Ⅰ。金属表面只有约几个水分子厚(1~10nm)水膜,还没有形成连续的电解质溶液,相当于干的大气腐蚀,腐蚀速度很小。②区域Ⅱ。当金属表面水膜厚度约在1μm时,由于形成连续电解液层,腐蚀速度迅速增加,发生潮的大气腐蚀。③区域Ⅲ。水膜厚度增加到1mm时,发生湿的大气腐蚀,氧欲通过液膜扩散到金属表面显著困难,因此腐蚀速度明显下降。④区域Ⅳ。金属表面水膜厚度大于1mm,相当于全浸在电解液中的腐蚀,腐蚀速度基本不变。

应该指出,实际大气腐蚀由于条件的变化,各种腐蚀形式可以相互转化。如处于干大气腐蚀的金属当周围大气湿度增大或生成了吸水性腐蚀产物时,变成潮大气腐蚀;若雨水直接落在金属表面上,潮大气腐蚀转变为湿大气腐蚀;当雨后水膜被蒸发干了,有可能变成潮大气腐蚀或干大气腐蚀。通常所说的大气腐蚀是指在常温下潮湿空气中的潮大气腐蚀和湿大气腐蚀。

6.1.2　大气腐蚀机理

大气腐蚀的特点是金属表面处于薄层电解液下的腐蚀过程,因此其腐蚀规律符合电化学腐蚀的一般规律。

1.大气腐蚀的电化学过程

当金属表面形成连续的电解液薄层时,就开始了电化学腐蚀过程。

阴极过程:大气腐蚀的阴极过程主要是氧去极化。

$$O_2 + 2H_2O + 2e^- \rightarrow 4OH^- \tag{6-1}$$

阳极过程：

$$M \rightarrow M^{n+} + ne^- \tag{6-2}$$

铁、锌等金属全浸在还原性酸溶液中，阴极过程主要是氢去极化，但在城市污染的大气所形成的酸性水膜下，这些金属的腐蚀主要是氧去极化腐蚀。在薄的液膜条件下，大气腐蚀的阳极过程受到较大阻滞，因为氧更容易到达金屑表面，生成氧化膜或氧的吸附膜，使阳极处于钝态。阳极钝化及金属离子化过程困难是造成阳极极化的主要原因。当液膜增厚，相当于湿的大气腐蚀时，氧到达金属表面有一个扩散过程，因此腐蚀过程受氧扩散过程控制。潮的大气腐蚀主要受阳极过程控制，而湿大气腐蚀主要受阴极过程控制。

2.在金属表面形成锈层后的锈蚀机理

在一定条件下，腐蚀产物会影响大气腐蚀的电极反应。由于大气腐蚀的条件不同，锈层的成分和结构往往是很复杂的。Evans 认为大气腐蚀的锈层处在潮湿条件下，锈层起强氧化剂作用。Evans 锈层模型如图 6－2 所示。

在锈层内阳极反应发生在金属/Fe_3O_4 界面上：

$$Fe \rightarrow Fe^{2+} + 2e^- \tag{6-3}$$

阴极反应发生在 Fe_3O_4/FeOOH 界面上：

$$6FeOOH + 2e^- \rightarrow 2Fe_3O_4 + 2H_2O + 2OH^- \tag{6-4}$$

可见锈层参与了阴极过程。由图 6－2 可清楚看出锈层内发生 $Fe^{3+} \rightarrow Fe^{2+}$ 的还原反应，锈层参与了阴极过程。当锈层干燥时，即外部气体相对湿度下降时，锈层和底部基体钢在大气中氧的作用下，锈层重新氧化成 Fe^{3+} 的氧化物，可见在干湿交替的条件下，锈层能加速钢的腐蚀过程。

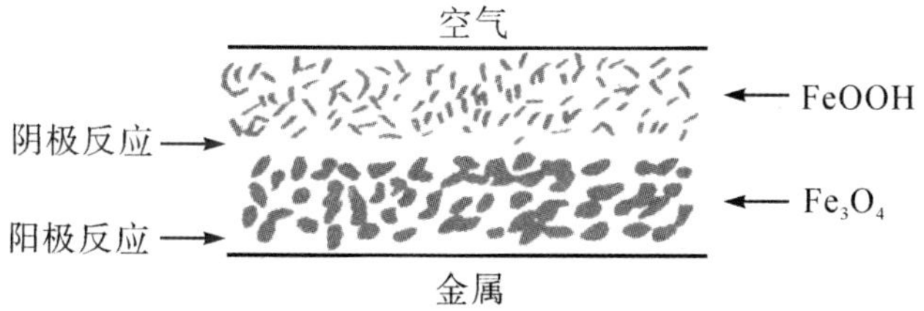

图 6－2　Evans 锈层模型示意图

3. 锈层的结构及保护性

随大气环境条件及材料的变化，锈层的成分和结构也相应改变。通常锈层分为内外两层，外层疏松，易剥落；内层附着性较好，结构致密，能起到一定的保护作用。图 6－3 是铁表面大气腐蚀锈层断面示意图。在工业大气中，碳钢锈层中常存在一些盐类结晶，如 $FeSO_4 \cdot 7H_2O$、$FeSO_4 \cdot 4H_2O$、$Fe_2(SO_4)_3$等，结晶盐的存在将降低锈层保护性。

碳钢的锈层主要由 γ－FeOOH、α－FeOOH 和 Fe_3O_4 组成，组成物质的量随环境而变化。通常钢表面锈层中首先形成的是 γ－FeOOH，由它再转变为 α－FeOOH 和 Fe_3O_4，转变受大气湿度、污染等因素的影响。锈层组成中，α－FeOOH 对耐蚀性有明显影响。在多数大气环境下，随着暴露时间的延长，α－FeOOH 含量增多。在含有 SO_2 工业区或含有 Cl^- 的沿海地区，α－FeOOH 较少，而相应的 γ－FeOOH 或 Fe_3O_4 较多。在大气洁净的森林地带，则 α－FeOOH多。进一步研究表明，pH 值较低时，易生成 γ－FeOOH；pH 值较高时，则易生成 α－FeOOH和 Fe_3O_4。关于锈层组成与耐蚀性的关系，目前尚不完全清楚。锈层生成的动力学规律，其曲线遵循幂定律：

$$P = K \cdot t^n \qquad (6-5)$$

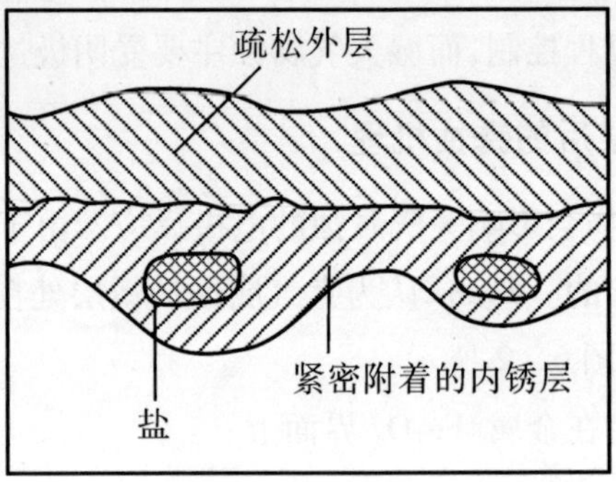

图 6－3　铁表面大气腐蚀锈层断面示意图

式中，P 为失重量；K 为常数；t 为暴露时间；n 为常数。

这种关系式也适用于钢的镀锌层、镀铝层和 ω(Al) ＝55% 的 Al－Zn 镀层的大气试验数据。

6.1.3　工业大气中金属腐蚀的特点

工业大气中的 SO_2、NO_2、H_2S、NH_3 等都增加大气的腐蚀作用，加快金属的腐蚀速度。表 6－2列出了几种常用金属在不同大气环境中的平均腐蚀速度。

表 6－2　常用金属在不同大气环境中的腐蚀速度

腐蚀环境	平均腐蚀速度/($mg \cdot dm^{-2} \cdot d^{-1}$)		
	钢	铜	锌
农村大气	—	0.17	0.14
海洋大气	2.9	0.31	0.32
工业大气	1.5	1.0	0.29
海　水	25	10	8.0
土　壤	5	3	0.7

石油、煤等燃料的废气中含 SO_2 最多，因此，在城市和工业区 SO_2 的含量可达 0.1～100 mg/m^3。

图 6－4 示出了抛光钢片在纯净空气中，含 SO_2 的空气及含有固体杂质的空气中腐蚀随相对湿度增加的试验结果。

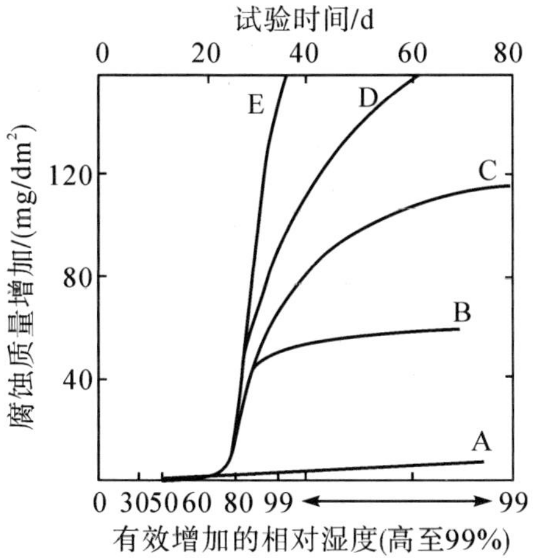

图6-4 钢在不同大气中腐蚀与相对湿度的关系

由图6-4可看出:①空气非常纯时,腐蚀速度相当小,随着湿度增加仅有轻微增加。②在污染的空气中,空气的相对湿度低于70%时,即使是长期暴露,腐蚀速度也是很慢的。但有 SO_2 存在的条件下,当相对湿度略高于70%时,腐蚀速度急剧增加。③被硫酸铵和煤烟粒子污染的空气加速金属腐蚀。可见在污染的大气中,在低于临界湿度时,金属表面没有水膜,金属受到的是由于化学作用引起的腐蚀,腐蚀速度很小。当高于临界湿度时,由于水膜的形成,发生了电化学腐蚀,腐蚀速度急剧增加。

大气中 SO_2 对不耐 H_2SO_4 腐蚀的金属,如Fe、Zn、Cd、Ni的影响十分明显。碳钢的腐蚀速度随大气中 SO_2 含量呈直线关系上升。多数研究认为,SO_2 的腐蚀作用机制是硫酸盐穴自催化过程。

SO_2 促进金属大气腐蚀的机制,主要有两种方式:其一,认为部分 SO_2 在空气中能直接氧化成 SO_3,SO_3 溶于水后形成 H_2SO_4;其二,认为有一部分 SO_2 吸附在金属表面上,与Fe作用生成易溶的硫酸亚铁,$FeSO_4$ 进一步氧化并由于强烈的水解作用生成了 H_2SO_4,H_2SO_4 再与Fe作用,按这种循环方式加速腐蚀。因此,整个过程具有自催化作用,即所谓锈层中硫酸盐穴的作用。

其反应如下:

$$Fe + SO_2 + O_2 \rightarrow FeSO_4 \tag{6-6}$$

$$4FeSO_4 + O_2 + 6H_2O \rightarrow 4FeOOH + 4H_2SO_4 \tag{6-7}$$

$$2H_2SO_4 + 2Fe + O_2 \rightarrow 2FeSO_4 + 2H_2O \tag{6-8}$$

Schwarz认为锈层内 $FeSO_4$ 的生成机构为如图6-5所示的模型。

锈层的保护能力受其形成时占主导地位的条件影响。如果生成的锈层被硫酸盐侵蚀,锈层几乎无保护能力。相反,如最初锈层很少受硫酸盐污染,其保护性较好。碳钢不能靠自身形成保护膜。所以在室外大气条件下,通常要附加表面保护层,如防锈漆,镀Zn、Al等,或加入耐大气腐蚀的合金元素,如Cu、P等使锈层具有很好的保护作用。

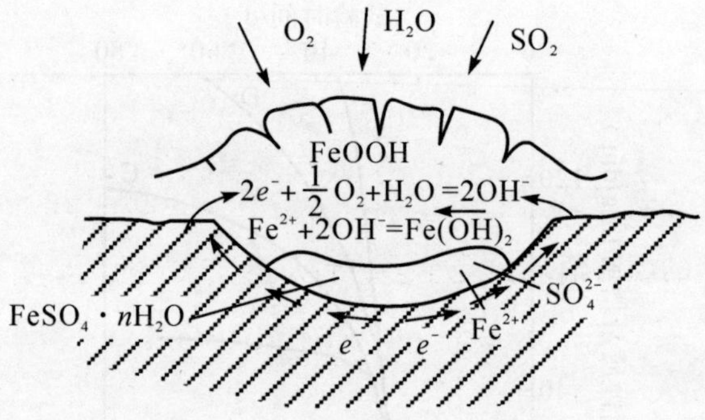

图 6-5　锈层内 $FeSO_4$ 生成机构

6.1.4　大气腐蚀的影响因素

大气腐蚀的影响因素很多，主要有湿度、温度和大气成分等。下面分别予以讨论。

1.湿度对大气腐蚀的影响

当金属处在比其温度高的空气中，空气中含有的水蒸气将以液体形式凝结于金属表面上，这种现象称为结露。金属表面能否结露与空气湿度有关。空气湿度越大，越容易结露，腐蚀速度增大。湿度是决定大气腐蚀类型和速度的一个重要因素。每种金属都存在一个腐蚀速度开始急剧增加的湿度范围，人们把大气腐蚀速度开始剧增时的大气相对湿度值称为临界湿度。对于铁、钢、铜、锌，临界湿度在 70%~80% 之间。由图 6-6 可见，湿度小于临界湿度时，腐蚀速度很慢，几乎不被腐蚀。由此可见，若能把湿度降至临界湿度以下，可防止金属发生大气腐蚀。

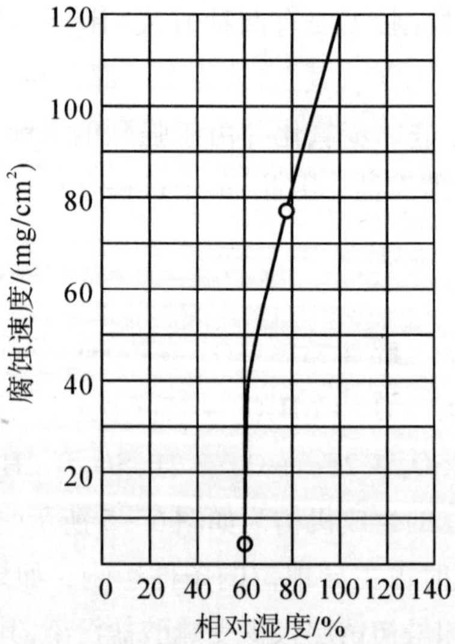

图 6-6　铁在质量分数为 0.01% 的 SO_2 的空气中经 55d 后的增重与相对湿度的关系

2.温度对大气腐蚀的影响

空气中水分在金属表面的结露除与空气湿度有关外，还受温度的影响。在其他条件相同时，平均气温高的地区，大气腐蚀速度较快。温差大也有利于结露，加快大气腐蚀速度。

3.大气成分对大气腐蚀的影响

大气组成除基本组成外，由于地理环境不同，常含有 SO_2、H_2S、NaCl 及尘埃等杂质。这些大气污染物质，不同程度地加速腐蚀。其中特别有害的是 SO_2。煤、石油燃烧的废气中都含有大量 SO_2，由于冬季的燃料消耗比夏季多，所以冬季 SO_2 的污染更严重，对腐蚀的影响也就更大。例如铁、锌等金属在 SO_2 大气中生成易溶的硫酸盐化合物，它们的腐蚀速度和大气中的 SO_2 含量呈直线关系上升。SO_2 促进金属大气腐蚀的机理主要有两种看法：一是认为排放出的 SO_2 有一部分在高空中直接氧化成 SO_3，溶于水后生成 H_2SO_4。二是认为有一部分 SO_2 吸附现在金属表面，与铁作用生成 $FeSO_4$。

在海洋大气中含有不少微小的海水滴，所以海洋大气中含有较多的微小的 NaCl 颗粒，若这些 NaCl 颗粒落在金属的表面上，它有吸湿作用，且增大了表面液膜层的电导，氯离子本身有很强的侵蚀性，因而使腐蚀变得更严重。

大气中固体颗粒杂质通常称为尘埃。它的组成十分复杂，除海盐粒外，还有碳和碳化物、硅酸盐、氮化物、铵盐等固体颗粒。城市大气中尘埃的含量约 $2mg/m^3$，而工业大气中的尘埃甚至可达 1 000 mg/m^3 以上。

尘埃对大气腐蚀的影响有三种方式：①尘埃本身具有腐蚀性，如铵盐颗粒能溶入金属表面的水膜，提高电导或酸度，促进了腐蚀。②尘埃本身无腐蚀作用，但能吸附腐蚀物质，如碳粒能吸附 SO_2 和水气生成腐蚀性的酸性溶液。③尘埃沉积在金属表面形成缝隙而凝聚水分，形成氧浓差的局部腐蚀条件。所以，露置在大气环境中的金属构件和仪器设备也应当防尘。

从以上分析可以看出，大气腐蚀的影响因素是错综复杂的，因而金属材料在环境中的腐蚀行为只能通过长期试验来确定。

6.1.5 防止大气腐蚀的措施

(1)提高金属材料的耐蚀性。在碳钢中加入 Cu、P、Cr、Ni 及稀土元素可提高其耐大气腐蚀性能。例如，美国的 Cor－Ten 钢(Cu－P－Cr－Ni 系低合金钢)，其耐大气腐蚀性能为碳钢的 4~8 倍。

(2)采用有机和无机涂层及金属镀层。

(3)采用气相缓蚀剂。

(4)降低大气湿度。主要用于仓储金属制品的保护。

另外，合理设计构件，防止缝隙中存水，去除金属表面上的灰尘等都有利于防蚀。尤其要开展环境保护，减少大气污染，这不仅有利于人民健康，而且对延长金属材料在大气中的使用寿命也是相当重要的。

6.2 土壤腐蚀

土壤是由土粒、水溶液、气体、有机物、带电胶粒和黏液胶体等多种组分构成的极为复杂的不均匀多相体系。不同土壤的腐蚀性差别很大。由于土壤的组成和性能的不均匀，极易构成氧浓差电池腐蚀,使地下金属设施遭受严重局部腐蚀。埋在地下的油、气、水管线以及电缆等因穿孔而漏油、漏气或漏水,或使电信设备发生故障。而这些往往很难检修,给生产带来很大的损失和危害。

土壤腐蚀是一种很重要的腐蚀形式。对于先进国家来说,地下的油、气、水管线长达数百万公里以上,每年因腐蚀损坏而替换的各种管子费用就有几亿美元之多。随着石油工业的发展,研究土壤腐蚀规律,寻找有效的防蚀途径具有很重要的实际意义。

6.2.1 土壤腐蚀的电化学特征

1.土壤的电解质特性

(1)土壤的多相性。土壤是由土粒、水、空气和有机物等多种组分构成的复杂的多相体系。实际的土壤一般是这几种不同组分按一定比例组合在一起的。

(2)土壤的多空性和导电性。由于在土壤中的水分能以各种形式存在,土壤中总是或多或少地存在一定的水分,因此土壤有导电性。土壤也是一种电解质。土壤的孔隙及含水的程度又影响着土壤的透气性和电导率的大小。

(3)土壤的不均匀性。土壤中的氧气,有的溶解在水中,有的存在于土壤的缝隙中。土壤中氧浓度与土壤的湿度和结构都有密切关系,氧含量在干燥砂土中最高,在潮湿的砂土中次之,而在潮湿密实的黏土中最少。这种充气不均匀性正是造成氧浓差电池腐蚀的原因。

(4)土壤的酸碱性。大多数土壤是中性的,pH 值在 6.0 ~ 7.5 之间。有的土壤是碱性的,如我国西北的盐碱土,pH 值为 7.5 ~ 9.0。也有一些土壤是酸性的,如腐殖土和沼泽土 pH 值为 3 ~ 6。一般认为,pH 值越低,土壤的腐蚀性越大。

2.土壤腐蚀的电化学过程

大多数金属在土壤中的腐蚀都属于氧去极化腐蚀。金属在土壤中的腐蚀与在电解液中的腐蚀本质是一样的。以 Fe 为例:

(1)阳极过程:

$$Fe + nH_2O \rightarrow Fe^{2+} \cdot nH_2O + 2e^- \qquad (6-9)$$

根据金属在潮湿、透气不良的土壤中的阳极极化行为,可把金属分成四类:

①阳极溶解时没有显著阳极极化的金属,如镁、锌、铝、锰、锡等。②阳极溶解的极化率较低,并决定于金属离子化反应的过电位。如铁、碳钢、铜、铅。③因阳极钝化而具有高的起始极化率的金属。在更高的阳极电位下,阳极钝化又因土壤中有氯离子而受到破坏。这些金属是铬、锆、不锈钢。④在土壤条件下不发生阳极溶解的金属,如钛、钽。

(2)阴极过程:反应速度主要受金属离子化过程的难易程度控制。在 pH 值低的土壤中,OH^- 很少。由于不能生成 $Fe(OH)_2$,使 Fe^{2+} 离子浓度在阳极区增大。在中性和碱性土壤中生成的 $Fe(OH)_2$ 溶解度很小,沉淀在钢铁表面上,对阳极溶解有一定的阻滞作用。土壤中如含有碳酸盐,也可能在阳极表面生成不溶性沉积物,起保护膜的作用。土壤中氯离子和硫酸根离子能与 Fe^{2+} 离子生成可溶性的盐,因而加速阳极溶解。

阴极过程：

$$\frac{1}{2}O_2 + H_2O + 2e^- \rightarrow 2OH^- \qquad (6-10)$$

在弱酸性、中性和碱性土壤中，阴极反应主要是氧的去极化作用。由于土壤中的水溶解氧是有限的，对土壤腐蚀起主要作用的是缝隙和毛细管中的氧。土壤中的传递过程比较复杂，进行得也比较慢。在潮湿的黏性土壤中，由于渗水能力和透气性差，氧的传递是相当困难的，使阴极过程受阻。当土壤水分的 pH 值大于 5 时，腐蚀产物能形成保护层，腐蚀受到抑制。

土壤条件下氧的去极化过程可分为两个基本步骤：氧的输向阴极和氧离子化的阴极反应。氧的输向阴极通过以下两种方式实现：①土壤中气相或液相的定向流动。定向流动的程度取决于土壤表面层温度的变化、大气压力变化、土壤湿度变化及地下水位变化等因素。②氧在土壤的气相和液相中的扩散。氧的扩散速度取决于土层厚度、土层结构和湿度。

(3)土壤腐蚀的控制特征：①对大多数土壤来说，当腐蚀决定于腐蚀微电池的作用时，腐蚀受阴极过程控制。②在疏松干燥的土壤中，腐蚀受阳极过程控制。③由长距离宏电池作用下的土壤腐蚀，如地下管道经过透气性不同的土壤形成氧浓差腐蚀电池时，土壤的电阻成为主要的腐蚀控制因素，其控制特征是阴极－电阻混合控制或电阻控制占优势。

3.土壤中的腐蚀电池

(1)长距离腐蚀宏电池。这类宏电池发生于埋设于地下的长距离金属构件（如管线）上。土壤中氧的渗透性不同而造成的氧浓差电池如图 6－7 所示。那么埋在密实、潮湿的土壤中的钢就倾向于作为阳极而受腐蚀。其中一种土壤如含有硫化物、有机酸或工业污水，因土壤性质的变化形成宏观腐蚀电池。

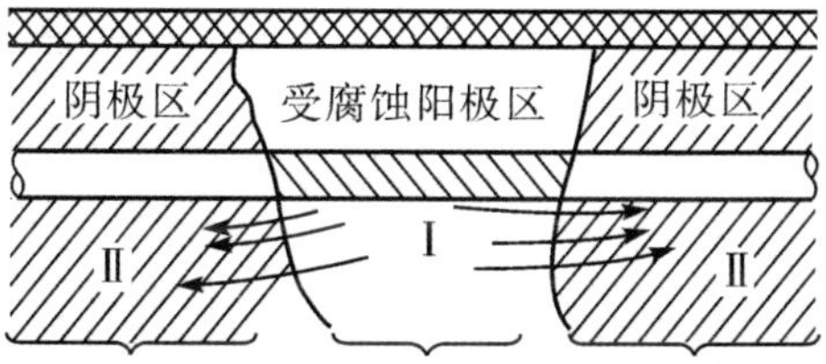

Ⅰ-黏土；Ⅱ-砂土

图 6－7　管道在结构不同的土壤中所形成的氧浓差电池

(2)因土壤的局部不均匀性引起的腐蚀宏电池。土壤中石块夹杂物等的透气性差，则成为腐蚀宏电池的阳极，与土壤本体区域接触的金属成为阴极。所以在埋设地下金属构件时，回填土壤的密度要均匀，尽量不带夹杂物。

(3)因埋设深度不同及边缘效应引起的腐蚀宏电池。金属构件因埋设深度不同形成氧浓差电池，离地面更深的地方有更严重的腐蚀。甚至在管径较大的水平管道上也能看到管道下部比上部腐蚀更严重。由于氧更容易到达电极的边缘（边缘效应），在同一平面的金属构件的边缘就成为阴极，比成为阳极的构件中央部分腐蚀轻得多。

(4)金属所处状态的差异引起的腐蚀宏电池。由于土壤中异种金属接触、温差、应力及金属表面状态的不同，也能形成腐蚀电池，造成局部腐蚀。图6－8所示为新旧管道连接埋于土壤中形成腐蚀电池的一例。

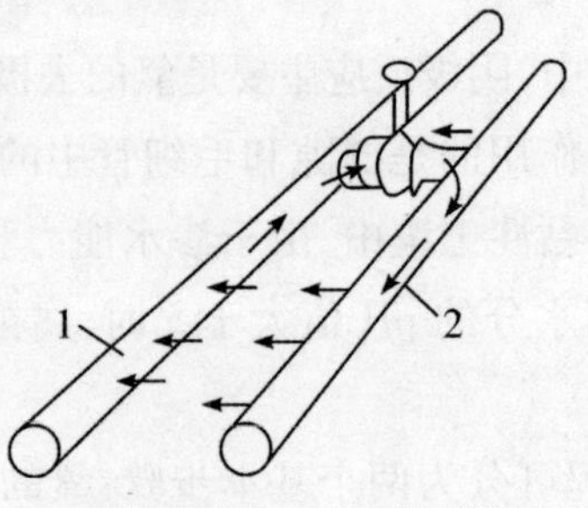

1－旧管（阴极）；2－新管（阳极）

图6－8　土壤中新旧管道连接形成的腐蚀电池

6.2.2　土壤腐蚀的形式

1.充气不均匀引起的腐蚀

这种腐蚀主要指地下管线穿过不同的地质结构及潮湿程度不同的土壤带时，由于氧的浓度差别引起的宏观电池腐蚀。

2.杂散电流引起的腐蚀

杂散电流是一种漏电现象。其主要来源是应用直流电的大功率电气装置，如电气化铁路，电解及电镀、电焊机等装置，由于绝缘不好产生的杂散电流引起宏观电池的腐蚀。图6－9为杂散电流腐蚀示意图。

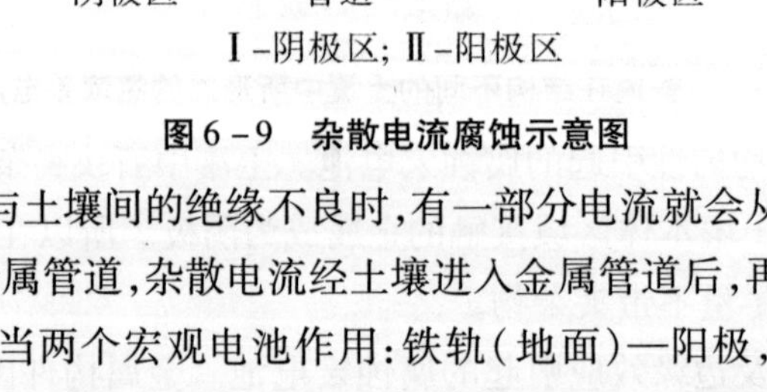

Ⅰ－阴极区；Ⅱ－阳极区

图6－9　杂散电流腐蚀示意图

如图所示，当铁轨与土壤间的绝缘不良时，有一部分电流就会从铁轨漏失到土壤中。如果在铁轨附近埋设有金属管道，杂散电流经土壤进入金属管道后，再经土壤及轨道返回到电源。在这种情况下，相当两个宏观电池作用：铁轨（地面）—阳极，土壤—电解质，管道（地下）—阴极；管道（地下）—阳极，土壤—电解质，铁轨（地面）—阴极。第一种电池会引起地面上铁轨腐蚀，发现这种腐蚀更新铁轨并不困难。而第二种电池引起的地下管线腐蚀就很难发现，修复也麻烦。

3.微生物引起的腐蚀

对腐蚀有作用的细菌并不多，其中最重要的是硫酸杆菌和硫酸盐还原菌（厌氧菌）。这两种细菌能将土壤中硫酸盐还原产生 S^{2-}，其中仅小部分消耗在微生物自身的新陈代谢上，大部分可作为阴极去极化剂，促进腐蚀反应。

土壤的 pH 值在 4.5 ~ 9.0 时，最适宜硫酸盐还原菌生长，pH 值在 3.5 以下或 11 以上时，这种菌的活动及生长就很难了。

6.2.3 土壤腐蚀的影响因素

1. 土壤性质对土壤腐蚀的影响

（1）土壤孔隙度的影响。

较大的孔隙度有利于氧渗透和水分保存，而它们都是腐蚀初始发生的促进因素。透气性良好似应加快腐蚀，但透气性良好有利于保护膜的形成，又可降低腐蚀速度。所以，孔隙度（透气性）大小对腐蚀速度的影响是双重的，可能加快或降低腐蚀速度，需要具体分析。一般的观察结果是透气性差的土壤，金属腐蚀更严重。

（2）土壤含水量的影响。

土壤含水量较低时，随含水量增加腐蚀速度加快，直到含水量为 70%～90% 时出现最大值，土壤含水量接近饱和时，腐蚀速度降低。

（3）土壤电阻率的影响。

土壤电阻率与土壤的孔隙度、含水量、含盐量等有关。一般认为，土壤电阻率越小，土壤腐蚀越严重（表 6－3）。

表 6－3 土壤电阻率与土壤腐蚀的关系

土壤电阻率/（Ω·cm）	0 ~ 500	500 ~ 2 000	2 000 ~ 10 000	>10 000
土壤腐蚀性	很高	高	中等	低
钢的平均腐蚀速度/（mm·a）	1 >	0.2 ~ 1	0.05 ~ 0.2	<0.05

（4）土壤酸度的影响。

大部分土壤属中性（pH 值处于 6 ~ 8），但也有酸性土壤（pH 值为 3 ~ 6）和碱性土壤（pH 值为8 ~ 10），随着土壤酸度的增高，土壤腐蚀性增大。

（5）土壤含盐量的影响。

通常土壤中含盐量为 $(80 \sim 1\ 500) \times 10^{-6}$，土壤电解质中的阳离子一般是 K^+、Na^+、Mg^{2+}、Ca^{2+} 等，阴离子为 Cl^-、CO_3^{2-}、SO_4^{2-}，土壤中含盐量增大，土壤电导率增加，土壤腐蚀性增大。尤其是 Cl^- 对腐蚀有促进作用，而 Mg^{2+}、Ca^{2+} 在非酸性土壤中形成难溶盐对金属有保护作用。

2.杂散电流对土壤腐蚀的影响

不少情况下，杂散电流导致地下金属设施严重腐蚀。当杂散电流流过土壤中的管道或电缆时，在电流离开管线进入大地处的阳极就会受到腐蚀。

杂散电流是指有原定的正常电路漏失而流入它处的电流，其主要来源是应用直流大功率电气装置（如电气化铁路、电解槽、电镀槽、电焊机、电化学保护装置等），如图 6－10 所示。

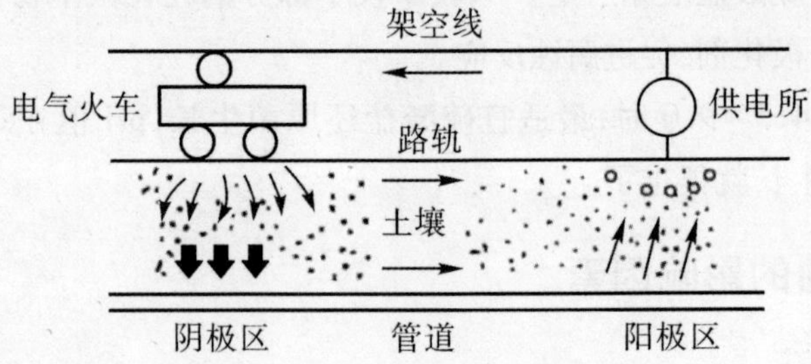

图 6－10　土壤中的杂散电流腐蚀

正常情况下，电流自电源的正极通过电力机车的架空线再沿铁轨回到电源负极，但当铁轨与土壤间的绝缘不良时，有部分电流就会从铁轨漏失到土壤中。如果在这附近埋设有金属管道等构件，杂散电流便从金属管道通过，再流经土壤及铁轨回到电源。这种情况下，相当于产生了两个串联电解池：

铁轨（阳极）|土壤|管线（阴极）

管线（阳极）|土壤|铁轨（阴极）

第一个电池会引起铁轨腐蚀；第二个电池会引起管线腐蚀，且不易发现和修复。这种因杂散电流引起的腐蚀成为杂散电流腐蚀。

通过测量土壤中金属体的电位来检测杂散电流的影响。如果金属体的电位高于自然电位，就可能有杂散电流通过。防止杂散电流腐蚀有排流法、绝缘法和牺牲阳极法。

3.微生物对土壤腐蚀的影响

在缺氧的条件下，如密实、潮湿的黏土深处，有利于微生物生长，常常发现硫酸盐还原菌的活动而引起的腐蚀。测定土壤的氧化还原电位有助于判断土壤中细菌腐蚀发生的倾向。

6.2.4　土壤腐蚀的评价

测定土壤腐蚀性的试验方法有电阻率法、极化曲线法和氧化还原电位法。表 6－4 是根据土壤的氧化还原电位来判断土壤腐蚀性的标准。此外，美国综合土壤的电阻率、H、氧化还原电位、硫化物和湿度对土壤腐蚀性进行评分。

表 6－4　根据土壤的氧化还原电位来判断土壤腐蚀性的标准

氧化还原电位/mV	土壤腐蚀性
<100	高
100～200	中
200～400	低
>400	无

6.2.5 防止土壤腐蚀的措施

防止土壤腐蚀的措施主要有:

(1)采用覆盖层技术:如聚乙烯塑胶带防腐层、泡沫塑料防腐层、煤焦油沥青防腐层、环氧沥青防腐层、玻纤覆盖层、石棉覆盖层、涂料或镀锌层等。

(2)采用阴极保护:最好是阴极保护与覆盖层技术结合效果更好,阴极保护电位维持在 -0.85V,如果有硫酸盐还原菌,阴极保护电位维持在 -0.95V。

(3)改变土壤环境:如在酸性土壤中加入石灰石碎块,可以减小土壤腐蚀性;在金属构件附近移入腐蚀性小的土壤及加强排水以降低水位也可减小土壤腐蚀性。

6.3 海水腐蚀

海洋约占地球表面积的70%,海水是自然界中数量最大且具有腐蚀性的天然电解质。我国的海岸线长达18 000km,海域广阔。我国沿海地区的工厂常用海水作为冷却介质,冷却器的铸铁管在海水作用下,一般只能使用3~4年,海水泵的铸铁叶轮只能使用3个月左右,碳钢冷却箱的内壁腐蚀速度可达1mm/a以上。近年来海洋开发受到重视,各种海上运输工具、各种类型的舰船,海上采油平台,开采和水下输送及储存设备等金属构件受到海水和海洋大气腐蚀的威胁愈来愈严重,所以研究海洋环境中金属的腐蚀及其防护在国民经济中具有重要意义。

6.3.1 海水腐蚀的特点

1.海水中的盐类及导电率

海水作为腐蚀性介质,其特点是含多种盐类,盐分中主要是 NaCl,一般常把海水近似地看作质量分数为3%或3.5%的 NaCl 溶液。实际海水中含盐量用盐度或氯度表示。盐度是指1 000g 海水中溶解固体盐类物质的总克数,一般海水的盐度在3.2%~3.75%之间,通常取3.5%为海水的盐度平均值。表6-5列举了海水中主要盐类含量。由表看出,海水中氯离子的含量很高,占总盐量的58.04%,使海水具有较大的腐蚀性。海水平均电导率为 $4\times10^{-2}S\cdot cm^{-1}$,远远超过河水和雨水的电导率。

表6-5 海水中主要盐类含量

成 分	100g 海水中盐的克数	占总盐量/%
NaCl	2.721 3	77.8
$MgCl_2$	0.380 7	10.9
$MgSO_4$	0.165 8	4.7
$CaSO_4$	0.126 0	3.6
K_2SO_4	0.086 3	2.5
$CaCO_3$	0.012 3	0.3
$MgBr_2$	0.007 6	0.2
合计	3.5	100

2.海水中的溶解氧

海水中溶解氧,是海水腐蚀的重要因素。正常情况下海水表面层被空气饱和,氧的浓度随水温一般在(5~10)×10^{-6}范围内变化。表6-6列出了氧在海水中的溶解度。由表看出盐的浓度和温度愈高,氧的溶解度愈小。

表6-6　氧在海水中的溶解度　单位:cm^3/L

温度/℃	盐的浓度(质量分数)/%					
	0.0	1.0	2.0	3.0	3.5	4.0
0	10.30	9.65	9.00	8.36	8.04	7.72
10	8.02	7.56	7.09	6.63	6.41	6.18
20	6.57	6.22	5.88	5.52	5.35	5.17
30	5.57	5.27	4.95	4.65	4.50	4.34

3.海水腐蚀的电化学特征

海水是典型的电解质溶液,因此电化学腐蚀的基本规律对于海水中金属的腐蚀是适用的。

(1)多数金属,除了特别活泼金属镁及其合金外,在海水中的腐蚀过程都是氧去极化过程,腐蚀速度由氧扩散过程控制。

(2)对于大多数金属(铁、钢、锌等),它们在海水中发生腐蚀时,其阳极过程的阻滞作用很小,主要是海水中Cl^-离子浓度高。因此在海水中用增加阳极阻滞方法来减轻海水腐蚀的可能性不大,只有添加合金元素钼,才能抑制Cl^-对钝化膜的破坏作用,改进材料在海水中的耐蚀性。

(3)海水的电导率很高,电阻性阻滞很小,所以对海水腐蚀来说,不只是微观电池的活性较大,宏观电池的活性也较大。因此在海水中,异种金属接触引起的电偶腐蚀有相当大的破坏作用。如舰船的青铜螺旋桨则可引起远达数十米处的钢船壳体的腐蚀。

(4)海水中金属易发生局部腐蚀破坏。如点蚀、缝隙腐蚀、湍流腐蚀和空泡腐蚀等。

6.3.2　海水腐蚀的影响因素

海水是天然的电解质,海水中几乎含有地球上所有化学元素的化合物,成分是很复杂的。除了含有大量盐类外,海水中溶解氧、海洋生物和腐烂的有机物,海水的温度、流速与pH值等都对海水腐蚀有很大的影响。

(1)盐类。海水中的盐类以NaCl为主。海水中盐的浓度与钢的腐蚀速度最大的盐浓度范围相近。当溶盐浓度超过一定值,由于氧的溶解度降低,使金属腐蚀速度下降。

(2)pH值。海水一般处于中性,pH值在7.2~8.6之间。海水中的pH值可因光合作用而稍有变化;在深海处pH值略有降低,不利于金属表面生成保护性的盐膜。

(3)溶解氧。海水中的溶解氧是海水腐蚀的重要因素。因为大多数金属在海水中的腐蚀受氧去极化作用控制。溶解氧含量还随海水深度不同而变化,海水表面与大气接触含氧

量高达 12×10^{-6}。自海平面至 −800 m 深处，含氧量逐渐减少并达到最低值，这是因为海洋动物要消耗氧气；从 −800 m 再降至 −1 000 m，溶氧量又开始上升，并接近海水表面的氧浓度，这是因为深海水温度较低、压力较高的缘故。

（4）温度。一般认为，海水温度每升高 10℃，化学反应速度提高约 10%，海水中金属的腐蚀速度将随之增加。但是，温度升高，氧在海水中的溶解度下降，每升高 10℃，氧的溶解度约降低 20%，使金属的腐蚀速度略有降低。此外，温度变化还与海洋生物有关。总之，海水温度与金属腐蚀速度之间的关系是相当复杂的。

（5）流速。许多金属发生腐蚀与海水流速有较大关系。尤其对铁、铜等常用金属存在一个临界流速，超过此流速时，金属腐蚀明显加快。但含钛和含钼的不锈钢，在高速海水中的抗蚀性能较好。表 6−7 列出了碳钢腐蚀速度与海水流速的关系。

表 6−7 碳钢腐蚀速度与海水流速的关系

海水流速/($m \cdot s^{-1}$)	0	1.0	3.0	4.5	6.0	7.5
腐蚀速度/($mg \cdot cm^{-2} \cdot d^{-1}$)	0.3	1.1	1.6	1.8	1.9	1.95

（6）海洋生物。海洋生物在船舶或海上构筑物表面附着形成缝隙，容易诱发缝隙腐蚀。另外，微生物的生理作用会产生氨、CO_2 和 H_2S 等腐蚀物质，如硫酸盐还原菌作用产生 S^{2-}，会加速金属腐蚀。

6.6.3 金属材料在海水中的耐蚀性

金属材料在海水中的耐蚀性差别很大，其中耐蚀性最好的是钛合金和 Ni−Cr 合金，而铸铁和碳钢耐蚀性较差。不锈钢的均匀腐蚀速度虽然很小，但在海水中易产生点蚀。常用金属材料的耐海水腐蚀性能见表 6−8。

表 6−8 常用金属材料的耐海水腐蚀性能

金属材料	全浸区腐蚀率/($mm \cdot a^{-1}$)		潮汐区腐蚀率/($mm \cdot a^{-1}$)		冲击腐蚀性能
	平　均	最　大	平　均	最　大	
低碳钢（无氧化皮）	0.12	0.4	0.3	0.5	劣
低碳钢（有氧化皮）	0.09	0.9	0.2	1	劣
普通铸铁	0.15	—	0.4	—	劣
铜（冷轧）	0.04	0.08	0.02	0.18	不好
顿巴黄铜（ω(Zn) = 10%）	0.04	0.05	0.03	—	不好
黄铜（70Cu−30Zn）	0.05	—	—	—	满意
黄铜（22Zn−2Al−0.02As）	0.02	0.18	—	—	良好
黄铜（20Zn−2Al−0.02As）	0.04	—	—	—	满意
黄铜（60Cu−40Zn）	0.06	脱 Zn	0.02	脱 Zn	良好
青铜（ω(Sn) = 5%，ω(Pb) = 10%）	0.03	0.1	—	—	良好
铝青铜（ω(Al) = 7%，ω(Si) = 2%）	0.03	0.08	0.01	0.05	良好

表6-8(续)

金属材料	全浸区腐蚀率/(mm·a^{-1})		潮汐区腐蚀率/(mm·a^{-1})		冲击腐蚀性能
	平均	最大	平均	最大	
铜镍合金 70Cu-30Ni	0.008	0.03	0.05	0.3	ω(Fe)=0.15%,良好
	0.008	0.03	0.05	0.3	ω(Fe)=0.45%,优秀
镍	0.02	0.1	0.4	—	良好
蒙乃尔(65Ni-31Cu-4(Fe+Mn))	0.03	0.2	0.5	0.25	良好
因科镍尔合金(80Ni-13Cr)	0.05	0.1	—	—	良好
哈氏合金(53Ni-19Mo-17Cr)	0.001	0.001	—	—	优秀
Cr13	—	0.28	—	—	满意
Cr17	—	0.2	—	—	满意
Cr18-Ni9	—	0.18	—	—	良好
Cr28-Ni20	—	0.02	—	—	良好
Zn(ω(Zn)=99.5%)	0.028	0.03	—	—	良好
20Ti	0	0	0	0	优秀

6.3.4 防止海水腐蚀的措施

防止海水腐蚀的措施主要有:

(1)合理选用金属材料。钛、镍、铜合金具有良好的耐海水腐蚀性,但价格较贵,主要用于关键部位,一般部位主要还是使用钢材,但在设计和选材时要注意防止电偶腐蚀。一般认为,两种金属的电位差小于 50 mV 可防止电偶腐蚀。

(2)阴极保护。强制电流阴极保护和牺牲阳极保护都适合防止海水腐蚀,强制电流法便于调节,牺牲阳极法比较简便,常用的牺牲阳极有锌合金、镁合金、铝合金。

(3)防护层技术。热喷涂层、合金镀层、有机涂层(如环氧漆、氯化橡胶漆、乙烯漆等)、无机涂层都对防止海水腐蚀有效,对于腐蚀严重的潮汐区和飞溅区的某些固定的钢结构可以使用 Monel 耐蚀合金包覆。

6.4 微生物腐蚀

微生物腐蚀是指在微生物生命活动参与下所发生的腐蚀。微生物腐蚀相当普遍,凡是与水、土壤、潮湿空气接触的金属设施都有可能遭受微生物腐蚀,如油田水气系统、深水泵、循环冷却系统、海上采油平台、飞机燃油箱等都曾发生过微生物腐蚀。

6.4.1 微生物腐蚀的特征

微生物的生长繁殖需要适宜的环境条件(温度、湿度、酸度、氧含量、营养源等)。微生物腐蚀是微生物生命活动的结果直接或间接参与了腐蚀过程,并非微生物直接食取金属。微生物腐蚀往往是多种微生物共生、交互作用的结果，其参与腐蚀过程的方式包括：①新陈代谢产物（如酸、硫化物、氨等）的腐蚀作用。②硫酸盐还原菌促进阴极去极化过程。③改变了金属周围环境（氧浓度、酸度、盐度等）而形成氧浓差等局部腐蚀电池。④破坏保护性覆盖层或缓蚀剂的稳定性。

6.4.2 与腐蚀有关的主要微生物及其作用机理

参与腐蚀的主要微生物有：硫酸盐还原菌、硫氧化菌、铁细菌和霉菌等。细菌可分为厌氧性细菌和嗜氧性细菌，厌氧性细菌要在缺氧条件下才能生长繁殖，如硫酸盐还原菌；嗜氧性细菌需在有氧的条件下才能生长繁殖，如硫氧化菌、铁细菌。它们的特性列于表6-9。

表6-9 与腐蚀有关的主要微生物的特性

类型	对氧的需要	被还原或氧化的土壤组分	最终产物	生存环境	活动的范围	温度范围/℃
硫酸盐还原菌	厌氧	硫酸盐，硫代硫酸盐，亚硫酸盐，连二硫酸盐，硫	硫化氢	水，污泥，油井，土壤，沉积物，混凝土	5~9	25~65
硫氧化菌	嗜氧	硫，硫化物，硫代硫酸盐	硫酸	含有硫及磷酸盐的施肥土壤，氧化不完全的硫化物土壤，污水，海水	0.5~6.0	18~37
铁细菌	嗜氧	碳酸亚铁，碳酸氢亚铁	氢氧化铁	含铁盐和有机物的静水和流水	7~9	5~40

1.硫酸盐还原菌

硫酸盐还原菌所造成的腐蚀常呈点蚀等局部腐蚀，腐蚀产物通常是黑色带难闻气味的硫化物。硫酸盐还原菌所具有的氢化酶能移去阴极区氢原子，促进腐蚀过程中的阴极去极化反应。腐蚀作用机理如图6-11所示。

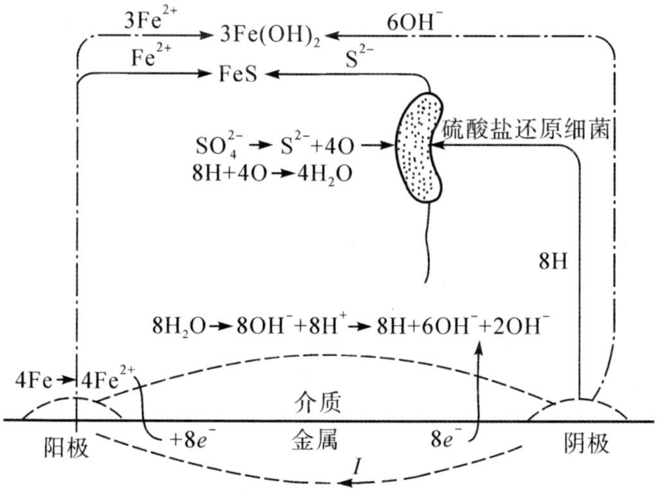

图6-11 硫酸盐还原菌腐蚀机理

阳极反应： $Fe \rightarrow Fe^{2+} + 2e$

阴极反应： $2H^{+} + 2e \rightarrow H_2$

细菌引起的阴极去极化： $SO_4^{2-} + 8H \rightarrow S^{2-} + 4H_2O$

$$Fe^{2+} + S^{2-} \rightarrow FeS\text{（腐蚀产物）}$$

$$3Fe^{2+} + 6OH^{-} \rightarrow 3Fe(OH)_2\text{（腐蚀产物）}$$

整个腐蚀反应： $4Fe + SO_4^{2-} + 4H_2O \rightarrow FeS + 3Fe(OH)_2 + 2OH^{-}$

硫酸盐还原菌的参与能极大地提高钢铁腐蚀的速度。

2.硫氧化菌

硫氧化菌能将硫、硫化物氧化成硫酸，促进金属的腐蚀。

$$2S + 3O_2 + 2H_2O \rightarrow 2H_2SO_4$$

在酸性土壤及含黄铁矿的矿区土壤中，由于这种菌形成了大量的酸性矿水，使矿山机械设备发生剧烈腐蚀。

3.铁细菌

铁细菌分布广泛，形态多样，有杆、球、丝等形状。铁细菌能使二价铁氧化成三价铁，并沉积于菌体内外：

$$2Fe(OH)_2 + H_2O + \frac{1}{2}O_2 \rightarrow 2Fe(OH)_3 \downarrow$$

从而促进了铁的阳极溶解过程，三价铁离子可将硫化物氧化成硫酸，加速钢铁的腐蚀。

6.4.3 防止微生物腐蚀的措施

防止微生物腐蚀的措施主要有：

（1）使用杀菌剂或抑菌剂。铁细菌可通氯杀灭，铬酸盐可抑制硫酸盐还原菌，硫酸抑制藻类生长。处理生物污泥可联合使用杀菌剂、剥离剂和缓蚀剂。

（2）改变环境条件抑制微生物生长。控制环境因素，如减少细菌的有机物营养源，提高pH值（pH值 >9）及温度（>50℃），可有效地抑制微生物生长。工业用水装置的曝气处理及排泄土壤积水等改善环境通气条件的措施，可减少硫酸盐还原菌腐蚀。

（3）覆盖防护层。地下管网常用煤焦油沥青涂层，还可以采用镀锌、镀铬、衬水泥及涂环氧树脂漆等措施。聚乙烯涂层、呋喃树脂层对防止微生物腐蚀有效。

（4）阴极保护。阴极保护与涂层保护结合，可有效防止微生物腐蚀，保护电位控制在 -0.95V。

6.5 工业介质的腐蚀

在石油、矿业、核动力工业、化纤及其他许多工业部门的生产环境及生产过程中都与有机、无机酸，碱及盐介质有关。这些介质对金属设备腐蚀作用不同，因此了解其对金属的腐蚀规律，对延长设备使用寿命，保证正常及安全生产至关重要。

6.5.1 金属在酸溶液中的腐蚀

酸是一类能在水溶液中电离，形成 H_3O^+ 离子化合物的总称。一般用 H^+ 代表 H_3O^+。氧化性酸与非氧化性酸对金属的腐蚀情况大不相同。在腐蚀过程中，非氧化性酸的特点是腐蚀的阴极过程基本上是氢去极化过程，增加溶液酸度相应地会增加阴极反应，并使金属腐蚀速度增加。氧化性酸的特点是阴极过程主要是氧化剂的还原过程引起金属腐蚀（如硝酸根还原成亚硝酸根）。但是当氧化性酸浓度超过某一临界值时，促使钝化型金属进入钝态，而抑制了腐蚀。因此酸溶液的腐蚀性一方面与酸的强弱，即氢离子的浓度有关，同时也与酸的阴离子的氧化能力有关。

1.金属在无机酸溶液中的腐蚀

工业上使用最多的无机酸有硫酸、硝酸、盐酸和磷酸。它们引起设备的腐蚀破坏和造成的经济损失相当严重。

1）金属在硫酸中的腐蚀。

纯净的硫酸是无色、无味、黏滞状的液体。市售硫酸为浓度98%的硫酸。

高浓度的 H_2SO_4 是一种强氧化剂，它能使具有钝化能力的金属进入钝态，因而可钝化金属在浓硫酸中的腐蚀很低；低浓度的 H_2SO_4 则没有氧化能力，其腐蚀性很强。硫酸的腐蚀性最主要取决于温度和浓度，氧化剂、流速等也能影响硫酸对各种材料的腐蚀性。

（1）腐蚀速度与硫酸浓度的关系。工业上耐硫酸的材料一般采用价廉的碳钢和铅及铅合金，图6－12、图6－13分别显示出铁、铅的腐蚀速度与硫酸质量分数的关系。

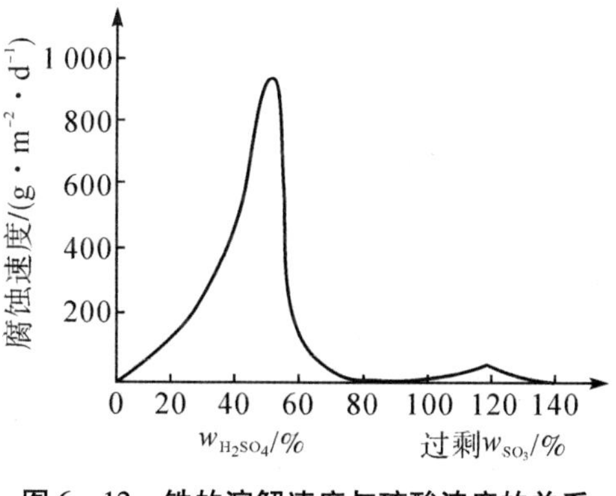

图6－12 铁的溶解速度与硫酸浓度的关系

由图6－12可看出，硫酸质量分数低于50%时，碳钢的腐蚀速度随浓度增加腐蚀速度急剧增加，当质量分数超过50%时，随浓度增加，腐蚀急剧下降，当质量分数超过70%时，碳钢几乎不腐蚀。这是由于钢表面生成硫酸盐（$FeSO_4$）保护膜。因此制造质量分数超过70%的浓硫酸的储罐与运输管线可用钢铁材料。当质量分数超过101%（中温发烟 H_2SO_4）时，应注意两个问题：一是浓 H_2SO_4 是一种强吸水剂。二是硫酸盐保护膜（$FeSO_4$）易受破坏。当硫酸质量分数低于70%时，应采用铅制的设备，因为铅表面可以生成$PbSO_4$的保护膜。在硫酸环境中，钢和铅具有互补性。

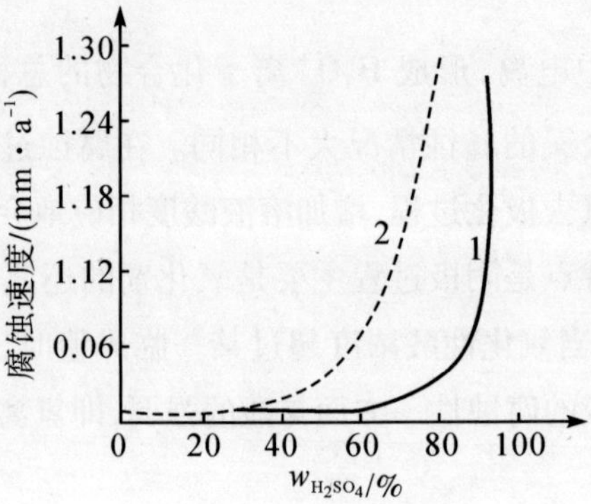

1－50℃；2－沸腾

图6－13　铅的腐蚀速度与硫酸浓度的关系

(2)流速对腐蚀影响。表6－10示出了输送H_2SO_4时浓度与流动速度对钢管寿命的影响。数据表明，随浓度增加，流速增大，钢管寿命降低，可见输送硫酸时，不宜采用高的流动速度。

表6－10　硫酸输送管的寿命与硫酸浓度的关系

硫酸质量分数/%	流速/($m \cdot s^{-1}$)	寿命/a
93	0.1	10
98	0.3	15
93	1.1	5
93	1.7	5~8
93	2.0	3~5
98	2.0	1.5
99	3.6	1

2)金属在盐酸中的腐蚀。

盐酸是强酸，除银、钛等少数金属外，大多数金属或合金在盐酸中都不能生成难溶的金属盐膜。盐酸中的氯离子具有极强的活性，除钛等少数钝性优异的金属外，金属表面的钝化膜在盐酸中都因受到氯离子的破坏而发生点蚀。

(1)盐酸浓度与腐蚀速度的关系。工业纯铁与碳钢的腐蚀速度随盐酸的浓度呈指数关系增加，如图6－14所示。显然，碳钢不能用于盐酸介质中。

(2)盐酸中溶氧或氧化剂对腐蚀的影响。盐酸中存在氧化剂时，铜、钼、镍基合金的腐蚀速度显著增加。当盐酸浓度高时，阴极为氢去极化，但当盐酸浓度低时，氧去极化占优势，腐蚀速度增加。

(3)钝态金属在盐酸中的腐蚀。对于可用电化学方法或化学方法钝化处理的金属材料来说，在盐酸中它们的钝态区很窄或完全不存在钝态区。基于上述原因，耐盐酸腐蚀的金属材料仅限于具有极强钝化性能的特殊金属及合金，如 Ta、Zr 及 Ti－Mo 合金等。

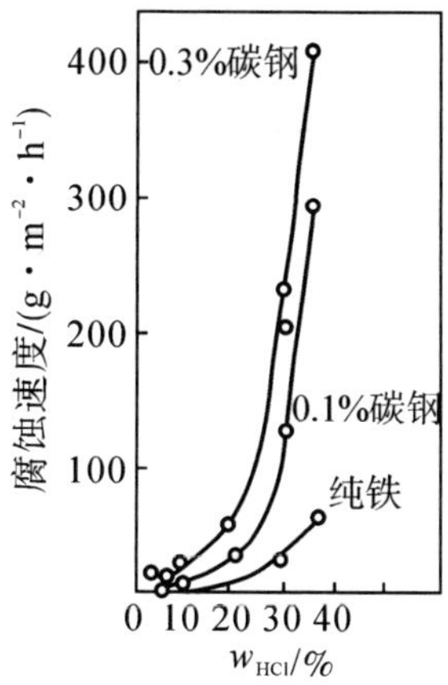

图6－14 钝铁及碳钢腐蚀速度与盐酸浓度的关系

（4）盐酸腐蚀的材料。

①Ti—Mo 合金。耐蚀钛合金的研制是为了改善纯钛在强还原介质中的耐蚀性。W. L. Finlay 发现 Ti－Mo 合金对强还原性硫酸、盐酸具有优异的耐蚀性。Ti－30～40Mo 合金在沸腾的质量分数为20%的 HCl 中的腐蚀率为 10 mm/a，而工业纯钛只能用于室温质量分数为3%～10%的 HCl 中。迄今为止，Ti－30Mo、Ti－32Mo 是在还原性酸中最耐蚀的钛合金，该合金不含稀贵金属，因而受到广泛重视。表6－11 列出了一些钛合金在盐酸中的腐蚀率。

表6－11 某些钛合金在盐酸中的腐蚀率

单位：mm/a

合金	温度							
	室温		50℃		75℃		90～93℃	
	盐酸浓度（质量%）							
	10%	20%	10%	20%	10%	20%	10%	20%
Ti－32Mo	0.009	0.057	0.004	0.004	0.024	0.024	0.035	0.096
Ti－32Mo－2Nb	0.009	0.006	0.002	0.000	0.001	0.040	0.066	0.063
Ti－32Mo－5Nb	0.009	0.062	0.001	0.003	0.018	0.043	0.042	0.067
Ti－25Mo－15Nb	0.007	0.034	0.004	0.006	0.006	0.069	0.116	0.112
Ti－15Mo－0.2Pd	0.000	0.011	0.008	0.167	—	1.13	0.255	0.109
Ti－32 焊接	0.008	0.057	0.002	0.004	0.021	0.025	0.044	—
Ti	0.017	0.204	4.11	12.5	—	—	—	—
Ti－0.2Pd	0.000	0.000	0.015	6.67	0.008	—	1.04	—

②Ti－Ta 合金。钽不仅能提高 Ti 在还原性介质中的耐蚀性，而且能改善钛在氧化性介质中的耐蚀性。表6－12 列出了 Ti－Ta 合金在沸腾酸中的耐蚀性。

表 6－12　Ti－Ta 合金在沸腾酸中的耐蚀性

合金	腐蚀/(mm·a^{-1})				
	20% HCl	30% H_2SO_4	60% H_2SO_4	20% H_3PO_4	1% COOHCOOH
40Ta－60Ti	0.99	0.13	0.14	0.07	1.02
50Ta－50Ti	0.025	0.017	0.457	0.017	0.114
60Ta－40Ti	0.015	0	—	0	0.017
Ta	0	0.13	0.13～0.5	0.13	0

3)金属在硝酸中的腐蚀。

硝酸是一种氧化性的强酸。因此在硝酸中能钝化的金属(合金)适用于硝酸介质。Ag、Ni、Pb、Cu 一般不耐硝酸腐蚀。

几种金属(合金)在硝酸中的腐蚀特点如下:

(1)钢。碳钢在各种浓度硝酸中的腐蚀行为见图 6－15。由图可知,当硝酸质量分数低于 30% 时,碳钢的腐蚀速度随酸浓度增加而增加,当质量分数约在 30% 附近时腐蚀速度达到最大值。质量分数超过 30%,腐蚀速度迅速下降,当质量分数达到 50% 时,腐蚀速度最小,说明钢钝化了。当质量分数超过 80% 时,碳钢的腐蚀速度再次急剧增加,钢出现过钝化溶解。所以铁或钢适用于 HNO_3 浓度在 30%～80%(质量分数)范围内。

(2)不锈钢。不锈钢对硝酸表示出良好的耐蚀性。图 6－16 是不锈钢在硝酸中的腐蚀图。不锈钢是硝酸系统中大量使用的耐蚀材料,如硝铵、硝酸生产中大部分设备都是用不锈钢制造的。但在浓度超过 70%(质量分数)的热硝酸中易发生过钝化腐蚀。另外在某些条件下也会产生晶间腐蚀、点蚀及应力腐蚀。

图 6－15　低碳钢腐蚀速度与硝酸浓度的关系

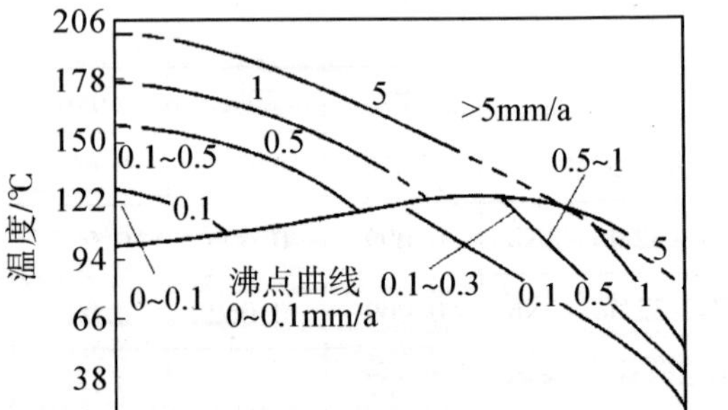

图 6－16　不锈钢在硝酸中的腐蚀图

(3)铝及其合金。铝及其合金对中等温度的发烟硝酸有良好的耐蚀性;硝酸浓度低于 85%(质量分数)时,即使在室温,铝的耐蚀性也不好。

(4)高硅铸铁。硅的质量分数大于 13% 的合金铸铁称为高硅耐酸铸铁。它对各种无机酸包括盐酸均有良好的耐蚀性。

4)金属在磷酸中的腐蚀。

磷酸的腐蚀性与硫酸相似,但比硫酸的腐蚀性小,比较容易处理。对纯磷酸而言,奥氏体不锈钢具有良好的耐蚀性,但工业磷酸有杂质。铅及其合金可耐80%以下的磷酸。铸铁、碳钢及马氏体不锈钢在磷酸中的耐蚀性不好。

2.金属在有机酸溶液中的腐蚀

有机酸中的甲酸、乙酸在工业中应用广泛,此外,还有乳酸、柠檬酸等。有机酸对金属的腐蚀比无机酸弱,因为有机酸的电离度很小。

(1)金属在甲酸中的腐蚀。甲酸又名蚁酸,腐蚀性强。普通钢和铝在所有浓度的甲酸中腐蚀都很快,一般不适用于甲酸。除黄铜外,铜及其合金在无氧化剂或有氧化剂存在的条件下,对高温度甚至沸点的各种浓度甲酸都是耐蚀的。304型、316型不锈钢对于室温下各种浓度的甲酸有极好的耐蚀性。表6-13列出了几种金属材料在有机酸中的腐蚀数据。

表6-13 几种金属(合金)在有机酸中的腐蚀数据

酸	浓度	温度/℃	铝①	铜和青铜	304型②	316型	20号合金	高硅铸铁
醋 酸	50%	24	●	●	○	●	●	●
醋 酸	50%	100	×	○	□	●	●	●
醋 酸	冰	24	●	●	●	●	●	●
醋 酸	冰	100	0	×	×	○	○	●
柠檬酸	50%	100	0	□	○	○	●	●
柠檬酸	50%	24	□	□	×	○	○	●
甲 酸	80%	100	0	○	○	●	●	●
甲 酸	80%	24	×	○	×	○	○	●
乳 酸	50%	24	0	○	○	●	●	●
乳 酸	50%	100	×	○	×	○	○	○
马来酸	50%	24	0	□	○	○	●	●
马来酸	50%	100	×	—	○	○	○	○
环烷酸	100%	24	0	○	●	●	●	—
马烷酸	100%	100	0	×	●	●	●	—
酒石酸	50%	24	0	□	●	●	●	●
酒石酸	50%	100	×	—	●	●	●	●
脂肪酸	100%	100	●	□	○	●	●	●

注:●表示不大于0.05m/a

○表示小于0.05~1mm/a

□表示0.05~1mm/a

×表示大于1mm/a

①对环烷酸和脂肪酸,含水量大于1%。②充气使腐蚀率大增。

表6－14 列出了 Ti－0.3Mo－0.8Ni(Ti－Codel2)合金以及 Ti－Pd 合金在沸腾的还原性有机酸中的耐蚀性。由表看出 Ti－Codel2 合金在质量分数为45%的沸腾甲酸中没有腐蚀，在质量分数为80%~95%的沸腾甲酸中年蚀率仅为0~0.558 8mm/a。可见，Ti－Codel2 合金耐甲酸腐蚀性能优于工业纯钛及304、316 型不锈钢。

表6－14　钛及钛合金在沸腾有机酸中的耐蚀性

介质(质量分数)	腐蚀率/$mm \cdot a^{-1}$		
	Ti	Ti－0.3Mo－0.8Ni	Ti－Pd
50%柠檬酸	0.355 6	0.012 7	0.011 54
10%柠檬酸	13.665 2	11.557 0	0.370 8
45%甲酸	10.998 2	—	—
80%~90%甲酸	2.108 2~3.657 6	0~0.558 8	0~0.055 9
90%甲酸(阳极化)	2.286 0	0.055 88	—
10%草酸	94.980 0	104.040 0	32.258 0

(2)金属在乙酸中的腐蚀。醋酸是重要的有机酸。常温下，乙酸对金属腐蚀不大，但随温度上升，腐蚀速度迅速增加。碳钢一般不用于乙酸介质中，它在乙酸中的腐蚀受溶解氧的影响很大。316 不锈钢、304 型不锈钢、高硅铸铁和哈氏合金 C 等对乙酸有良好的耐蚀性，因此广泛用作处理生产乙酸的设备。

6.5.2　金属在碱溶液中的腐蚀

在水溶液中生成 OH^- 离子的化合物统称为碱。根据它们离解出 OH^- 的能力又有强碱和弱碱之分。碱溶液一般比酸对金属的腐蚀性小，因为在碱液中金属表面生成难溶的氢氧化物或氧化物而起保护作用；在碱液中的电极电位比酸溶液中的电极电位负，与金属间的电位差小，腐蚀动力小。

1.碳钢在碱液中的腐蚀

(1)碳钢腐蚀速度与 pH 值的关系。在常温下，碳钢在碱中是十分稳定的，因此在制碱业中，最常用的材料是碳钢和铸铁。图6－17 表明铁的腐蚀速度与碱液 pH 值的关系，由图可看出，pH 值在5~10 之间碳钢的腐蚀速度几乎与 pH 值无关。这是由于腐蚀过程受阴极扩散过程控制，腐蚀速度相对较大。当 pH 值超过10 时，氧扩散极限电流密度超过临界电流密度时，铁由活化态进入钝态，腐蚀速度随 pH 值增加明显降低。pH 值达到14 时，铁几乎不腐蚀，这时铁完全钝化了。pH 值 >14 时，铁发生过钝化腐蚀，Fe 以 FeO_2^- 的形式溶解。另外，温度对碳钢在碱液中的腐蚀有显著的促进作用。

(2)碱脆。在热碱液中，受拉应力的碳钢会发生应力腐蚀断裂，即所谓的“碱脆”。碱脆与温度、碱的浓度有关。如锅炉碱脆，是由于锅炉使用经软化处理的水，在运行过程中，缝隙内浓缩出高浓度碱溶液所致。碳钢和低合金钢在氢氧化钠水溶液中产生的应力腐蚀破裂一般是晶间断裂型。

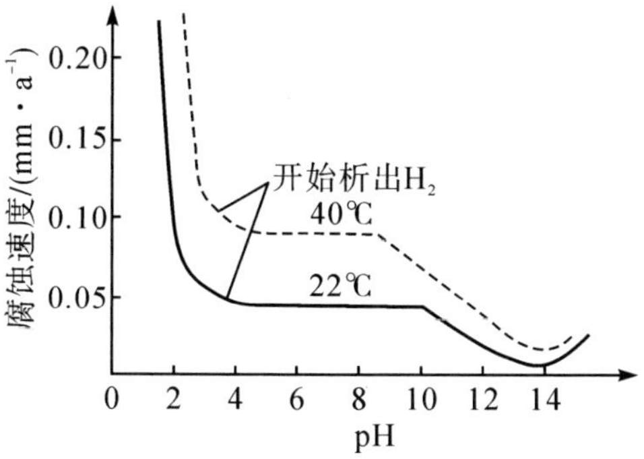

图6-17 铁的腐蚀速度与溶液pH值的关系(在酸性范围内添加HCl,在碱性范围添加NaOH)

最容易发生碱脆的温度是在溶液沸点附近。对NaOH质量分数为30%左右,碱脆温度约为60℃。研究表明碱脆易发生在活化和钝化的过渡区。

2.铸铁在碱液中的腐蚀

铸铁耐碱腐蚀。铸铁锅用来蒸发质量分数为73%的苛性碱,以制取无水苛性碱。铸铁中仅含质量分数为2%的Ni,就可提高耐碱蚀性能,其寿命一般有几年。

3.镍及其合金在碱液中的腐蚀

镍及其合金对于高温高浓度的碱耐蚀性很好,所以广泛用于制碱业。镍实际上适合各种浓度和温度的碱液,其耐蚀性一般与合金含镍量成正比。

4.两性金属在碱液中的腐蚀

铝、锌、锡等两性金属在碱溶液中不耐蚀。钛、钽、铌等在碱溶液中耐蚀性也不好。在热碱中,Ta的耐蚀性更差。

6.5.3 金属在盐类水溶液中的腐蚀

水溶液中的盐类对金属腐蚀过程的影响有以下四点:①使水溶液pH值发生变化。②使水溶液呈氧化或还原性。③使溶液电导率增加。④某些盐类的阴、阳离子对腐蚀过程起特殊作用。在实际中,多数盐类水溶液的影响都不是单一的,往往是几种因素的综合作用。

1.使溶液的pH值变化的盐

(1)显示酸性的强酸-弱碱盐。这类盐如$AlC1_3$、NH_4Cl、$MnCl_2$、$FeCl_3$、$FeSO_4$、NH_4NO_3等,以及酸式盐,如$NaHSO_4$、KNO_3,它们显示出与酸类相类似的腐蚀作用。其中$FeCl_3$、NH_4NO_3等具有氧化性的盐以及容易生成络合物的盐,它们对腐蚀有特殊的促进或抑制作用。如$FeCl_3$盐,Fe^{3+}参与阴极反应,加速腐蚀作用。

(2)弱酸-强碱盐。溶于水中显示碱性,用量适合时,能抑制铁等金属的腐蚀,如Na_3PO_4,$Na_2B_2O_7$,Na_2Si0_3,Na_2CO_3等。Na_3PO_4,Na_2Si0_3等能生成盐膜,具有很好的保护性。

(3)中性盐。显示中性的强酸-强碱盐和弱酸-弱碱的中性盐,只有电导率和溶解度方面的影响。

2.氧化性盐

一般可分成以下四类:①不含卤素的阴离子氧化剂。如 $NaNO_2$、Na_2CrO_4 等。②不含卤素的阳离子氧化剂。如 $Fe_2(SO_4)_3$、$CuSO_4$ 等。③含有卤素的阳离子氧化剂。如 $FeCl_3$、$CuCl_2$ 等。④含有卤素的阴离子氧化剂。如 $NaClO_3$ 等。

通常,对于以氧化性盐的还原反应作为阴极反应的腐蚀过程来说,盐浓度增加将促进腐蚀。但是,当盐浓度超过某一临界值后,钝化型金属钝化抑制了腐蚀。对于阳极溶解速度大的金属(铁基合金),要使其钝化,应采用不含卤素的阴离子氧化剂,如 Na_2CrO_4、$NaNO_2$。

含有卤素的氧化剂,尤其是阳离子氧化剂($FeCl_3$、$CuCl_2$、$HgCl_2$ 等),由于 Fe^{3+}、Cu^{2+} 参与阴极反应,几乎使所有工业金属都加剧腐蚀。即使是钛在高温高浓度的介质中也会发生局部腐蚀。因此对金属材料来讲,这类盐最危险。

3.卤素盐

含卤素的盐对金属材料有极大的腐蚀性,因为卤素离子对钝化膜有局部破坏作用。这是因为卤素离子由于半径小,对钝化膜穿透能力大或由于易被金属表面吸附,因而对钝化膜的破坏作用最大。卤素离子的破坏作用按减弱顺序排列为:$Cl^- > Br^- > I^-$。

4.具有络合能力的盐

含有 NH_4^+、CN^-、SCN^- 等有络合能力的盐,将促进某些金属的腐蚀。

6.5.4 工业水腐蚀

工业水占世界用水量的60%以上,工业水对金属设备的腐蚀很普遍,不仅造成能源、资源和材料的浪费,而且影响正常的生产安全,需要引起重视。工业水主要是冷却水和锅炉用水。工业水由于水源不同(河水、湖水、海水、地下水)、水处理方式不同,其组成和腐蚀性差异很大。本节讨论冷却水和锅炉用水的腐蚀。

1.工业冷却水腐蚀

工业冷却水系统普遍存在腐蚀、结垢与微生物生长等问题,且这三者间相互影响、相互促进,极腐蚀产物加剧结垢,结垢促进腐蚀,微生物生长促进腐蚀与结垢。

(1)冷却水腐蚀的电化学特征。

阳极反应:$Fe \rightarrow Fe^{2+} + 2e^-$

阴极反应:

①$2H^+ + 2e^- \rightarrow H_2\uparrow$ (在酸性水中)

②$2H_2O + 2e^- \rightarrow H_2\uparrow + 2OH^-$(在天然水中)

③$O_2 + 4H^+ + 4e^- \rightarrow 2H_2O$(在通气的酸性水中)

④$O_2 + 2H_2O + 4e^- \rightarrow 4OH^-$(在通气的天然水中)

⑤ $Fe^{3+} + e^- \rightarrow Fe^{2+}$

⑥$4H_2 + SO_4^{2-} \rightarrow S^{2-} + 4H_2O$(在硫酸盐还原菌存在的条件下)

阳极反应产物可进一步反应生成 $Fe(OH)_2$ 和 $Fe(OH)_3$ 沉淀:

$$Fe^{2+} + 2OH^- \rightarrow Fe(OH)_2 \downarrow$$

$$4Fe(OH)_2 + O_2 + 2H_2O \rightarrow 4Fe(OH)_3 \downarrow$$

这些产物沉积在金属表面,进一步脱水后变成铁锈:

$$2Fe(OH)_3 \rightarrow Fe_2O_3 + 3H_2O$$

$$Fe(OH)_3 \rightarrow FeOOH + H_2O$$

金属腐蚀产物附着在金属表面,如果金属腐蚀产物结构疏松、多孔,腐蚀将继续;如果金属腐蚀产物结构紧密、均匀,则对腐蚀有阻碍作用。某些缓蚀剂就是在金属表面形成保护膜,防止金属的腐蚀。

(2)冷却水腐蚀的影响因素。①溶液 pH 值。一般而言,pH 值降低腐蚀增大。但对两性金属氧化物,pH 值为中性的腐蚀最小,pH 值过低或过高都使腐蚀增大。②水中的盐类。总体而言,水中的盐类将增大腐蚀性,尤其是卤素盐会促进腐蚀;但某些金属(如钙、镁、铝)的盐能形成保护性沉积物。③水中溶解气体。总体而言,水中溶解气体(如 O_2、CO_2、H_2S 等)会加速腐蚀。④悬浮物。水中的悬浮物沉积在金属表面,会形成差异充气电池,加速腐蚀。⑤ 微生物。水中的微生物会加速腐蚀。

(3)冷却水腐蚀形态。冷却水存在各种腐蚀形态,如均匀腐蚀、脱锌腐蚀、冲刷腐蚀、点蚀、晶间腐蚀、应力腐蚀、腐蚀疲劳等。

(4)冷却水腐蚀的防护。冷却水腐蚀的防护主要从三方面考虑:一是控制水中腐蚀性因素引起的材料腐蚀。二是防护冷却水中沉积物的腐蚀。三是防护微生物腐蚀。

2.工业高温高压水腐蚀

我们通常将温度超过 100℃的水称为高温水。而高温与高压是紧密联系的,所以工业上使用的是高温高压水,如锅炉、核反应堆等。纯净的高温高压水的腐蚀性较小,含有氧、盐等杂质的高温高压水的腐蚀性明显加剧。许多在普通工业水中耐蚀的材料,在高温高压水中会迅速腐蚀。

(1)高温高压水腐蚀产物。通常情况下,钢铁材料在纯净的高温水中的最终腐蚀产物是 Fe_3O_4,Fe_3O_4 是具有保护性的膜,分内、外两层,内层致密、外层多孔,能否形成具有保护性的 Fe_3O_4 膜受溶液中的浓度、溶解氧和 pH 的影响。如果在钢中加入 Cr、Ni、Al 等元素,可提高膜的保护性。如果在含有溶解氧的水中,钢铁材料的腐蚀产物是 Fe_2O_3,它没有 Fe_3O_4 那样的保护性。

在低温水中,铜合金表面形成微红色的 Cu_2O;而在高温水中产生黑色的 CuO。通常 CuO 在 Cu_2O 的表面上形成,具有灰黑色外观。

在高温水中,铝表面产生的氧化物有两层:内层是 Al_2O_3,外层是 AlOOH。

(2)高温高压水腐蚀的影响因素。①溶解氧。溶解氧对高温水腐蚀影响很大,应尽量降低锅炉水的含氧量,一般规定,压力超过 6MPa 的发电锅炉给水含氧量应低于 7μg/L;压力为 3.8~5.8MPa 的发电锅炉给水含氧量应低于 15μg/L;而压力为 1.6~2.5MPa 的工业锅炉给水含氧量应低于50μg/L。水中除氧的方法有热力除氧和化学除氧。②pH。钢铁材料的高温水腐蚀随pH值的增大而减小，因为表面形成Fe_3O_4保护膜。为了维持水的pH，主要采用加NaOH、磷酸盐、氨－连氨。③过热。在蒸发管传热面上，由于沸腾产生大量气泡，容易造成局部过热，气泡离去时，温度下降，气泡的急剧生成与破灭，使金属表面的氧化膜受到破坏，腐蚀加速。④CO_2含量。水中溶解CO_2使溶液pH值下降，造成均匀腐蚀。水中的CO_2主要来自碳酸盐，可用中和法或离子交换法除去。

(3)高温高压水中的碱腐蚀。为了控制锅炉用水的pH，常向水中加入NaOH，低浓度NaOH(pH值<11)是安全的，但如果造成局部NaOH过浓，将发生碱腐蚀或碱脆。

(4)高温高压水中的应力腐蚀。高温高压水中的应力腐蚀包括应力腐蚀断裂、碱脆、氢脆。

第7章　金属材料耐蚀性与腐蚀控制方法

7.1　金属材料的耐蚀性

目前,金属材料仍然是各类工程和结构中使用的主要材料。下面从纯金属的耐蚀性入手,讨论提高金属材料耐蚀性的合金化途径。

7.1.1　纯金属的耐蚀性

1.纯金属的热力学稳定性

(1)金属的标准电极电位与耐蚀性。

金属在电解质溶液中发生腐蚀的倾向取决于腐蚀电池的电动势,即金属的电极电位和氧化剂的电极电位。一般来说,金属的标准电极电位越负,热力学上越不稳定;反之,金属的标准电极电位越正,热力学上越稳定。金属的标准电极电位和热力学稳定性见第二章中的表2-1,从表中数据可看出:

①金属的电极电位越负,氧化剂的电极电位越正,金属越容易腐蚀。表2-1中将金属分为热力学稳定性不同的五个组。②有些金属(如Fe、Cu、Hg等)有几种氧化形式,对不同的电极反应有不同的电位。因此,根据具体的反应,它们可能排在不同的组。

(2)金属的耐蚀性与元素周期律。

金属的耐蚀性与其在元素周期表中的位置有一定对应关系:①在同一族中,金属的热力学稳定性随原子序数的增加而增大。②最容易钝化的金属位于长周期的Ⅳ、Ⅵ族。③最活泼的金属位于第ⅠA族,次活泼的金属位于第ⅡA族。

2.影响纯金属耐蚀性的动力学因素

有些金属在热力学上是不稳定的,但由于生成钝化膜或腐蚀产物膜(如氧化膜)而提高了其耐蚀性。容易钝化的金属有Zr、Ti、Nb、Ta、Al、Cr、Be、Mo、Mg、Co、Fe等,多数在氧化性介质中容易钝化,而在含卤离子的介质中钝化膜容易被破坏。腐蚀产物提高其耐磨性的有:

Fe 在磷酸盐中,Zn 在大气中,Pb 在硫酸中。

7.1.2 提高金属材料耐蚀性的合金化途径

由金属腐蚀点化学原理可知:

$$I = \frac{E_c^0 - E_a^0}{P_c + P_a + R} \tag{7-1}$$

式中,I 为腐蚀电流,与腐蚀速度成正比。$E_c^0 - E_a^0$ 是腐蚀体系阴、阳极的平衡电位差;差值越小,腐蚀电流越小。如图 7-1 所示,表明耐蚀合金化途径的极化图。P_c 为阴极极化率;增加极化率可降低腐蚀电流。P_a 为阳极极化率;增加极化率可降低腐蚀电流。R 为腐蚀体系电阻;增加电阻可降低腐蚀电流。

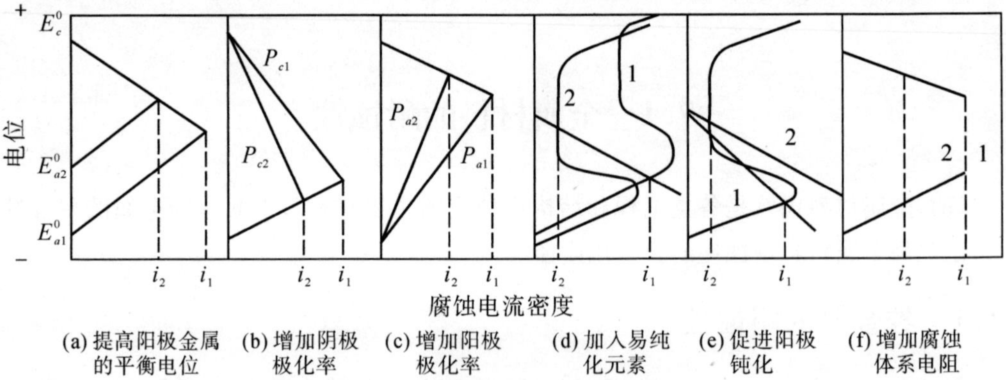

图 7-1 耐蚀合金化途径的极化图

1.提高金属的热力学稳定性

在电极电位较负的金属中加入电极电位较正的合金元素(通常是贵金属),提高合金的电极电位,其热力学稳定性提高。如在 Cu 中加入 Au,在 Ni 中加入 Cu。合金的电位与其成分的关系尚无法根据理论进行计算。但是必须指出,通过加入热力学稳定的合金元素提高耐蚀性的方法实际应用有限,原因是:一方面加入的贵金属价格较贵;另一方面,合金元素在固体中的固溶度有限,很多金属难以形成高含量合金组元的单一固溶体。

2.阻滞阴极过程

在其他条件不变的情况下,可以通过阻滞阴极过程降低腐蚀。在腐蚀过程受阴极控制,且阴极过程的阻滞不是靠浓差极化而是取决于阴极去极化剂时,采用合金化阻滞阴极过程可以减轻腐蚀。对于阴极析氢腐蚀过程,可以通过下面两种方法阻滞阴极过程,提高合金的耐蚀性:①减少阴极面积。②提高阴极析氢过电位。

3.阻滞阳极过程

降低阳极活性、阻滞阳极过程提高金属的耐蚀性有以下 3 种途径:①减小阳极面积。②加入易钝化合金元素。③加入阴极性合金元素促进阳极钝化。

4.增大腐蚀体系电阻

增大腐蚀体系电阻是指合金中加入的一些元素能够促使合金表面生成具有保护作用的腐蚀产物，从而降低腐蚀电流。加入的合金元素除了应能与基体金属形成固溶体，组成的合金满足对力学性能的要求外，还要求生成的含有这些元素的腐蚀产物不溶于腐蚀介质，电阻较高，致密完整地附着在合金表面。这层腐蚀产物有效地阻滞腐蚀过程的进行。典型应用就是耐候钢，在钢中加入 Cu、P、Cr 元素，提高耐大气腐蚀性能。

7.1.3 各类金属材料的耐蚀性

1.铁基合金

(1)铁及铸铁。铁及铸铁的耐蚀性较差，可以在铸铁中加入合金元素提高其耐蚀性。

(2)碳钢和低合金钢。碳钢的耐蚀性较差；在碳钢中加入少量合金元素，可以提高低合金钢的耐用消费品蚀性，但低合金钢的耐蚀性也是有限的。

(3)不锈钢。不锈钢的种类繁多，FeCr 合金是不锈钢的基础，还可添加其他合金元素，如铁素体形成元素 Cr、Mo、Si、Ti、Nb 等，奥氏体形成元素 Ni、Mn、C、N 等。从组织上把不锈钢分为：奥氏体不锈钢、铁素体不锈钢、马氏体不锈钢、双相钢和沉淀硬化不锈钢。

2.耐热钢及高温合金

(1)耐热铸铁。耐热铸铁有：硅铸铁、铝铸铁、镍硅铸铁、高铬铸铁。

(2)耐热钢。耐热钢是指在高温下工作的钢材。高温是一个相对概念，早期可能超过200℃即高温，现在可能 700～800℃，压力几十兆帕。耐热钢有多种分类方法：一是按钢的特性可分为抗氧化钢和热强钢；二是按合金元素含量分为低合金、中合金、高合金耐热钢；三是按用途分为阀门钢、锅炉钢、电热钢等；四是按组织结构分为珠光体、铁素体、马氏体和奥氏体型耐热钢。

(3)高温合金。高温合金主要是为了满足航空燃气轮机的工作温度的提高和复杂应力的要求而发展起来的，包括铁镍基高温合金、镍基高温合金、钴基高温合金。

(4)新型高温材料。新型高温材料有：金属间化合物、氧化物弥散强化合金、定向凝固高温合金、单晶高温合金。

3.镍及镍合金

镍及其合金具有优良的耐蚀性，且强度高、塑性大，易于加工。

(1)纯镍。纯镍在工程中应用较少，镍主要作镀层材料而言合金的添加元素。镍的标准电位为 -0.25V，是可钝化金属，能耐稀的酸、碱，在中等浓度的硝酸中不稳定，在浓硝酸中因钝化而稳定。镍广泛应用于石油、化工、冶金、航空、航天、海洋开发等领域，解决一般不锈钢和其他金属无法解决的腐蚀问题。

(2)镍合金。耐蚀镍合金很多，主要有：镍铜耐蚀合金（如 Ni68Cu28Fe、Ni65Cu30Al3Ti）、镍钼耐蚀合金（如 0Ni65Mo28Fe5V、00Ni70Mo28）、镍铬耐蚀合金（如

0Cr15Ni75Fe、0Cr23Ni63Fe14Al、00Cr30Ni60Fe10）、镍铬钼（钨）耐蚀合金（如0Cr16Ni60MoW4、00Cr16Ni63Mo16Ti、00Cr22Ni60Mo13W3）、镍铬钼铜耐蚀合金（如0Cr21Ni68Mo5Cu3）、镍铁铬耐蚀合金（如Cr20Ni32Fe）、镍铁铬钼耐蚀合金（如0Cr20Ni43Mo13）、镍铁铬钼耐蚀合金（如00Cr22Ni47Mo7Cu2Nb、00Cr30Ni46Mo5W2Cu2Nb）。

4.铜及铜合金

铜及其合金具有较高的化学稳定性、导电性、导热性及优良的加工性能，得到广泛应用。为了提高铜的力学性质或耐蚀性，常在铜中加入合金元素Zn、Sn、Ni、Pb、Fe等。

(1)纯铜。铜的标准电位为+0.35V，在空气、水和低浓度的非氧化性酸中稳定，在氧化性酸中或含氧化剂时加速腐蚀。

(2)铜合金。铜合金主要有：黄铜（Cu－Zn合金）、青铜（Cu－Sn合金）、白铜（Cu－Ni合金）。黄铜是优良的导热材料，如作为换热器、蒸汽冷却管的材料，黄铜易发生脱锌腐蚀和应力腐蚀断裂。

5.铝及铝合金

铝的标准电极电位为－1.67V，热力学上是不稳定的，但实际上铝在大气或中性溶液中是比较稳定的，主要是铝易生成钝化膜及Al_2O_3保护膜。

6.镁及镁合金

镁的标准电极电位为－2.30V，热力学上是不稳定的，在高温下及酸性溶液中易腐蚀，但在空气中或中性介质中稳定性较好，因为镁也易钝化。

7.钛及钛合金

钛的标准电极电位为－1.63V，热力学上是不稳定的，但实际应用中钛在许多介质中稳定性较好，因为钛易钝化。

7.2 腐蚀的控制方法

研究金属腐蚀的各种机理和影响因素是为了有针对性地发展控制金属腐蚀的方法，控制金属腐蚀的方法有以下几种：正确选材与合理设计、电化学保护（包括阴极保护和阳极保护）、涂层保护（包括金属涂层、非金属涂层、化学转化膜等）、改善环境（如添加缓蚀剂、去除有害成分等）。

7.2.1 正确选材与合理设计

防腐蚀设计是材料腐蚀与防护研究中一个非常重要的课题。实践证明，许多腐蚀问题是可以从绘图板开始，通过正确运用已有的知识和经验，经过周密的防腐蚀设计来减少和避免的。防腐蚀设计包括：正确选材；防腐蚀措施的选择；防腐蚀结构设计；防腐蚀强度设计；防腐蚀工艺设计。

1.正确选材

正确选材是一个调查研究、综合分析与比较鉴别的复杂而细致的过程,是防腐蚀设计成功与否的关键一环。

(1)选材应遵循的基本原则:

①材料的耐蚀性能要满足设备或物件使用环境的要求。根据环境选择材料,所选择材料才能适应环境。例如,如下“材料-环境”搭配证明效果良好:铝用于非污染性大气;含铬合金用于氧化性溶液;铜及其合金用于还原性和非氧化性介质;哈氏合金用于热盐酸;铅用于稀硫酸;蒙乃尔合金用于氢氟酸;镍及镍合金用于还原性和非氧化性介质;不锈钢用于硝酸;钢用于浓硫酸;锡用于蒸馏水;钛用于热的强氧化性溶液;钽用于除氢氟酸和烧碱溶液外的介质。

②材料的物理、机械和加工工艺性能要满足设备或物件的设计与加工制造要求。结构材料除具有一定的耐蚀性外,一般还要具有必要的机械性能(如强度、硬度、弹性、塑性、冲击韧性、疲劳性能等)、物理性能(如耐热、导电、导热、光、磁及密度、比重等)及工艺性能(如机加工、铸造、焊接性能等)。如泵材要求具有良好的耐磨性和铸造性;换热器用材要具有良好的导热性;大型设备用材往往要有良好的可焊性。

③选材时力求最好的经济效益和社会效益。要优先考虑国产的、价廉质优的、资源丰富的材料。在可以用普通结构材料如钢铁、非金属材料等时,不采用昂贵的贵金属。在可以用资源较丰富的铝、石墨、玻璃、铸石等时,不用不锈钢、铜、铅等。在其他性能相近的情况下,不选用会引起环境污染的材料。

(2)选材时应考虑的因素:

①明确产品的工作环境。材料的选定主要是通过工艺流程中各种环境因素来决定的。选材时必须了解的环境因素包括化学因素和物理因素。以工程结构接触水溶液为例,则化学因素包括溶液的组分、pH 值、氧含量、可能发生的化学反应等;物理因素包括溶液温度、流速、受热和散热条件、受力种类及大小等。

②查阅权威手册,借鉴失效经验。查阅公开出版的手册、文献,对于选材十分有益。可供查阅的材料腐蚀性能手册主要有:左景伊编写的《腐蚀数据手册》,朱日彰等编写的《金属防腐蚀手册》;美国腐蚀工程师协会(NACE)出版的《Corrosion Data Survey》等。还可以查询我国自然环境条件下的腐蚀数据库。与此同时,可仔细查阅腐蚀事故调查报告。如 1971 年美国 Fontana 发表的杜邦公司 1968—1969 年两年间金属材料损伤 313 例调查;日本发表的 1964—1973 年 10 年间 985 例不锈钢失效事故报告;我国也有类似的分析报告。这些资料为正确选材提供了宝贵的经验和教训。

③腐蚀试验。资料中所列的使用条件有时与实际使用条件并不完全一致,这时就必须进行腐蚀试验。腐蚀试验应是接近于实际环境的浸泡试验或模拟试验,条件许可时还应进行现场(挂片)试验,甚至实物或应用试验,以便获得材料可靠的腐蚀性能数据。

④兼顾经济性与耐用性。在保证产品在使用期内性能可靠的前提下,要考虑所选材料

是否经济合理。一般不要选用比确实需要的材料还要昂贵的材料。采用完全耐蚀的材料并不一定是正确的选择,应在充分估计预期使用寿命的范围内,平衡一次投资与经常性的维修费用、停产损失、废品损失、安全保护费用等。对于长期运行的、一旦停产可造成巨大损失的设备,以及制造费用远远高于材料价值的设备,选择耐蚀材料往往更经济。对于短期运行的设备,易更换的简单零件,则可以考虑用成本较低、耐蚀性较差的材料。就环境而言,在海水这样较为苛刻的潮湿环境下,采用相对廉价材料并提供辅助的保护,一般比选用昂贵的材料更经济。在苛刻的腐蚀环境中,大多数情况下,采用耐腐蚀材料比选用廉价材料附加昂贵的保护措施更为可取。

⑤考虑防腐措施。在选材的同时,应考虑行之有效的防护措施。适当的防护如涂层保护、电化学保护及施加缓蚀剂等,不仅可以降低选材标准,而且有利于延长材料的使用寿命。

⑥考虑材料的加工性能。材料最后的选定还应考虑其加工焊接性能,加工后是否可进行热处理,是否会降低耐蚀性。

2.防腐蚀结构设计

(1)合理的结构形式和表面状态。结构件的形式力求简单,便于采取防腐蚀措施,便于检查、排除故障,有利于维修。形状复杂的构件,往往存在死角、缝隙、接头,在这些部位容易积液或积尘,从而引起腐蚀。在无法简化结构的情况下,可将构件设计成分体结构,使腐蚀严重的部位易于拆卸、更换。另外,构件的表面状态,要尽量致密、光滑。通常光亮的表面比粗糙的表面更耐腐蚀,如图 7-2 所示。

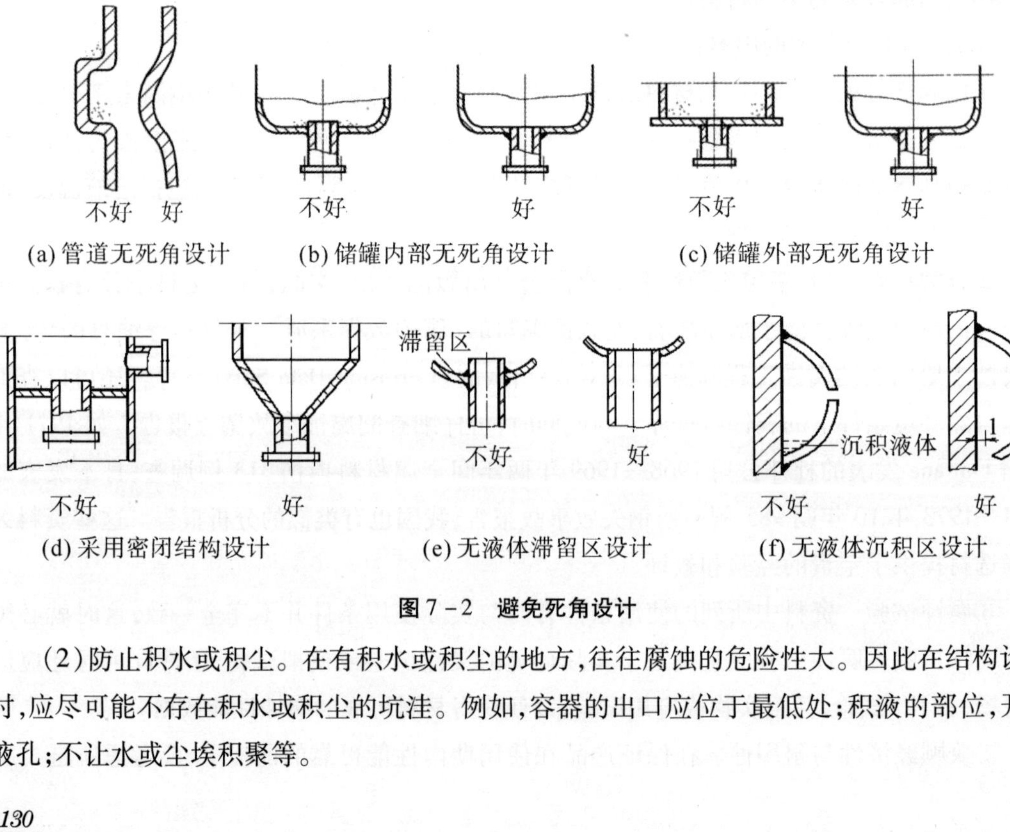

图 7-2 避免死角设计

(2)防止积水或积尘。在有积水或积尘的地方,往往腐蚀的危险性大。因此在结构设计时,应尽可能不存在积水或积尘的坑洼。例如,容器的出口应位于最低处;积液的部位,开排液孔;不让水或尘埃积聚等。

(3)防止缝隙腐蚀。缝隙中的介质可引起金属的缝隙腐蚀,但可通过拓宽缝隙、填塞缝隙、改变缝隙位置或防止介质进入等措施加以避免,如图7-3所示。

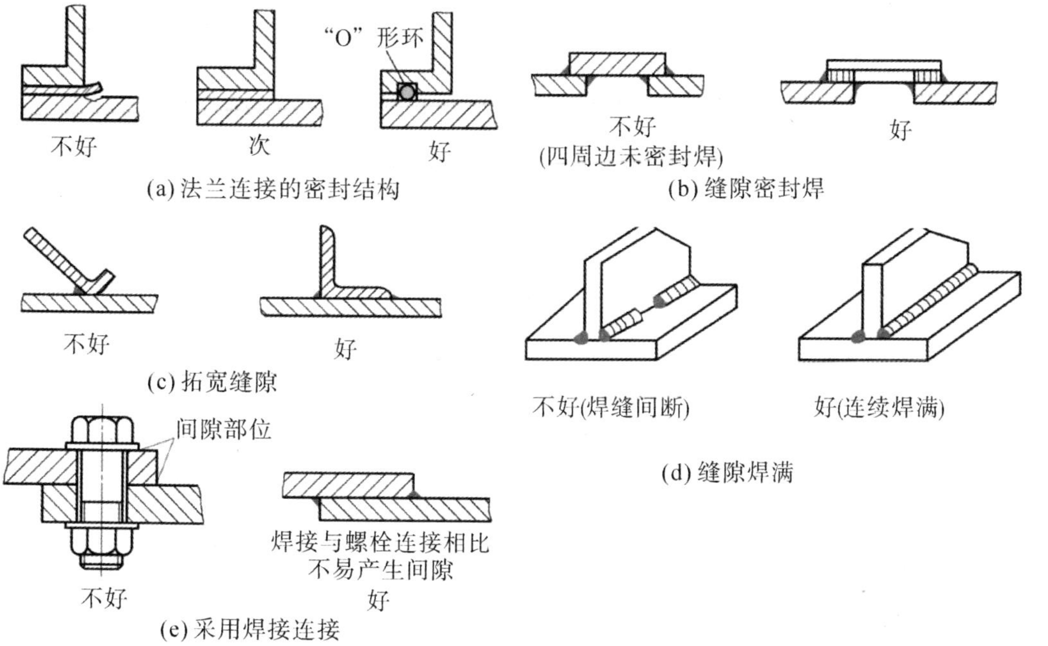

图7-3 缝隙处防腐蚀方法示意图

(4)防止电偶腐蚀。防止电偶腐蚀的常用办法是避免腐蚀电位不同的金属连接。电偶腐蚀仅在有电解质如潮湿环境下局部接触地方才可能发生,若在干燥的环境就没有这种腐蚀危险。防止或减少电偶腐蚀的措施如下:①不应把电位序相差过大的金属连接在一起。在海洋大气及金属表面可能长期接触潮气的场合,此要求务必满足。②将异种金属相互隔开,防止金属接触。例如采用抗老化塑料或橡胶,如图7-4所示。③在两种异类金属之间插入第三种金属材料,减少电位差。④若不能避免异类金属接触时,一定要尽量降低阴极面积与阳极面积比,避免大阴极/小阳极的组合;当阳极面积比阴极面积大且溶液有良好导电性时,腐蚀呈大面积分布,因而在大多数情况下不严重;但若溶液导电性不好时,则在靠近阴极附近的阳极区域会发生严重腐蚀;当阳极面积比阴极面积小时,严重腐蚀的危险性很大。⑤结构的合理设计使水分不会在接触点集聚或存留。⑥用防腐蚀漆或沥青涂覆接触区及其周围。涂覆后由于电流路径加长,电阻增大,导致电偶腐蚀速率显著降低。不能只涂贱金属,因为在涂层的气孔处会发生局部腐蚀;只涂贵金属,在许多场合是可行的。

(5)防止磨损腐蚀。当金属表面处于流速很高的腐蚀性液体中时,会发生磨损腐蚀。磨损腐蚀在具有局部高流速和湍流显著的地方特别大。因此在设计时,应避免构件出现可造成湍流的凸台、沟槽、直角等突变结构(图7-5),而应尽可能采用流线型结构。为使流速不超过一定的限度,管子的曲率半径一般应为管径的3倍以上,而且不同金属这个数值也不同,如软钢和铜管为3倍,高强钢取5倍。流速越高,管子曲率半径则越大。在高流速的接头部位,也应采用流线型结构,而不采用T型结构。

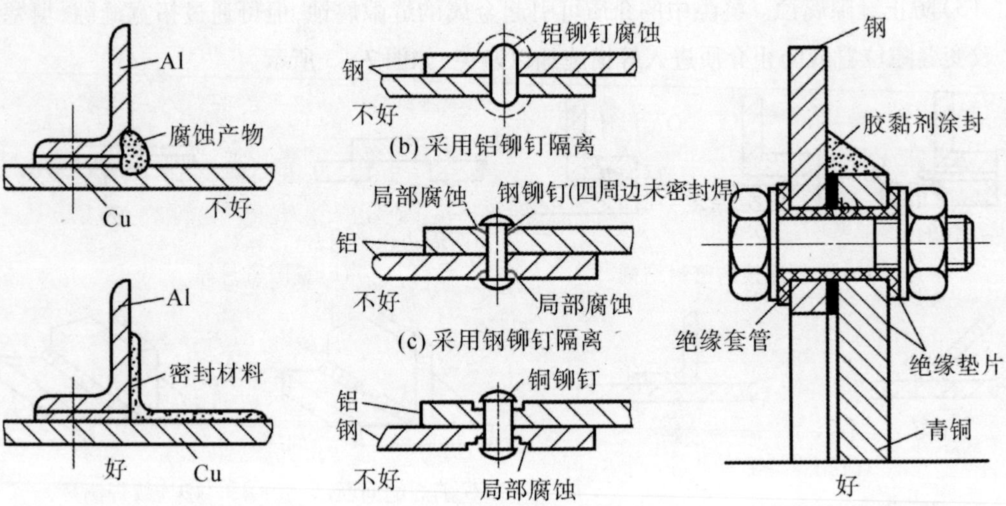

(a) 采用缓蚀密封膏隔离　　(d) 采用第三种金属材料隔离　　(e) 采用绝缘垫电隔离

图 7－4　不同金属间的绝缘隔离

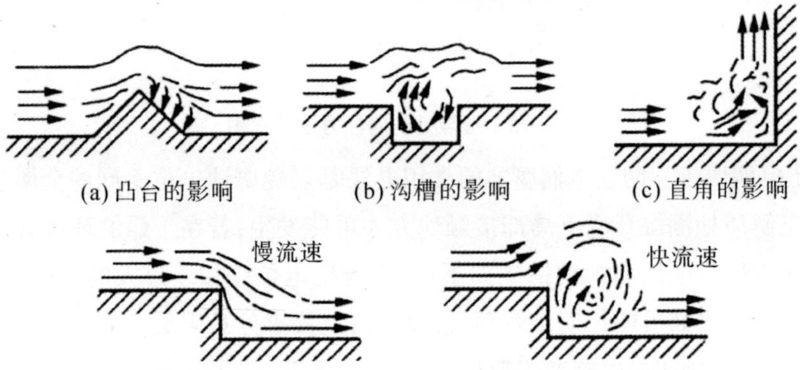

(d) 堰的影响(低流速)　　(e) 堰的影响(高流速)

图 7－5　几种形成涡流的设计

为避免高流速液体直接冲击容器壁,可在适当位置安装易于拆卸的缓冲板或折流板,如图7－6 所示,还可以考虑采取加固该处的容器壁的措施。

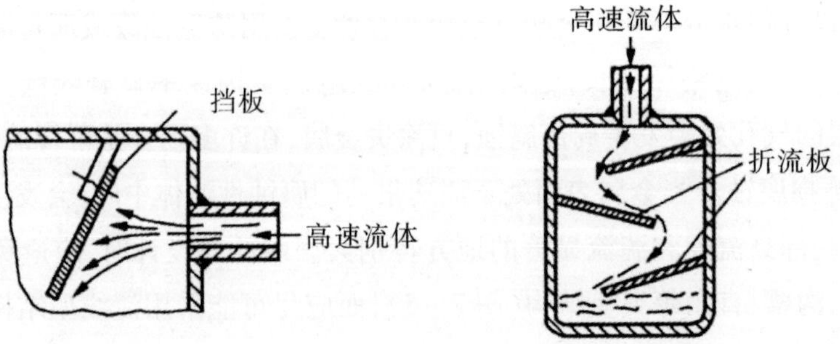

(a) 安装缓冲板　　(b) 安装折流板

图 7－6　防止高速流体冲击设备

(6)防止环境诱发破裂。环境诱发破裂是由机械应力和腐蚀联合作用产生,包括应力腐蚀破裂和腐蚀疲劳。防止这类破坏的措施旨在消除拉应力(或交变应力)或腐蚀环境,或者可能时使两者一并消除。

①零件在改变形状和尺寸时,不要有尖角,而应有足够的圆弧过渡,如图7-7所示。当不同壁厚的管子需要直接焊在一起时,应将焊接处厚壁管径逐渐减小到与薄壁管径相同,以使焊缝和过渡区分开($J \geqslant \delta$),因而焊缝处于低应力区,这样会防止焊接应力与工作应力叠加而出现很高的拉应力。

②加大危险截面的尺寸和局部强度。避免构件的承载能力在应力最大的地方被凹槽、截面的突然变化、尖角、切口、键槽、油孔、螺纹等所削弱。

③结构构件中的开口应开在低应力部位。选择合适的开口形状和方向控制应力集中。

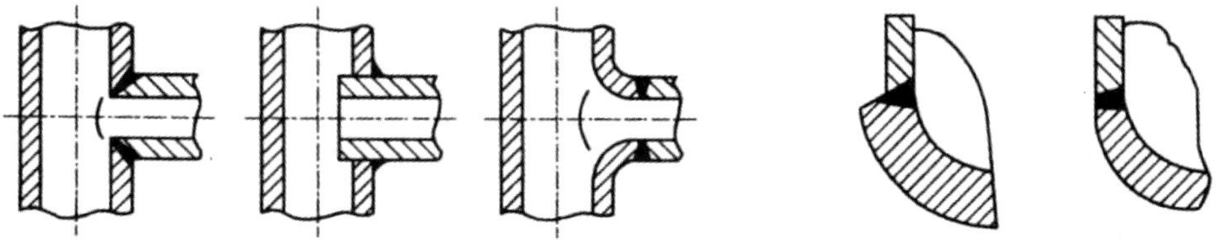

不好　不好　不好　不好　好

(a)应有足够的圆弧过渡　(b)不同壁厚管件的焊接

图7-7　减少应力集中的设计

④对各种载荷,流线型的填角焊缝可减少应力集中和改善应力线。

⑤设计的结构不能产生颤动、振动或传递振动;禁止载荷、温度或压力的急剧变化。

⑥结构设计中应尽量避免间隙和可能造成废渣、残液留存的死角,防止有害物质如Cl^-的浓缩,以改变或抑制腐蚀性环境。

此外,减少结构偏心、避免复合应力集中等措施在设计中也应注意。

(7)避免温度不均引起的腐蚀。加热器或加热盘管的位置应向着容器的中心,以防止出现温差电池。建在导热支架上的储气罐,在外部温度低于气体的露点时,可能因保温不均而引起气体凝露而腐蚀罐壁。这种露点腐蚀可通过用良好绝缘的方法来避免。

(8)设备和建筑物的位置合理性。建筑物的位置如有选择可能,应选择自然腐蚀较低的位置,如避免海洋大气、工业排水、化工厂有害烟尘的加速腐蚀。

3.防腐蚀措施的选择

根据具体情况选择方便、有效、可行的防腐蚀措施,是减缓材料及设备腐蚀的重要环节。选择防腐蚀措施时,既要考虑设备、装置的整体性及主要部件的结构特征,又要考虑组成材料的性质和环境性质,还要考虑防腐蚀措施的使用条件和特点。只有将上述因素统筹考虑,才能选择最佳的防腐措施。可供选择的防腐措施总体上可分三大类。

(1)覆盖层保护。通过在设备表面涂覆保护层而使设备与介质隔开。这些措施包括:电镀层、化学镀层、扩散镀层、热浸镀层、热喷涂层、涂料涂层、塑料和橡胶涂层、陶瓷涂层、密封、衬里等。

(2)电化学保护。电化学保护可分为阴极保护和阳极保护两类。

(3)改善环境。改善环境就是去除有害的物质,加入有利的物质。去除有害物质,首先要干燥脱水,控制相对湿度在60%以下;防止水及水溶液进入设备。如果设备服役时,必须与水或水溶液接触,则要考虑脱气和脱盐。脱气就是去除腐蚀性大气、烟气等;脱盐就是去除盐的沉积物。此外还要去尘,即防止灰尘积聚。加入有利物质就是添加各种类型的缓蚀剂。

上述三类措施可单独使用或联合使用,联合使用往往具有最好的防腐蚀效果。

4.防腐蚀强度设计

(1)均匀腐蚀的强度设计。均匀腐蚀的强度设计,常采用留取腐蚀余量的方法。腐蚀余量是根据预计的腐蚀量增加材料的尺寸以资补偿,来保证原设计的寿命要求。腐蚀余量的计算方法是先根据腐蚀数据手册,查出结构材料在一定腐蚀介质条件下的年腐蚀量,然后按构件使用年限,计算腐蚀尺寸。此外,还要考虑结构部位的重要性和其他安全系数,所以实际留出的腐蚀余量比计算的要大一些。腐蚀余量的大小,要根据具体情况而定。一般来说,介质的腐蚀性越大,腐蚀余量也越大。对于管道和槽体,由于所接触的往往是腐蚀性较强的介质,所以设计时壁厚常为计算量的2倍。腐蚀余量一般局限于预计腐蚀率特别高的结构部分,如液-气交界区。

(2)局部腐蚀的强度设计。局部腐蚀类型较多,破坏形式相差较大。目前还很难根据局部腐蚀的强度降低,采用强度公式对腐蚀余量进行估算。在设计中常将腐蚀与机械强度综合起来考虑,通过正确选材,合理的结构设计,加工工艺设计,施加涂层以及控制环境介质等措施来防止腐蚀发生。例如在有残余应力和诱发应力的场合,优先选择抗晶间腐蚀和应力腐蚀的材料。又如在可能遭受振动的场合,避免采用铆接装配,应采用在摩擦面增加垫片、衬垫或设计挠性支架等办法,防止磨损腐蚀。但是对应力腐蚀断裂和腐蚀疲劳,在材料的数据齐全的情况下,可能做出合适可靠的设计。例如在有应力腐蚀断裂危险的场合,设计时应保证构件所受拉应力不超过该结构材料在实际应用环境中的应力腐蚀临界应力。在可能出现腐蚀疲劳的场合,应保证可变载荷不超过构件疲劳极限。

(3)加工中的强度设计。在加工、装配过程中,可能引起材料腐蚀强度特性发生变化,应引起注意。有些加工工艺可提高材料的强度,应尽可能采用。如喷丸强化可将压应力引入材料表面;热处理、表面处理、超声波振荡等措施可解除材料的残余应力。有些加工会使材料的强度降低,如酸洗或电镀可使材料渗氢,而引起氢脆。某些不锈钢在焊接时,由于敏化温度影响而造成晶间腐蚀,使材料强度下降,在使用中造成断裂。所以在加工、装配中应严格遵守工艺规程,并采用有效的补救措施。

5.防腐蚀工艺设计

金属材料在加工制造、装配及储运等过程中,可能发生腐蚀或留下腐蚀隐患,因此必须重视防腐蚀工艺设计。

(1)机械加工。在机械加工中产生的残余应力对耐蚀有不利的影响,为此,金属材料最好在退火状态下进行机械加工和冷弯、冷冲等成型工艺,以使制件的残余应力较小;在加工后要进行应力解除热处理。有时采用磨光、抛光和喷丸强化等加工来增加金属表面残余压应力，以提高材料的耐蚀性。机加工还要保证制件表面有较高的光洁度，较少的表面缺陷。此外，机械加工中使用的切削冷却液，应对所加工的材料没有腐蚀作用。对机加工周期较长的零件，应采取必要的工序间防锈措施。

(2)热处理。应正确选择热处理气氛，例如为防止金属氧化，最好选用真空或可控气氛热处理；也可考虑使用热处理保护涂层；对有氢脆敏感性的材料，要禁止在氢气氛中加热。

应有严格的热处理规范，避免因热处理不当引起的晶间腐蚀和应力腐蚀等。对可产生较大残余应力的热处理，应有解除残余应力的措施。可能时，应尽量采用可造成制件表面产生压应力的工艺，如表面淬火、化学热处理等。此外，也要注意消除热处理中可能带来的腐蚀性残余物。

(3)锻造和挤压。锻造和挤压件的性能呈各向异性。在短横向上应力腐蚀最敏感，因此在设计时应避免在此方向上承受大的工作应力；在纵向上可承受大的载荷。在锻造前应选择合适的锻造工艺，如自由锻比模锻高强铝合金的抗应力腐蚀性能好。在锻造时，应控制流线末端的外露。锻造后应对锻件采取解除残余应力的措施。这些考虑均可提高锻件的耐蚀能力。

(4)铸造。铸件表面存在大量的孔洞、砂眼和夹杂等缺陷，这些地方易于积聚腐蚀介质而被腐蚀，而且还可能成为应力腐蚀或腐蚀疲劳的危险区。此外，表面多孔层还影响对铸件进行表面处理的效果。所以要选择合适工艺予以避免。通常精密铸造和压力铸造比普通铸造的表面质量好，从而有利于铸件耐蚀性能的提高。

(5)焊接。为防止缝隙腐蚀，要用对接焊而不用搭接焊，用连续焊而不用间断焊和点焊。为防止电偶腐蚀，焊条的成分和组织结构应与基体的相似，或其电位比基体更正一些，避免大阴极小阳极的不良组合。为防止焊缝两侧热影响区发生的腐蚀，应采用固溶淬火的热处理，予以消除。防止焊接中起焊和停焊位置、焊缝端部以及引弧点位置易于发生的腐蚀疲劳和应力腐蚀，应采取热处理和喷丸强化来解除残余应力。对氢敏感的材料，避免在能产生氢原子的气氛进行焊接。诸如镀锌、镀铬层等易引起金属脆性的镀层，严禁镀后焊接，以免产生金属脆裂纹或发生断裂。焊接后，焊缝处的残渣应及时清理，以免残渣引起局部腐蚀。

(6)表面处理。表面处理属防腐措施，应注意处理不当引起的腐蚀或留下腐蚀隐患。涂镀前的脱脂、酸洗，既要使零件表面清洁没有污物，又要防止产生过腐蚀或渗氢。在电镀、氧化等表面处理之后，要及时清洗，以免残液腐蚀零件。对高强钢，酸洗、电镀后，要进行除氢处理。对超高强钢，不宜进行可导致氢脆的表面处理。对于组合件，应先进行表面处理而后组合。

(7)装配。设备装配时，应严格施工，不得用镀层有损伤的零件；也不宜赤手装配精密产品或易于腐蚀的零件。装配时应不要造成过大的装配应力，要采用提高设计精度、减少公差、适当加垫以及采用合理装配方法来减少装配应力。对有密封要求的部位，在装配中要保证密封质量，防止有害介质的侵入。装配结束后，应及时进行清理检查，除去装配中留下的灰尘、金属屑等残留物；检查通风孔、排水孔等孔口，使其不被堵塞。

7.2.2 电化学保护

电化学保护是指通过施加外电动势将被保护金属的电位移向免蚀区或钝化区,以减小或防止金属腐蚀的方法。这是一项经济而有效的防护措施。电化学保护技术目前已广泛应用于舰船、海洋工程、石油及化工等部门。电化学保护按作用原理可分为阴极保护和阳极保护。

1.阴极保护

将被保护金属作为阴极,进行外加阴极极化以降低或防止金属腐蚀的方法叫作阴极保护。阴极保护可以通过外加电流法和牺牲阳极法两种途径来实现。

外加电流法。将被保护金属设备与直流电源的负极相连,使之成为阴极,阳极为一个不溶性的辅助电极,利用外加阴极电流进行阴极极化,二者组成宏观电池实现阴极保护,如图7-8所示。

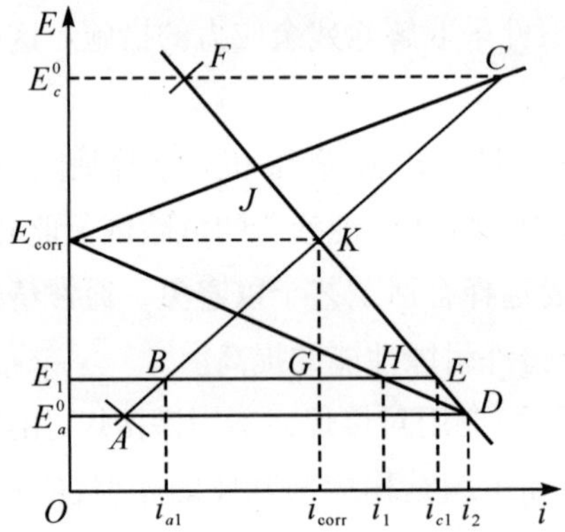

图7-8 外加电流阴极保护示意图

牺牲阳极法。在被保护金属设备上连接一个电位更负的金属或合金作阳极,依靠它不断溶解所产生的阴极电流对金属进行阴极极化。这种方法称为牺牲阳极法阴极保护。

1)阴极保护原理。

两种方法实现的阴极保护,其基本原理是相同的。现以金属 Fe 为例说明外加电流阴极保护的原理。由 Fe - H_2O 体系的电位 - pH 图(如图 7-9 所示)可看出,将处于腐蚀区的金属(图中 A 点,其电位 E_A)进行阴极极化,使其电位向负移至 Fe 的稳定区(图中 B 点,其电位 E_B),则金属 Fe 可由腐蚀状态进入热力学稳定状态,金属 Fe 的溶解被抑制,从而得到保护。或者将处于过钝化区的金属(图中 D 点,其电位为 E_D)进行阴极极化,使其电位向负移至钝化区,则金属可由过钝化状态进入钝化状态而得到保护。

阴极保护原理亦可用腐蚀极化图进行解释。图 7-10 为被保护的金属通电流后的极化图,由图可看出,没有进行保护时,腐蚀金属微电池的阳极的极化曲线 E_C^0C 与阴极极化曲线正 E_A^0A 相交于 S 点。此点对应的电位为金属的自腐蚀电位 E_{corr},对应的电流为金属的自腐蚀电流 I_{corr},在腐蚀电流 I_{corr} 作用下,微阳极不断溶解。当对该金属体系进行阴极保护时,通入外加阴极电流使金属极化至 E_1 时，总的阴极电流为 $I_{C,1}$ 其中一部分电流是外加的，用 $I_{C,外}$ 表示，另一部分电流是微阳极腐蚀电流 $I_{A,1}$。因此，阴极电流可用下式表示：

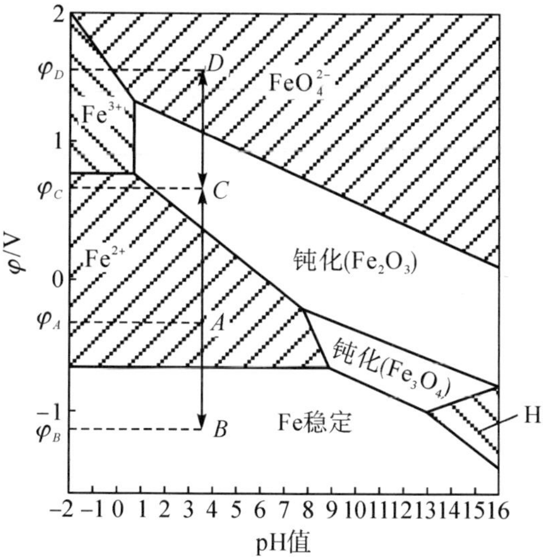

图 7-9　$Fe-H_2O$ 体系的电位-pH 图

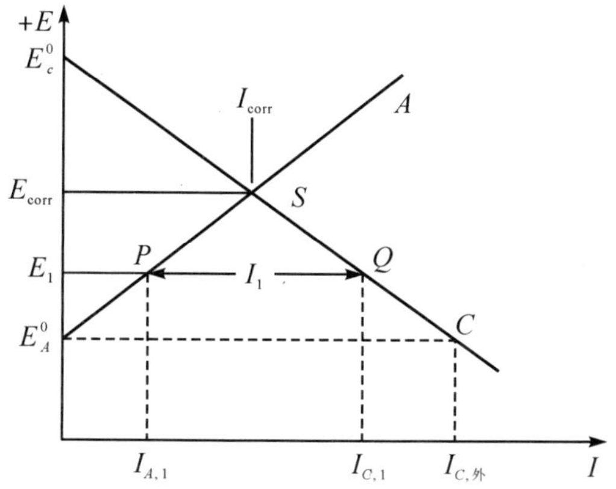

图 7-10　阴极保护法原理图

$$I_{C,1} = I_{A,1} + I_{C,外} \qquad (7-2)$$

式中，$I_{C,外}$ 为外加阴极电流；$I_{A,1}$ 为被保护金属的微阳极电流；$I_{C,1}$ 为被保护金属上阴极电流。

此时微电池的阳极电流 $I_{A,1}$ 比其自腐蚀电流 I_{corr} 减小了。说明金属的腐蚀速度降低了，由此得到了部分保护。差值($I_{corr} - I_{A,1}$)表示阴极极化后金属腐蚀电流的减小值，称为保护效应。当外加阴极极化电流继续增大时，金属体系的电位将变负。当金属阴极极化电位达到微电池阳极的起始电位 E_A^0 时，阳极腐蚀电流为零，即外加阴极电流 $I_{C,外}$ 等于 $I_{C,1}$，$I_{A,1} = I_{C,1} - I_{C,外} = 0$，此时金属得到了完全保护，金属的腐蚀停止。此时金属表面上只发生阴极还原反应。金属的阳极电位正，称为最小保护电位，当阴极极化使电位更负时，阴极上可能析氢，产生氢脆的危险，还将使表面上的涂层损坏，且增加电能消耗。在达到完全保护时与最小保护电位相对应的，所需的电流密度称为最小保护电流密度。如超过该值，不仅消耗电能，而且使保护作用降低,即发生“过保护”现象。

2)阴极保护参数。

在阴极保护中,判断金属是否达到完全保护,通常用最小保护电位和最小保护电流密度这两个基本参数。

①最小保护电位。要使金属达到完全保护,必须使阴极极化电位达到其腐蚀微电池的阳极初始电位,此电位为最小保护电位。最小保护电位的数值与金属的种类、介质的条件有关。一般根据经验数据或通过试验来确定。表7-1列出了不同金属在海水和土壤中进行阴极保护时采用的保护电位值。近年来我国制定了阴极保护国家标准,标准规定钢质船舶在海水中的保护电位范围为-0.75~-0.95V。

表7-1　阴极保护采用的保护电位值

单位:V

金属或合金	参比电极		
	Cu/饱和 $CuSO_4$	Ag/AgCl	Zn
铁与钢	—	—	—
含氧环境	-0.85	-0.80	+0.25
缺氧环境	-0.95	-0.90	+0.15
铜合金	-0.5~-0.65	-0.45~-0.60	+0.6~+0.45
铝及铝合金	-0.95~-1.20	-0.90~-1.15	+0.15~+0.10
铅	-0.60	-0.55	+0.50

②最小保护电流密度。最小保护电流密度很难统一规定。根据经验,表7-2列举了钢在不同介质中的最小保护电流密度值,以供参考。

表7-2　钢铁在不同介质中阴极保护最小保护电流密度

金属	介　质	最小保护电流密度/($A \cdot m^{-2}$)	试验条件
铁	HCl(c(HCl)=1mol/L)	920	吹入空气,缓慢搅拌
铁	HCl(c(HCl)=0.1mol/L)	350	吹入空气,缓慢搅拌
铁	H_2SO_4(c(H_2SO_4)=0.65mol/L)	310	吹入空气,缓慢搅拌
钢	H_2SO_4(c(H_2SO_4)=0.01mol/L)	6~220	吹入空气,缓慢搅拌
铁	NaOH(c(NaOH)=5mol/L)	2	100℃
铁	NaOH(c(NaOH)=10 mol/L)	4	100℃
钢	NaOH(ω(NaOH)=30%)	3	100℃
钢	NaOH(ω(NaOH)=60%)	5	100℃
铁	c(NaOH)=5mol/L的NaCI和饱和 $CaCl_2$	1~3	静止,18℃
碳钢	饱和NaCl溶液,固体食盐和石膏的质量分数约20%	0.15~0.2	55~125℃
铁	KOH(c(KOH)=5mol/L)	3	100℃

表7-2(续)

金属	介　质	最小保护电流密度/($A \cdot m^{-2}$)	试验条件
铁	KOH(c(KOH)=110 mol/L)	3	100℃
碳钢	联碱结晶液(氨盐水) NH_3(c(NH_3)=3.2mol/L) NH_3(c(NH_3)=1.44mol/L) Cl^-(c(Cl^-)=5mol/L)	0.6	裸钢
碳钢	氨水混合液	0.03	47℃
钢	脂肪酸和质量分数为8%的醋酸、质量分数为4%的甲醇、质量分数为7%的有机物及质量分数为81%的水的混合物	0.33	25℃
钢	质量分数为75%的工业磷酸	0.043	24℃
		1.0	85℃
钢	质量分数为85%的试剂磷酸	0.52	48℃
	质量分数为40%的试剂磷酸	1.9	48℃
	质量分数为20%的试剂磷酸	11	48℃
钢	海水	0.15~0.17	海水冷却器
		0.065~0.086	有潮汛
		0.022~0.032	静止
		0.001~0.01	静止,表面有新涂乙烯漆
		0.15~0.25	泵体
		0.5~0.8	泵的叶轮
钢	土壤	0.016 6	有破坏的沥青覆盖层
		0.001~0.003	有较好的沥青玻璃布覆盖层
钢	河水	0.05~0.1	室温,静止
钢	混凝土	0.055~0.27	潮湿

3)阴极保护法采用的阳极材料。

两种阴极保护方法都要选择阳极材料。但两种方法所选用的阳极材料及其作用是完全不同的。

(1)外加电流阴极保护的辅助阳极。在外加电流阴极保护中,与直流电源正极相连的电极称为辅助阳极。它的作用是使外加电流从阳极经过介质流到被保护的金属上构成回路。辅助阳极的电化学性能、机械性能以及阳极的形状分布等均对阴极保护的效果有重要的影响。因此,要求阳极材料应满足以下要求:①具有良好的导电性和较小的表面输出电阻。

②在高电流密度下阳极极化小，即在一定的电压下，单位面积上能通过较大的电流。③具有较低的溶解速度，耐蚀性好，使用寿命长。④具有一定的机械强度、耐磨、耐冲击等。⑤价格便宜，容易制作。一般采用的材料有：石墨、高硅铸铁、铅银（$\omega(Ag)=1\%\sim3\%$）合金，铂及镀铂的钛电极等。

（2）牺牲阳极法阴极保护所用阳极材料。牺牲阳极法阴极保护所用阳极材料应满足以下条件：①电位足够负，可供应充足的电子，使被保护金属设备发生阴极极化，但是电位又不宜太负，以免在阴极区发生析氢反应引起氢脆。②理论输出电量高，即单位质量阳极金属溶解时产生的电量多，一般电流效率都在80%~90%（电流效率是有效电量与理论发生电量的百分比）。③阳极的极化率要小，容易活化，输出电流稳定。④阳极的自腐蚀电流小，金属溶解所产生的电量应大部分用于阴极保护。⑤价格便宜，易加工、无公害。牺牲阳极材料主要有镁基合金、锌基合金和铝基合金三大类。它们的基本性能列于表7－3。3种合金的典型代表有：Zn－(0.3~0.6)Al－0.1Cd；Al－2.5 Zn－0.02 In－0.01Cd；Al－5 Zn－0.5 Sn－0.1Cd；Mg－6 Al－3Zn。

海底管线和海洋平台立柱以往都采用锌阳极保护，近年来有逐渐被铝合金阳极取代的趋势。以日本中川防蚀公司安装的近200座平台牺牲阳极保护系统为例，采用铝合金阳极的占95%以上。

在我国，应用最普遍的铝合金牺牲阳极是Al－Zn－In系合金，加入微量的铟可明显改善铝的活性，但加入过量铟将使铝合金的电流效率下降，点蚀电位变负。表7－4、表7－5分别列出Al－Zn－In系合金的化学成分、电化学性能。

表7－3　镁基、锌基和铝基牺牲阳极的性能

阳极材料	密度/($g\cdot cm^{-3}$)	理论电化当量/($g\cdot A^{-1}\cdot h^{-1}$)	理论发生电量/($A\cdot h\cdot g^{-1}$)	电位/V(SCE)	电流效率/%
锌合金	7.8	1.225	0.82	－1.0～－1.1	约90
镁合金	1.47	0.453	2.21	约1.5	约50
铝合金	2.77	0.337	2.97	－0.95～－1.1	约80

4）牺牲阳极法阴极保护。

牺牲阳极法阴极保护是较古老的电化学保护法。即把被保护金属（阴极）和比它更活泼的金属（阳极）相连接，在电解质溶液中构成宏观电池，依靠活泼阳极金属不断溶解产生的阴极电流对金属进行阴极极化。这种方法称为牺牲阳极保护法。早在1824年英国的戴维（Davy）就提出用锌块来保护船舶，以后逐步推广到保护港湾设施、地下管道和化工机械设备等方面。近年来，随着海上油田的开发，牺牲阳极法已用于保护采油平台和海底管线。据日本中川防蚀公司安装的海上平台阴极保护系统统计，90%以上平台及所有的海底输油管线都采用牺牲阳极法。

表 7-4 Al-Zn-In 系合金化学成分

合金种类	化学成分(质量分数)/%								
	Zn	In	Cd	Sn	Mg	Si	Fe	Cu	Al
Al-Zn-In-Cd	2.5~4.5	0.018~0.050	0.005~0.020	—	—	≤0.13	≤0.16	≤0.02	余量
Al-Zn-In-Sn	2.2~5.2	0.020~0.045	—	0.018~0.035	—	≤0.13	≤0.16	≤0.02	余量
Al-Zn-In-Si	5.5~7.5	0.025~0.035	—	—	—	0.10~0.15	≤0.16	≤0.02	余量
Al-Zn-In-Sn-Mg	2.5~4.0	0.020~0.050	—	0.025~0.075	0.50~1.00	≤0.13	≤0.16	≤0.02	余量

表 7-5 Al-Zn-In 电化学性能

项目	开路电位/V(SCE)	工作电位/V(SCE)	实际发生电量/($A\cdot h\cdot kg^{-1}$)	电流效率/%	溶解状况
性能	-1.18~-1.20	-1.12~-1.05	≥2 400	≥85	腐蚀产物易脱落,表面溶解均匀

2.阳极保护

将被保护设备与外加直流电源的正极相连,使之成为阳极,进行阳极极化;使被保护设备腐蚀速度降到最小,这种方法称为阳极保护,如图 7-11 所示。

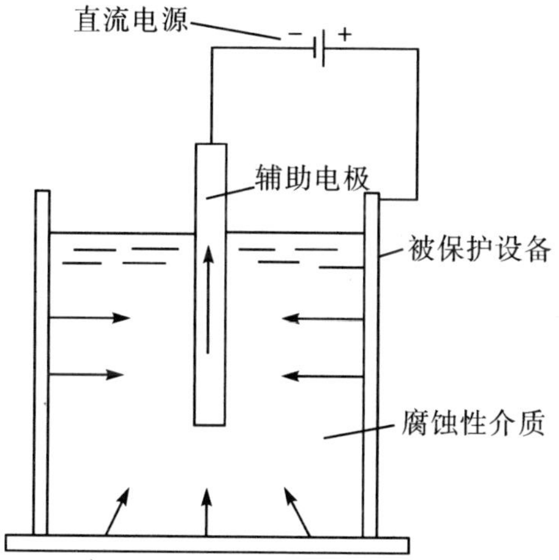

图 7-11 阳极保护示意图

1)阳极保护基本原理。

阳极保护的基本原理就是:利用可钝化体系的金属阳极钝化性能,向金属通以足够大的阳极电流,使其表面形成具有很高耐蚀性的钝化膜,并用一定的电流维持钝化,利用生成的钝化膜来防止金属的腐蚀,如图 7-12 所示。

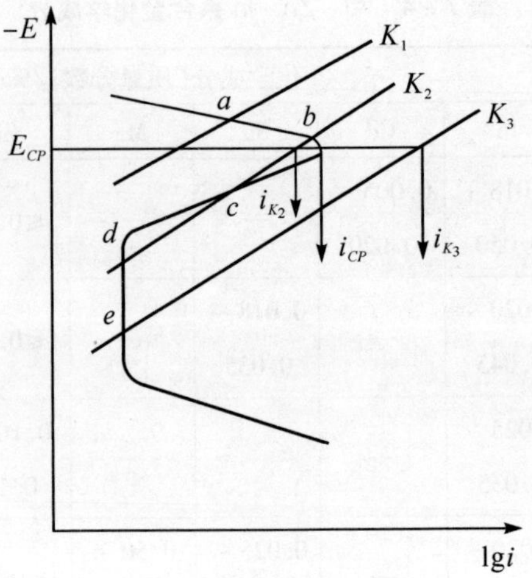

图 7-12　阳极保护原理图

若某种活性-钝性金属在一定介质中（如第二种情况，金属可能处于活化态 b 点，也可能处于钝化态 d 点），此时可利用外部直流电源提供阳极电流，当达到临界电流密度 i_{cp} 时（对应的电位是临界电位 E_{cp}），金属发生从活化状态到钝化状态的转变，随后当电位继续升高时金属进入钝化状态，并用一定的电流维持钝化，金属的溶解速度会降至很低的值，并且在一定电位范围内基本保持这样一个溶解速度很低的值，此时对应的电流密度为维钝电流密度 i_p。这种钝化叫作阳极钝化或电化学钝化。

2）阳极保护的主要参数。

阳极保护的关键是被保护设备与环境能建立可钝化体系。因此首先要测定出被保护金属在给定的环境中的阳极极化曲线。看其是否具有图 7-11 所示的明显钝化特征，然后根据所测曲线确定出三个基本参数。

（1）临界电流密度 i_b（致钝电流密度）。金属在介质中能进入钝态的临界电流密度。一般说愈小愈好，如果过大，建立钝态时需要大的整流器，从而增加了设备投资费用。另外，还增加了致钝过程中金属的阳极溶解。

（2）钝化区电位范围（$E_p - E_{op}$）。阳极保护时应该维持安全电位范围。钝化区电位范围愈宽愈好，一般不能小于 50 mV。如果钝化区电位范围太窄，外界条件稍有变化时，金属就很容易从钝化区进入活化区或过钝化区，不但起不到保护作用，相反，在通电情况下，只会加速金属设备的腐蚀。

（3）维钝电流密度 i_p。i_p 表示金属在钝态下的腐蚀速度。维钝电流密度愈低，设备的腐蚀速度愈小，防蚀效果愈显著，耗电愈小。因此 i_p 的大小决定阳极保护有无实际应用价值。

影响钝化区电位范围的主要因素是金属材料和腐蚀介质的性质。表 7-6 为部分金属材料在某些介质中实施阳极保护时的三个主要参数值，可供参考。

表7-6 金属材料在某些介质中阳极保护的3个主要参数

介质	材料	温度/℃	致钝电流密度/(A·m⁻²)	维钝电流密度/(A·m⁻²)	钝化区电位范围/mV
105% H_2SO_4	碳钢	27	62	0.31	+100 以上
96%~100% H_2SO_4	碳钢	93	6.2	0.46	+600 以上
96%~100% H_2SO_4	碳钢	279	930	3.1	+800 以上
96% H_2SO_4	碳钢	49	1.55	0.77	+800 以上
89% H_2SO_4	碳钢	27	155	0.155	+400 以上
67% H_2SO_4	碳钢	27	930	1.55	+1 000 ~ +1 600
50% H_2SO_4	碳钢	27	2 325	31	+600 ~ +1 400
96% H_2SO_4,被 Cl_2 饱和	碳钢	50	2 ~ 3	1.5	+800 以上
90% H_2SO_4,被 Cl_2 饱和	碳钢	50	5	0.5 ~ 1	+800 以上
76% H_2SO_4,被 Cl_2 饱和	碳钢	50	20 ~ 50	<0.1	+800 ~ +1 800
67% H_2SO_4	不锈钢	24	6	0.001	+30 ~ +800
67% H_2SO_4	不锈钢	66	43	0.003	+30 ~ +800
67% H_2SO_4	不锈钢	93	110	0.009	+100 ~ +600
75% H_3PO_4	碳钢	27	232	23	+600 ~ +1 400
115% H_3PO_4	不锈钢	93	1.9	0.001 3	+20 ~ +950
115% H_3PO_4	不锈钢	177	2.7	0.38	+20 ~ +900
85% H_3PO_4	不锈钢	135	46.5	3.1	+200 ~ +700
20% HNO_3	碳钢	20	10 000	0.07	+900 ~ +1 300
30% HNO_3	碳钢	25	8 000	0.2	+1 000 ~ +1 400
40% HNO_3	碳钢	30	3 000	0.26	+700 ~ +1 300
50% HNO_3	碳钢	30	1 500	0.03	+900 ~ +1 200
80% HNO_3	不锈钢	24	0.01	0.001	—
80% HNO_3	不锈钢	82	0.48	0.004 5	—
37% 甲酸	不锈钢	沸腾	100	0.1~0.2	+100 ~ +500
37% 甲酸	铬锰氟钼钢	沸腾	15	0.1~0.2	+100 ~ +500
30% 草酸	不锈钢	沸腾	100	0.1~0.2	+100 ~ +500
30% 草酸	铬锰氮钼钢	沸腾	15	0.1~0.2	+100 ~ +500
70% 醋酸	不锈钢	沸腾	10	0.1~0.2	+100 ~ +500
30% 乳酸	不锈钢	沸腾	15	0.1~0.2	+100 ~ +500
20% NaOH	不锈钢	24	47	0.1	+50 ~ +350
25% NH_4OH	碳钢	室温	2.65	<0.3	-800 ~ +400
碳化液:$c(NH_3)=5mol/L$,$c(CO_2)=3.17mol/L$	碳钢	40	200	0.5~1	-300 ~ +900

表7-6(续)

介质	材料	温度/℃	致钝电流密度/($A\cdot m^{-2}$)	维钝电流密度/($A\cdot m^{-2}$)	钝化区电位范围/mV
60% NH_4NO_3	碳钢	25	40	0.002	+100~+900
80% NH_4NO_3	碳钢	120~130	500	0.004~0.02	+200~+800
LiOH(pH值=9.5)	不锈钢	24	0.2	0.0002	+20~+250
LiOH(pH值=9.5)	不锈钢	260	1.05	0.12	+20~+180

阳极保护法发展较晚,而且对不能钝化的金属或含 Cl^- 离子介质中不能使用。因此,应用阳极保护法还是有限的。阳极保护特别适用于不锈钢。主要应用于处理硫酸、发烟硫酸和磷酸的设备。对钛材来说,阳极保护也具有重要意义,这是由于该金属有着优良的钝化性能。阳极保护法也可用来防止碳钢在多种盐溶液中的腐蚀,尤其可用于硝酸盐和硫酸盐溶液;采用阳极保护来防止液态肥料的腐蚀更具有特殊的意义。另外,阳极保护可用来防止碳钢在碱溶液中的应力腐蚀。对使用碱性的纤维蒸煮锅所进行的阳极保护是众所周知的实例。

3)阳极保护对辅助阴极材料的要求。

要求阴极不极化,有一定的机械强度,来源广泛,价格便宜,易加工。对浓硫酸介质可采用铂或镀铂电极、高硅铸铁等;对稀硫酸介质,可用铝青铜、石墨等。在碱性溶液中可用普通碳钢;在盐溶液中,可用高镍铬合金或普通碳钢。一般来说阳极保护时,电流分散能力要优于阴极保护。

7.2.3 防腐层技术

1.金属镀层

1)电镀。

电镀是使电解液中的金属离子在直流电的作用下,于阴极表面沉积出金属而成为镀层的工艺过程。电镀时,把待镀的零部件作为阴极与直流电源的负极相连接,把作为镀层金属的阳极与直流电源的正极相连接。电镀槽中注入含有镀层金属离子的盐溶液。当接通电源后,阳极上发生金属溶解的氧化反应,例如镀铜时 $Cu \rightarrow Cu^{2+} + 2e$;阴极上发生金属析出的还原反应,如 $Cu^{2+} + 2e \rightarrow Cu$。这样,阳极上的镀层金属不断溶解,同时在阴极的工件表面上不断析出,电镀液中的盐浓度不变。如果阳极是不溶性的,则需随时向电解液中补充适量的盐,以维持其浓度。镀层的厚度可由电镀时间控制。

电镀能提高金属零部件的防腐、耐热、耐磨性能,并同时赋予零部件以装饰性外观,因此得到广泛应用。目前可电镀纯金属如 Ni,Cr,Cu,Sn,Zn,Cd,Fe,Pb,Co,Au,Ag,Pt 等及合金如 Zn-Ni,Cd-Ti,Cu-Zn,Cu-Sn 等;此外,近年还出现了复合镀,如 Ni-SiC,Ni-石墨等。电镀制成的金属涂层其优点有:镀层厚度可控;镀层可以做得很薄以节约金属;镀层均匀、致密、表面光洁;一般无须加热或加热温度不高。但一般只适于较小型部件,对镀大型工件,电镀应用受到了限制。

2)热镀。

把工件浸入熔融金属中,以获得金属涂层的工艺叫作热镀,也叫作热浸镀。这是在钢铁制件上获取金属涂层的最古老方法之一,因其工艺简单,所以在工业上应用比较普遍。

热镀方法需满足如下条件:①镀层金属的熔点较低,主要出于节能及保持被镀制件的机械性能。目前广泛用作浸镀层的金属有 Zn,Sn,Al,Pb 及其合金。钢铁材料是这些镀层金属的主要基体材料。②熔融的镀层金属与被镀金属润湿。③工件必须能和镀层金属形成化合物或固溶体,以便镀层和基体之间具有足够的结合力而不起皮、不脱落。

3)扩散镀。

一种或几种元素从基体表面向其内部扩散,形成与基体成分和性能不同的表层,这就是表面扩散渗透法,也常称为渗镀或表面合金化。实际上渗透过程是一个热化学过程。在渗透区域内,渗透元素与基体元素起化学反应,并可能分别形成固溶体、析出物和化合物类型的表面层。扩散处理提供一个厚度均匀的涂层,即便物体形状复杂,尺寸也不会有明显变化。

锌与钢的扩散处理有着实际意义。此法也叫作粉末渗锌,用于小汽车零件如螺钉、钉子、铰链及其他小的钢件。粉末渗锌是将工件和渗透剂即锌粉、砂子(如氧化铝粉末),有时还有作为激活剂的卤族化合物(如氯化铵粉末)一起置于容器中,容器被密封,并且放在350~400℃的炉中数小时。在处理中,工件得到一富锌表面区,此表面区厚度取决于反应时间,它能在10~50μm间变化。钢还能用铝(渗铝)或铬(渗铬)进行扩散处理。

4)化学镀。

化学镀指通过置换或氧化-还原反应,来实现盐溶液中的金属离子在被保护金属上沉积。置换化学镀金属的例子如在钢上镀铜,其反应为:

$$Fe + Cu^{2+} \rightarrow Cu + Fe^{2+} \qquad (7-3)$$

这个方法较经济,但镀层通常较薄(1μm),并且多孔洞,不能很好地附着在钢上。

在氧化-还原中,借助于加入槽中的还原剂产生沉积。例如用酸性次磷酸盐槽镀镍,总反应为:

$$Ni^{2+} + H_2PO_2^- + H_2O \rightarrow Ni + H_2PO_3^- + 2H^+ \qquad (7-4)$$

化学镀镍甚至能在有缝隙和复杂形状的物体上获得均匀的镀层厚度。沉积速度实际上是恒定的,与镀层厚度无关。用亚磷酸盐槽化学镀镍能得到一个镍磷合金表层(质量分数为2%~13%的磷)。从硬度和延性考虑,磷含量是镀层特性的决定因素。化学镀镍比电镀贵得多。

除了在金属表面,还可以在一些非金属如塑料表面通过化学镀,形成金属覆盖层。这种技术在家用电器外壳、各类标牌制造上有广泛应用。

5)金属喷涂。

金属喷涂用喷枪进行,涂层金属在喷枪里被溶化或软化,以粒状形式高速射向工件。

金属喷涂有以下几种工艺:

(1)以丝或粉末为涂层金属的火焰喷涂。金属丝或粉末被氧-乙炔焰熔化,用火焰或压缩空气流把金属破碎很细,并输送到工件上。

(2)用金属丝或粉末作为涂层金属的电弧喷涂。金属丝或粉末被丝间的电弧熔化,由强的压缩空气流将金属破碎,并输送到工件上。

(3)以粉末为涂层金属的等离子喷涂。粉末被离子化的氩气等离子束熔化,等离子束在枪中电弧中形成,它有很高的温度(约15 000℃),并且将高速熔化的金属颗粒射向工件。等离子喷涂最初用于高熔点材料,如陶瓷涂层,通过金属喷涂人们可得到40~500μm厚的防腐蚀涂层。在某些情况下,涂层甚至更厚。等离子喷涂能保护熔化金属不氧化,并使微粒强有力地撞击工件,从而得到的涂层氧化物少和孔隙度小(大约0.5%~2%)。但是当用火焰或电弧喷涂时,就不能防止氧化,微粒的撞击也小,这造成较高的氧化物比例和较大的孔隙(大约3%~7%)。由于涂层有孔隙,所以常需用油漆封闭。

金属喷涂常用的喷涂金属有铝、锌、不锈钢和铅等,这个方法对大工件的涂层和涂层损伤的修复是合适的。

6)机械方法。

金属涂层可通过以下几种机械方法形成:

(1)贴镀。将大宗被处理物品和玻璃球及悬浮于水中的涂层金属放在一个滚筒中,由于玻璃球的捶击作用,金属粉末固定在物品表面。这种方法若用于锡和锌,能获得厚度达75μm的涂层。

(2)金属包镀。涂层金属以冷态或热态被轧合在基体材料上。

(3)爆炸镀。涂层金属板和基体通过爆炸焊在一起。

(4)挤压。基体材料和涂层金属被挤压在一起。

(5)堆焊。涂层金属的堆焊,如高合金钢。

2.非金属涂层

1)无机涂层。

(1)搪瓷涂层。

搪瓷又称珐琅,是类似玻璃的物质。搪瓷涂层是将瓷釉涂搪在金属底材上,经高温烧制而成金属与瓷釉的复合物。搪瓷层的性能主要取决于瓷釉的组成和搪制质量。瓷釉的主要成分是耐蚀玻璃料,它是由耐火氧化物、助熔剂和少量添加剂混合熔融烧制而成的。耐火氧化物一般是含 SiO_2 量极为丰富的石英、长石等天然岩石;助熔剂多为硼砂、硼酸、碳酸钾、碳酸钠和一些氟化物;添加剂的加入是为了使搪瓷层与基体紧密结合,或者为了获得其他性能如光泽和色调等。

质量分数高于60%的 SiO_2 的搪瓷耐蚀性能特别好,称为耐酸搪瓷。耐酸搪瓷常用于制作化学工业的各种容器衬里,在高温高压下,它能够抵抗有机酸、除氢氟酸和磷酸外所有无机酸以及弱碱的侵蚀。由于搪瓷涂层没有微孔和裂纹,所以能将反应介质与钢材基体完全隔开。除了防蚀效果好外,搪瓷对产品没有污染。搪瓷层是脆性材料,要防止机械冲击及热冲击作用,否则将会使涂层加速破坏。

(2)硅酸盐水泥涂层。

将硅酸盐水泥浆料涂覆在大型钢管内壁,固化后形成涂层。由于它价格低廉,使用方便,且膨胀系数与钢接近,不易因湿度变化发生开裂,因此广泛用于水溶液和土壤中的钢及铸铁管线的防腐,效果较好。涂层厚度为0.5~2.5cm,使用寿命最高可达60年。硅酸盐水泥涂层带有碱性,因此易受酸性气体及酸溶液的侵蚀,近年来已在成分上作了相应调整。这类涂层的另一缺点是不耐机械冲击及热冲击。

(3)陶瓷涂层。

陶瓷涂层又称高温涂层。它是采用热喷涂等方法将陶瓷材料涂覆于金属表面形成的涂层。涂层主要成分为氧化铝、氧化锆等耐高温氧化物,厚度一般在0.3~0.5mm,工作温度在1 000~1 300℃。其优点是具有耐高温、抗氧化、耐腐蚀、耐磨、耐气体冲蚀以及良好的热震性和绝热、绝缘性能,具有一定的机械性能。陶瓷涂层主要用于喷气发动机、燃气轮机等。

(4)化学转化涂层。

化学转化涂层又称化学转化膜,它是金属表层原子与介质中的阴离子发生化学反应,在金属表面生成附着性好、耐蚀性优良的薄膜。用于防蚀的化学转化涂层有以下几种:

①磷酸盐膜。磷酸盐膜指在含磷酸和可溶性磷酸盐溶液中用化学方法在金属表面上生成不可溶的、附着性良好的保护膜。这种成膜过程称为金属的磷化或磷酸盐处理。磷酸盐处理多用在钢铁上,工业上应用的有磷酸锌、磷酸铁、磷酸锰、磷酸钙、磷酸钠及磷酸铵处理等。磷化工艺分为高温(90~98℃)、中温(50~70℃)和常温(15~35℃);磷化施工方法主要有浸渍、喷淋或浸喷组合法,依磷化工艺及工件状况来选择。磷化膜的厚度一般在1~50μm,在实际中厚度通常采用的单位是单位面积涂层质量。因涂层孔隙较大,耐蚀性较差,因此磷化后必须用重铬酸钾溶液、肥皂液或浸油等进行封闭处理。这样处理的金属表面在大气、矿物油、动植物油、苯、甲苯等介质中,均具有很好的抗腐蚀能力;但在酸、碱、海水及水蒸气中耐蚀性较差。防护用磷化膜涂层质量一般为10~40g/m^2,磷化后涂防锈油、防锈蜡、防锈脂等。经磷化处理后,膜层中性盐雾试验结果出现第一个锈点的时间为:

钢铁件涂防锈油	15h
钢铁件 +磷酸锌膜(16g/m^2)+防锈油	550h
钢铁件 +磷酸锌膜(40g/m^2)+防锈油	800h

可见耐蚀性有极大改善。磷酸盐处理结合防锈油漆被广泛地用于冷轧钢板制成的产品,如轿车车身等。另外,磷化膜常作为油漆的底层以增强漆膜与钢铁工件的附着力及防护性,提高钢铁工件的油漆质量,此时膜层较薄,在0.2~10g/m^2之间。这种方法可应用于中等腐蚀环境的板状金属结构中,如农用机器。此外磷化膜还用于冷加工润滑、减摩及电绝缘等方面,磷化膜的使用温度不得超过150℃。

②铬酸盐处理。常在锌、镉、铝、镁、黄铜上应用这种处理,在铬酸或铬酸盐的水溶液中进行。水溶液中常含有其他添加剂,如磷酸和氢氟酸。在表面上形成一层薄的铬酸盐层,厚度范围一般为0.01~0.15μm,呈绿色、黄色、黑色或浅蓝色,并有一定的防蚀能力。铬酸盐处理大量地用于镀锌钢材,以得到储运中的耐白锈性能;不过人与六价铬接触易产生过敏性

湿疹;此外白锈保护层不易除去,给以后的上漆带来困难。现在正致力于发展一种没有铬酸盐缺点的有效的抗白锈防护措施。铬酸盐处理作为一种装饰性防护还广泛地用于铝的漆前热处理。黄色铬酸盐一般能改善漆层在铝表面上的附着。

③钢铁的化学氧化膜。采用化学方法在钢铁制品表面生成一层保护性氧化物膜(Fe_3O_4),表面一般呈蓝黑色或深黑色,故又称为钢铁的发蓝。发蓝方法有酸性和碱性发蓝,后者用得较多。碱性发蓝是将钢铁制品浸入含有氧化剂(亚硝酸钠或硝酸钠)的氢氧化钠溶液中,在135~145℃下进行氧化处理。膜层为0.5~1.5μm,氧化处理时不析氢,故不会产生氢脆。因膜层很薄,对零件尺寸和精度无显著影响。钢铁零件经氧化处理后,其抗蚀性能仍较差,需用肥皂液、浸油或经重铬酸溶液进行补充处理。经补充处理后的膜层其抗蚀性和润滑性都大大提高,可用于在200℃以下润滑油中工作的、高精度配合零件的保护层。

钢铁的氧化处理广泛应用于机械零件、电子设备、精密光学仪器、弹簧和兵器等的防护装饰方面,但使用过程中应定期擦油。

④铝的阳极氧化膜。铝在空气中生成的钝化膜厚度为3~5nm,经铬酸、草酸、硫酸溶液阳极氧化处理后,氧化膜厚度可达几十至几百微米。这种氧化膜与底金属结合得非常牢固,但由于多孔性,耐蚀性能并没有显著提高。为了提高阳极氧化膜的耐蚀性、绝缘性和耐磨性,氧化后要进行封闭处理。常采用重铬酸钾溶液使氧化膜孔隙下的基体钝化。有时也采用沸水或水蒸气处理,氧化铝发生水合作用,体积膨胀,使微孔封闭。经上述封闭处理后,再在氧化膜上涂上油脂,其抗蚀性可大大提高。未封闭前的氧化膜,具有很强的吸附染料能力,利用这个特点可给阳极氧化铝表面染上各种颜色,形成彩色保护层,作表面装饰用。铝的阳极氧化膜在航空、汽车制造工业、民用工业上都有广泛的应用。

2)有机涂层。

涂料又称漆,是一种有机高分子混合物,用以保护和装饰物体的表面,使其免受外界环境(如大气、化学品、紫外线等)的侵蚀;掩盖表面的缺陷(凹凸不平、斑疤或色斑等),赋予表面丰富的色彩,改善外观。因此涂料在各种防腐措施中占有十分重要的地位。涂料一般由四个主要部分组成,即成膜物质、颜料、溶剂和助剂,其成分及作用见表7-7。

表7-7　涂料的基本组成及作用

基本组成	典型品种	主要作用
成膜物质	合成高分子、天然树脂、植物油脂	是涂料的基础,黏结其他组分,牢固附着于被涂物表面,形成连续固体涂膜,决定涂料及涂膜的基本特征
颜　料	钛白粉、滑石粉、铁红、铅黄、铝粉、云母	具有着色、遮盖、装饰作用,并能改善涂膜性能(如防锈、抗渗、耐热、导电、耐磨等),降低成本
分散介质	水、挥发性有机溶剂(如酯、酮类)	使涂料分散成黏稠液体,调节涂料流动性、干燥性和施工性,本身不能成膜,在成膜过程中挥发掉
助　剂	固化剂、增塑剂、催干剂、流平剂等	本身不能单独成膜,但改善涂料制造、储存、施工、使用过程中的性能

(1)涂层的保护机理。

①屏蔽作用。许多涂料对酸、碱、盐等腐蚀介质显示化学惰性,且介电常数高,阻止了腐蚀电路的形成,因此,金属表面涂漆后,把金属表面与环境隔开,起到了屏蔽作用。但是涂料用高聚物具有一定的透气性,其结构气孔的平均直径比水和氧的分子直径大1~3个数量级,这样的涂层不能阻止或减缓金属的腐蚀。因此涂层的抗渗性是涂层起屏蔽作用的关键,为提高抗渗性,防腐涂料应选用聚集态结构紧密、透气性小的成膜物质、屏蔽作用大的固体填料及挥发后不易留有孔隙的溶剂;同时,应适当增加涂覆次数,以便涂层达一定的厚度而致密无孔。

②钝化缓蚀作用。借助涂料中的防锈颜料与金属反应,使金属表面钝化或生成保护性的物质,以提高涂层的防护能力。另外,许多油料在金属皂的催化作用下生成的降解产物,也能起到有机缓蚀剂的作用。

③电化学保护作用。涂料中使用电位比铁低的金属(如锌等)作填料,会起到牺牲阳极的阴极保护作用。而且锌腐蚀产物是碳酸锌、氯化锌,它们会填塞、封闭膜的孔隙,从而使腐蚀大大降低。

(2)涂层的结构。

通常,一种涂层不能同时满足防腐、装饰等使用要求。因此,一般的涂层结构包括底漆、中间层和面漆。每层按需要涂刷一至数次。底漆直接与金属接触,是整个涂层体系的基础。它必须对表面金属具有良好的附着性能,还要能防止腐蚀。因此,大多数情况下,底漆除含有黏结剂外,还有活性剂。中间层是为了与底、面漆结合良好,有时也为了增加涂层厚度以提高屏蔽作用。面漆直接与环境接触,因此要具有耐化学环境腐蚀性、抗紫外线、耐候性等,同时还要使表面美观。面漆的主要组分是颜料和有机黏合剂。颜料应阻止阳光和水抵达基体,并给表面以颜色。颜料有二氧化钛、氧化铁、铝粉和硫酸钡。黏合剂要有良好的抗化学变化能力,主要有聚氯乙烯、氯化橡胶、氨基甲酸乙酯和环氧树脂等。要根据环境的腐蚀性选择填料的类型、涂刷层数及涂层厚度。要保证底漆、中间漆和面漆是相容的。

(3)常用防腐涂料及其耐蚀性。

目前,常用的防腐涂料大多数属树脂类或橡胶类涂料。同一成膜物质制成的涂料具有基本相似的性质,但由于其他组分不同或施工处理条件不同,涂层性质在某些方面会有很大的差别;同一树脂因其分子量不同,制造方法不同,性能也会有明显不同;至于几种树脂混合组成的改性涂料,其性能更为复杂。一些典型涂料及其耐蚀性见表7-8。

表7-8 典型涂料的耐蚀性比较①

品种	耐腐蚀性能								
	酸	碱	盐	溶剂	水	耐氧化性	耐候性	耐磨性	耐热性
丙烯类	8	8	9	5	8	9	10	10	8
醇酸类	6	6	8	4	8	3	6	6	8
沥青类	10	7	10	2	8	2	4	3	4
氯化烃类	8	8	8	2	3	2	4	3	4

表7-8(续)

<table>
<tr><td rowspan="2">品 种</td><td colspan="10">耐腐蚀性能</td></tr>
<tr><td colspan="2">酸</td><td>碱</td><td>盐</td><td>溶剂</td><td>水</td><td>耐氧化性</td><td>耐候性</td><td>耐磨性</td><td>耐热性</td></tr>
<tr><td>氯化橡胶类</td><td colspan="2">10</td><td>10</td><td>10</td><td>4</td><td>10</td><td>0</td><td>8</td><td>6</td><td>8</td></tr>
<tr><td>环氧类</td><td colspan="2">9</td><td>10</td><td>10</td><td>9</td><td>10</td><td>6</td><td>8</td><td>6</td><td>8</td></tr>
<tr><td>环氧-聚酯类</td><td colspan="2">10</td><td>1</td><td>7</td><td>3</td><td>7</td><td>2</td><td>6</td><td>6</td><td>7</td></tr>
<tr><td>乳胶</td><td colspan="2">2</td><td>1</td><td>6</td><td>1</td><td>2</td><td>1</td><td>10</td><td>6</td><td>5</td></tr>
<tr><td>含油料类</td><td colspan="2">1</td><td>1</td><td>6</td><td>2</td><td>7</td><td>1</td><td>10</td><td>4</td><td>7</td></tr>
<tr><td>酚醛类</td><td colspan="2">10</td><td>2</td><td>10</td><td>9</td><td>10</td><td>7</td><td>9</td><td>5</td><td>10</td></tr>
<tr><td>苯氧基类</td><td colspan="2">3</td><td>9</td><td>10</td><td>5</td><td>10</td><td>6</td><td>4</td><td>6</td><td>8</td></tr>
<tr><td>硅酮类</td><td colspan="2">4</td><td>3</td><td>6</td><td>2</td><td>8</td><td>4</td><td>g</td><td>4</td><td>10</td></tr>
<tr><td>乙烯类</td><td colspan="2">10</td><td>10</td><td>10</td><td>5</td><td>10</td><td>10</td><td>10</td><td>7</td><td>3</td></tr>
<tr><td>氨基甲酸酯类</td><td colspan="2">9</td><td>10</td><td>10</td><td>9</td><td>10</td><td>9</td><td>8</td><td>10</td><td>8</td></tr>
<tr><td rowspan="2">无机类</td><td>稀</td><td>浓</td><td rowspan="2">1</td><td rowspan="2">5</td><td rowspan="2">10</td><td rowspan="2">5</td><td rowspan="2">10</td><td rowspan="2">10</td><td rowspan="2">10</td><td rowspan="2">10</td></tr>
<tr><td>2</td><td>8</td></tr>
</table>

注:①"10"代表最好的保护;"1"代表最差的保护。

(4)涂装方法。

根据涂料品种、性能、施工要求及固化条件,以及被涂产品的材质、形状、大小、表面状况等具体情况,选择适当的施工方法和工艺设备。常用的涂装方法有:浸涂、喷涂、淋涂法,以及经济效益比较高的静电喷涂、电泳涂装、粉末涂装和卷材辊涂法等。每涂一层都应干燥,干燥的方法有自然干燥、对流烘干、红外线烘干以及高周波电流烘干等。

(5)涂层的特点及应用。

涂层防腐具有许多优点,如品种多,适应性广,施工简便,不受被保护设备的大小与形状的限制,使用方便,比较经济等。因此在防腐过程中应用极为广泛。但是涂层通常都比较薄($<1\mu m$),有孔隙,且机械性能一般较差,因而在强腐蚀介质、冲刷、冲击、腐蚀、高温等场合下,涂层易受破坏而脱落,所以在苛刻的条件下应用受到一定的限制。目前,防腐涂料主要用于设备、管道、建筑物的外壁和一些静止设备(如储罐)的内壁等方面的防护。

3)塑料与橡胶涂层。

这类涂层主要用作衬里,能够防止暴露在极强腐蚀性化学环境的金属表面受到腐蚀,如用于化学药品储存罐、反应容器、电解槽、酸洗槽、管道、叶片等的防护。塑料涂层还用于电镀钢板或铝板上。涂层材料主要有:热固性塑料,例如酚醛、环氧、聚酯塑料及玻璃钢;热塑性塑料,例如乙烯、丙烯、酰胺、乙烯树脂、偏二氯乙烯及四氟乙烯等塑料;橡胶,例如天然橡胶、丁基橡胶、氯丁橡胶、腈橡胶及硬橡胶。不同类型的塑料和橡胶在使用性能、附着力、化学耐蚀性以及抗机械和热应力等方面均有很大不同,可根据使用环境及要求进行选择。

涂层的涂覆工艺一是通过把溶液和悬浮体以类似涂漆的方法，即刷、浸和喷而得到涂层；一是加热物件并使它与涂层粉末相接触（仅用于热塑性塑料），并通过所谓的流化床或喷涂进行涂覆。用这种方法可得到0.2～2mm的涂层厚度；1～6mm的较厚涂层也可通过在经过喷砂仔细清理的金属表面上，粘贴膜或片来得到。利用玻璃布或切碎的玻璃纤维同树脂溶液混合，可以得到玻璃纤维加强的塑料涂层，即玻璃钢衬里。此外，防腐蚀特别是地下管道常采用绕带方法，即将管子除油除锈后，涂上底漆，再在其上缠绕聚氯乙烯薄膜或聚乙烯塑料。绕带经常同防止空气和细孔腐蚀的阴极保护相结合，因为细孔和间隙可能在施工和安装中出现。

7.2.4 金属缓蚀剂

1.缓蚀剂的概念

金属腐蚀是一种公害，人们一直不断地研究和使用各种防护方法以避免或减轻金属腐蚀，其中之一是在腐蚀介质中添加某些少量的化学药品，这些少量的化学药品可以显著地阻止或减缓金属的腐蚀速度。这些少量的添加物质即所谓缓蚀剂（corrosion inhibitor）。这种方法应用面广，与其他防护方法相比有如下特点：①不改变金属构件的性质和生产工艺。②用量少，一般添加的质量分数在0.1%～1%之间可起到防蚀作用。③方法简单，无须特殊的附加设备。因此，在各种防护方法中，缓蚀剂是工艺简便、成本低廉、适用性强的一种方法。它已广泛应用于石油和天然气的开采炼制、机械、化工、能源等行业。但缓蚀剂只适用于腐蚀介质有限的系统，对像钻井平台、码头等防止海水腐蚀及桥梁防止大气腐蚀等开放系统是比较困难的。

缓蚀剂又称腐蚀抑制剂或阻抑剂。美国试验与材料协会的ASTM—G15～76《关于腐蚀和腐蚀试验术语的标准定义》中缓蚀剂定义为：缓蚀剂是一种当它以适当的浓度和形式存在于环境（介质）时可以防止或减缓腐蚀的化学物质或复合物质。

采用缓蚀剂保护时，其保护效率是用缓蚀效率或抑制效率（Z）来表示的。缓蚀剂的缓蚀效率定义如下：

$$Z = \frac{v_o - v}{v_0} \times 100\% \qquad (7-5)$$

式中，ν_0 为未加缓蚀剂时金属的腐蚀速度；ν 为加缓蚀剂时金属的腐蚀速度。

缓蚀剂的缓蚀率 Z 愈大，则对体系的腐蚀抑制作用愈大。缓蚀效果除与缓蚀剂种类、浓度有关外，还与被保护体系的材料、介质、温度等有关。一般缓蚀率 Z 能达到90%以上的缓蚀剂即为良好的缓蚀剂。

缓蚀效率的测量方法主要有重量法及电化学方法：①重量法是最直接、最简便的方法。它是通过精确称量金属试样在浸入腐蚀介质（有缓蚀剂、无缓蚀剂）前后的重量变化来确定腐蚀速度的方法。②电化学法是实验室测量金属腐蚀速度的方法。通过对腐蚀电极在腐蚀、缓蚀体系的“极化”测量，根据获得的极化曲线利用电化学理论计算出 i_{corr} 和缓蚀效率。

2.缓蚀剂的分类

缓蚀剂种类繁多、应用广泛,迄今尚无统一分类方法,下面介绍几种常见的分类方法。

1)按缓蚀机理分类。根据缓蚀剂在电化学腐蚀过程中,主要抑制阳极反应还是抑制阴极反应,或者两者同时得到抑制,可将缓蚀剂分为以下3类:

(1)阳极型缓蚀剂 。阳极型缓蚀剂大部分是氧化剂,如过氧化氢、重铬酸盐、铬酸盐、亚硝酸钠、硅酸盐等,这类缓蚀剂常用于中性介质中,如供水设备、冷却装置、水冷系统等。它们能阻滞阳极过程增加阳极极化,如图7-13(a)所示。由图可看出加入阳极型缓蚀剂后,使腐蚀电位正移,阳极的极化率增加,腐蚀电流由I_1减小到I_2。

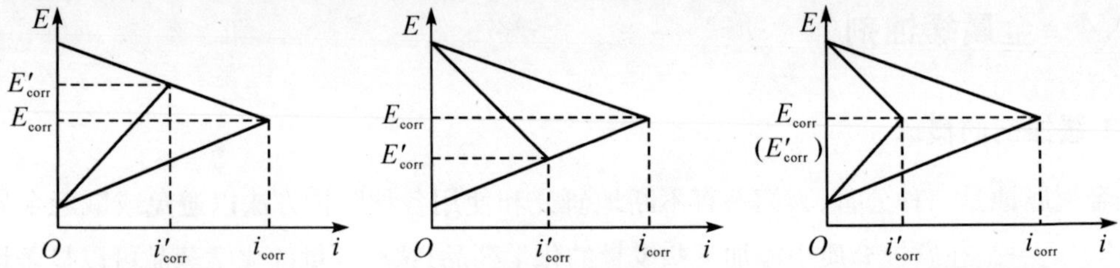

图7-13　缓蚀剂的缓蚀原理

阳极型缓蚀剂是应用广泛的一类缓蚀剂。如用量不足又是一种危险的缓蚀剂。因为用量不足不能使金属表面形成完整的钝化膜,部分金属以阳极形式露出来,形成大阴极小阳极的腐蚀电池,由此引起金属的孔蚀。

(2)阴极型缓蚀剂。这类缓蚀剂能抑制阴极过程,增加阴极极化,从而使腐蚀电位负移,见图7-14(b)。如在酸性溶液中加入As、Sb、Hg盐类,在阴极上析出As、Sb、Hg,可以提高阴极过电位,或者使活性阴极面积减少,从而控制腐蚀速度。图7-14表明了As的添加大大降低了钢在H_2SO_4中的腐蚀速度。这类缓蚀剂在用量不足时,不会加速腐蚀,故称为安全型缓蚀剂。

(3)混合型缓蚀剂。混合型缓蚀剂既能阻滞阳极过程,又能阻滞阴极过程。这种缓蚀剂对E_{corr}的影响较小。例如含N、含S及既含N又含S的有机化合物、琼脂、生物碱等,它们对阴极过程和阳极过程同时起抑制作用,如图7-13(c)所示。从图中可见,虽然腐蚀电位变化不大,但腐蚀电流却显著降低。这类缓蚀剂主要有三类物质:A. 含N的有机化合物,如胺类和有机胺的亚硝酸盐等;B. 含S的有机化合物,如硫醇、硫醚、环状含硫化合物等;C. 含S、N的有机化合物,如硫脲及其衍生物等。

2)按缓蚀剂的性质分类。

(1)氧化型缓蚀剂。如果在中性介质中添加适当的氧化性物质,它们在金属表面少量还原便能修补原来的覆盖膜,起到保护或缓蚀作用,这种氧化性物质可称为氧化型缓蚀剂。电化学测量表明这种物质极易促进腐蚀金属的阳极钝化,因此也可称为钝化型缓蚀剂或钝化剂。在中性介质中钢铁材料常用的缓蚀剂如$NaCrO_4$、$NaNO_2$、Na_2MoO_4等都属于这种类型。这类缓蚀剂同样是危险性的缓蚀剂。使用时应特别注意。

(2)沉淀型缓蚀剂。这类缓蚀剂本身并无氧化性,但它们能与金属的腐蚀产物(Fe^{2+}、

Fe^{3+})或和共轭阴极反应的产物(一般是 OH^-)生成沉淀,因此也能有效地修补氧化物覆盖膜的缺陷。这类物质常称为沉淀型缓蚀剂。沉淀型覆盖膜一般比钝化膜厚,致密性和附着力都比钝化膜差。例如水处理技术常用的硅酸盐(水解产生 SiO_2 胶凝物)、锌盐(与 OH^- 产生沉淀)、磷酸盐类(形成 $FePO_4$)。显然它们必须有 O_2、NO_2^- 或 CrO_2^{2-} 等存在时才起作用。氧化型和沉淀型两类缓蚀剂也常称作覆盖膜型缓蚀剂。它们在中性介质中很有效,但不适用酸性介质。

(3)吸附型缓蚀剂。这类缓蚀剂易在金属表面形成吸附膜,从而改变金属表面性质,阻滞腐蚀过程。根据吸附机理又可分为物理吸附型(如胺类、硫醇和硫脲等)和化学吸附型(如吡啶衍生物、苯胺衍生物环状亚胺等)两类。一般钢铁在酸中常用的缓蚀剂,如硫脲、喹啉、炔醇等衍生物,铜在中性介质中常用的缓蚀剂,如苯并三氮唑等。

3)按缓蚀剂的化学成分分类。

(1)无机缓蚀剂。无机缓蚀剂可以使金属表面发生化学变化,形成钝化膜以阻滞阳极溶解过程。如聚磷酸盐、铬酸盐、硅酸盐等。

(2)有机缓蚀剂。有机缓蚀剂在金属表面上发生物理或化学的吸附,从而阻滞腐蚀性介质接近表面。如含 N 有机化合物,含 S 有机化合物以及胺基,醛基、咪唑化合物等。

4)按缓蚀剂在使用时的相态分类。缓蚀剂可分为气相缓蚀剂、液相缓蚀剂和固相缓蚀剂。

5)按用途分类。按用途缓蚀剂可分为冷却水缓蚀剂、锅炉缓蚀剂、石油化工缓蚀剂、酸洗缓蚀剂、油气井缓蚀剂。

3.缓蚀剂的应用

1)缓蚀剂在石油工业中的应用。

在石油工业中,各种金属设备被广泛地用在采油、采气、储存、输送和提炼过程中,由于各种金属设备经常处于高温、高压及各种腐蚀性介质(氧化氢、硫化氢、碳酸气、氧、有机酸、水蒸气及酸化过程加入的无机酸等)的苛刻条件下,遭受异常强烈的腐蚀和磨蚀。为防止或减缓这种腐蚀,选择缓蚀剂时,应根据金属设备使用的环境来确定。

(1)油井缓蚀剂。采油过程中,除利用地下能量的一次采油法外,还有由外部向油层中加入能量的二次采油法。酸化处理工艺是油、气井一项常用的增产措施。国外主要用盐酸加氢氟酸,盐酸质量分数高达28%,虽然可增加采油收得率但对采油设施的腐蚀也是相当严重的。油井酸化缓蚀剂早期采用无机化合物,目前已为有机化合物代替。常用的有机化合物有:甲醛、咪唑及其衍生物、季铵盐类等,我国使用的油气井酸化缓蚀剂有华中科技大学的"7461",大庆油田与长春应用化学研究所的 TC-03 等。

(2)油罐用缓蚀剂。油罐用缓蚀剂按用途不同分为三类。为防止油罐底部沉积水腐蚀用的水溶性缓蚀剂,常用的无机缓蚀剂有亚硝酸盐,当水中含有硫化合物时可以用有机缓蚀剂苯甲酸铵;为防止与油层接触的金属腐蚀的油缓蚀剂,一般可使用酰化肌氨酸及其衍生物;为防止油罐上部与空气接触的金属腐蚀采用气相防锈剂,常用的有亚硝酸二环己胺。

(3)输油管缓蚀剂。目前广泛使用的输油管缓蚀剂有有机化合物喹啉、环己胺、吗啉及二乙胺等。

2)工业循环冷却水中使用的缓蚀剂。

工业用水量最大的是冷却水,占工业用水量的60%~65%,而在化工、炼油、钢铁等工业则占80%以上。因此,节约工业用水的关键是合理使用冷却水。在工业生产中大量使用循环冷却水系统,它又分为敞开式和密闭式两种。

(1)敞开系统。敞开系统是指把热交换的水引入冷却塔冷却后再返回循环系统。这种水由于与空气充分接触,水中含氧量很高,具有较强的腐蚀性。而且,由于冷却水经多次循环,水中的重碳酸钙和硫酸钙等无机盐逐渐浓缩,再加上水中微生物的生长,水质不断变坏。在这种冷却水系统中经常采用重铬酸盐,它是最有效的阳极型缓蚀剂。单独使用时需要高浓度$(300\sim500)\times10^{-6}$。当水中含有$Cu^{2+}$等金属离子时,添加聚磷酸盐效果更好。通常聚磷酸盐和铬酸盐混合使用对敞开循环冷却系统是最佳的复合缓蚀剂,其质量分数以30×10^{-6}为宜。

(2)密闭循环式冷却水系统。如内燃机等的冷却系统。这类系统比敞开式系统的腐蚀环境更为苛刻。采用的缓蚀剂有聚磷酸盐、锌盐、硅酸盐等。亚硝酸铵的缓蚀效果见表7-9。由表看出,亚硝酸铵的浓度达到120×10^{-6}时,具有较好的缓蚀效果,缓蚀率可达98.4%。水中Cl^-、SO_4^{2-}浓度较高时,使用亚硝酸盐缓蚀剂时易产生孔蚀,因为亚硝酸盐是阳极钝化型缓蚀剂。

表7-9 亚硝酸铵的缓蚀效果

NH_4NO_2浓度/$\times10^{-6}$	腐蚀速率/($mg\cdot dm^{-2}\cdot d^{-1}$)	缓蚀率/%	NH_4NO_2浓度/$\times10^{-6}$	腐蚀速率/($mg\cdot dm^{-2}\cdot d^{-1}$)	缓蚀率/%
0	23.80	—	60	1.57	93.4
20	20.30	14.7	120	0.38	98.4
40	7.20	70.0	180	0.38	98.4

锌盐是在循环冷却水系统中使用较多的复合缓蚀剂。锌离子在阴极区与氢氧根离子生成$Zn(OH)_2$沉积在金属表面,故锌盐是沉淀型缓蚀剂。锌盐也属于有毒物质,用量应限制在排污要求范围。因此,常用量仅为质量分数$(3\sim5)\times10^{-6}$。

3)大气缓蚀剂。

大气腐蚀属于金属腐蚀最广泛的一种腐蚀。大气腐蚀的因素是多方面的,如:湿度、氧气、大气成分及大气腐蚀产物等。因此,在使用缓蚀剂时既要考虑不同环境因素也要考虑使用范围。这类缓蚀剂按其使用性质大体上可分为油溶性缓蚀剂、水溶性缓蚀剂及挥发性的气相缓蚀剂三类。

(1)油溶性缓蚀剂。这类缓蚀剂能溶于油中,即通常所说的防锈油,在制品表面形成油膜,缓蚀剂分子容易吸附于金属表面上,阻滞因环境介质渗入在金属表面上发生的腐蚀过程。一般认为,油溶性缓蚀剂中,分子量大的较好,但也有一定限度,如过大,则在油中的溶解度减少。各类可溶性缓蚀剂对金属的适应性能如表7-10所示。

(2)水溶性缓蚀剂。这类缓蚀剂是指以水为溶剂的缓蚀剂。可方便地作为机械加工过程的工序间防锈。大多数的无机盐,是优良的缓蚀剂,如亚硝酸钠、硼酸钠、硅酸钠等。它们的优点是节约能源(不用石油产品),防锈被膜除去简单、安全,价格便宜。

(3)气相缓蚀剂。简称VPI,这种缓蚀剂具有足够高的蒸气压,即在常温能很快充满周围的大气中,吸附于金属表面上而阻滞环境大气对金属的腐蚀过程。因此蒸气压是VPI的主要特征之一。气相缓蚀剂种类很多,常用的有六类:有机酸类、胺类、硝基及其化合物、杂环化合物及胺有机酸的复合物和无机酸的胺盐。对钢有效的有:尿素加亚硝酸钠、苯甲酸胺加亚硝酸钠等。对铜、铝、镍、锌有效的有:肉桂酸胍、铬酸胍、碳酸胍等。

表7-10 各类油溶性缓蚀剂对金属的适应性能

序号	缓蚀剂的种类	对金属的适应性	性能
1	羧酸类	适用于黑色金属	高分子长链羧酸类,具有防潮性能,复合使用效果更好
2	磺酸类	黑色金属较好,对有色金属不稳定,低分子磺酸盐能使铁表面生成锈斑,分子量在300~470之间,防锈性能较好	有良好的防潮和抗盐雾性能
3	酯类	与胺并用对黑色金属有效,个别对铸铁有效	作为助溶剂与其他缓蚀剂并用有防潮作用
4	胺类及含氮化合物	适用于黑色和有色金属,对铸铁也有效	耐盐雾、二氧化硫、湿热等性能
5	磷酸盐或硫代磷酸盐	大多数适合黑色金属,一般与其他添加剂并用	抑制油品氧化过程所生成的有机酸,大多数作为辅助添加剂或润滑地缓蚀

气相缓蚀剂主要应用于气密空间,其主要使用方法有。①把气相缓蚀剂粉末撒在被防护金属设备上,或装入纸袋、纱布袋中,或压成丸子放置于被防护金属设备、仪器的四周。②将气相防锈剂浸涂在纸上,经干燥后用来包装金属构件、仪器等。③将工件浸于含气相缓蚀剂的液体中,然后放入塑料袋中包装。④将气相缓蚀剂溶于油中配制成气相防锈油。⑤气相防锈塑料是将气相缓蚀剂与"覆盖膜"一起涂在基膜上(基膜是聚乙烯,双层),用热压法,压成包装袋薄膜,可以包装各种金属件或成品。

第 8 章　管道及油罐的腐蚀与防护

管道和储油罐是油库的主要设备,其腐蚀与防护问题关系到管道及储罐工作的安全性、可靠性及使用寿命。据苏联统计,1981—1987 年间,因管道外腐蚀造成的事故占总事故的 42.7%。我国长输管道及储罐投产后 1~2 年即发生腐蚀穿孔的事例已屡见不鲜。以中国石油天然气集团公司东北输油局为例,在建成投产 28 年中共发生管道外泄事故 38 次,占总事故的 25%。

我国油库的管道及储罐的腐蚀与防护技术始于 20 世纪 50 年代,80 年代以后用于管道及储罐的防腐层及阴极保护技术得到了较广泛的应用。90 年代以后,此两项技术逐步完善,走向成熟。

8.1　管道及油罐的防腐层保护

8.1.1　防腐层的作用

防腐层的作用主要有三方面:①隔离作用:将金属与腐蚀性介质隔离,以达到防腐蚀的目的。②缓蚀作用:借助涂料的内部组分(如铬锌黄等阻蚀性涂料)与金属反应,使金属表面钝化或生成保护性物质,提高防腐层的保护作用。③电化学保护作用:在涂料中使用比铁活性高的金属作填料(如锌等),起到牺牲阳极保护作用,减缓腐蚀。

8.1.2　防腐层保护效果的影响因素

影响防腐层保护效果的因素众多,主要有:①环境因素:涂敷环境,使用环境。②材料因素:被涂敷设施的材质、表面状态、涂料性能及防腐层的配伍性,如底漆和面漆的配伍性等。③施工因素:施工方法和施工质量。以上几个方面因素,在设计、施工等应用环节中应加以重视,使防腐层的选择及应用更加合理、有效。

8.1.3　防腐层的基本性能要求

作为管道及储罐的防腐层应具备以下性能:①稳定的耐化学性。②良好的耐水性。

③足够的抗冲击、抗弯曲、耐磨等机械性能。④有效的电绝缘性，埋地管道外防腐层绝缘电阻率一般不应小于6 000Ω·m²。⑤与金属有良好的黏结性。⑥良好的抗阴极剥离的性能。⑦较好的抗老化性和耐温性。⑧防腐层材料及施工工艺对被涂敷的母材不应有不良影响。⑨在地面储存、运输期内具有良好的性能稳定性。⑩具有良好的易修复性。⑪在施工及使用中对环境无害。

8.1.4 环境腐蚀性

常见的石油管道及储罐所处的腐蚀环境主要有：大气、土壤及水介质。确定环境的腐蚀性对合理选择防腐层种类和结构十分重要。目前，石油天然气行业标准SY 0007—1999“钢质管道及储罐腐蚀控制工程设计规范”中有关土壤腐蚀性分级标准如表8－1所示，而一般地区土壤腐蚀性分级标准如表8－2所示，管道及储罐内介质腐蚀性分级标准如表8－3所示，大气腐蚀性分级标准如表8－4所示。

表8－1 土壤腐蚀性分级标准

指标	等级				
	极轻	较轻	轻	中	强
电流密度/(μA·cm²)（原位极化法）	<0.1	0.1～3	3～6	6～9	>9
指标	等级				
	极轻	较轻	轻	中	强
平均腐蚀速率/[g/(dm²·a)]（试片失重法）	<1	1～3	3～5	5～7	>7

表8－2 土壤腐蚀性分级标准

等级	强	中	弱
土壤电阻率/(Ω·m)	<20	20～50	>50

注：表中的电阻率采用全年的最小值。

表8－3 管道及储罐内介质腐蚀性分级标准

项目	等级			
	低	中	高	严重
平均腐蚀速度/(mm·a)	<0.025	0.025～0.125	0.126～0.254	0.254
点蚀腐蚀速度/(mm·a)	<0.305	0.305～0.610	0.611～2.438	2.438

表8－4 大气腐蚀性分级标准

等级	弱	中	较强	强
第1年的腐蚀速度/(μm·a)	1.28～25	25～51	51～83	>83

8.1.5 选用防腐层考虑的因素

选用防腐层应本着因地制宜的原则,因为没有一种防腐层能适应所有的环境。同时合理应用防腐层材料不仅是一个技术问题,也是经济问题。所以选用防腐层主要考虑以下几个方面的因素:

(1)环境因素:介质运行温度、湿度、环境中的细菌及腐蚀地紫外线等。

(2)施工、运输、储存因素:这些环节过程中的环境温度,金属表面处理及防腐层施工要求,装卸、储存及安装要求等。

(3)地理位置、自然场所及系统可接近性。

(4)该系统原有防腐层类型。

(5)费用(包括施工费用、维护费用、材料费用等)。

(6)工程预期寿命。

在选用防腐层系统时,应注意按规定程序进行考核、鉴定,选用认为适用、可靠的防腐层系统。特别是选用新的防腐层系统,美国腐蚀工程师国际协会(NACE International)的标准NACE RP0169 中提出了对新的防腐层系统的认可程序如下:①进行防腐层材料应用环境的实验室试验,结果表明合适,可进行下步。②按照推荐的涂敷方法进行施工及安装。经 5 年的现场性能考查(主要看检漏、测厚、外观及阴极保护电流密度的变化)。其性能保持良好者,为可用防腐层体系。

当因某种原因不能进行①项试验时,仅用②项的性能考查评价防腐层也是可行的,但每年应测试 1 次。从以上程序可见认可一种新的防腐层系统,不仅要重视室内性能数据的考核,更重要的是现场应用性能的测试。尤其对防腐层以使用寿命来体现其价值的材料,不能用短期的现场试验数据来说明其有效性及可靠性。

8.1.6 防腐层与阴极保护的配合使用

对管道及储罐的防护,如前所述防腐层在金属腐蚀控制方面主要起隔离的作用,阻止腐蚀电池中阴极与阳极间的腐蚀电流。但防腐层因施工、老化等原因,难免会存在着缺陷与针孔,从而影响防腐层的保护效果。而且缺陷等处暴露的金属与防腐层覆盖的部分形成了小阳极和大阴极的局部腐蚀电池,又将加速暴露金属的腐蚀速度。因此单独使用防腐层保护,效果是不理想的。另一方面单独使用阴极保护,由于耗电太大也不经济。因此采用防腐层与阴极保护的联合保护,将在防腐层缺陷等处的暴露金属表面上进行集中的阴极保护,是最佳的、经济的保护形式。这种联合保护的优点在于:①降低阴极保护的电流密度,缩短阴极极化的时间。②改善电流的分布,扩大保护范围。③延长防腐层的使用寿命,特别是对于地下、水下的金属构筑物联合保护效果更明显。

实践证明防腐层是决定保护效果的第一要素,因此这种"联合保护"也可理解为"以防腐层为主,阴极保护为辅"的保护方式。

在防腐层与阴极保护的联合保护中,应注意防腐层与阴极保护的匹配,一味追求高性能的材料或过于相信阴极保护、不合理降低对防腐层的基本要求，是不适宜的。严重的可造成保护失败。

8.1.7 防腐层的种类及使用条件

我国石油行业经过几十年的研究、开发及引进，在埋地管道外防腐层应用技术上已形成了系列技术，建立了八大埋地钢质管道外防腐层应用技术，即石油沥青、环氧煤沥青、煤焦油瓷漆、聚乙烯胶粘带、熔结环氧粉末，两层、三层聚乙烯防腐层及硬质聚氨酯泡沫塑料防腐保温层等。表 8－5 列出了不同埋地管道外防腐层系统的使用条件、结构及标准等。表 8－6 和表 8－7 给出了几种埋地管道外防腐层性能比较。

表 8－5 外防腐层使用条件及标准

防腐层名称	底漆材料	结构	开始使用年代	适用温度/℃	主要优点	主要缺点	标准	备注
石油沥青	石油沥青底漆	1 层底漆，3 漆 3 布至 5 漆 5 布，厚度 4～7mm	50 年代	-20～80	抗水、抗盐、抗碱性好，无毒。设计、施工技术成熟，原料足、价格便宜，易修补	抗有机溶剂、油等性能差，机械强度过低，施工条件较差，易受植物根系破坏，不耐紫外线	SY/T 0420	一般用于非石方地区，使用寿命一般为 10～20 年
煤焦油瓷漆	合成底漆	1 层底漆，1 漆 1 带至 3 漆 3 带，厚度≥2.4～4.0mm	90 年代	-25～80	耐化学介质能力强，抗细菌和植物根系，优良的抗水性，价格较低，易修补	耐温性差，易机械损伤，施工条件差，对环境有一定影响。不耐紫外线	ST/T 0079	一般用于地下水位高，沼泽地段的土壤环境
环氧煤沥青	环氧煤沥青底漆	1 层底漆，3 漆～6 漆 2 布，厚度≥0.30～0.60 mm	70 年代	-20～100	耐潮湿环境，抗酸、碱、盐，附着力好，价格较低。耐细菌和植物根系能力强	有低温脆性，抗冲击性差，不耐紫外线	SY/T 0447	适用盐渍、沼泽等土壤环境
两层聚乙烯	丁基橡胶共聚物	底胶，中、高密度聚乙烯，厚度 2～4mm	70 年代	-40～70	机械性能强，耐低温及电绝缘性能好	与钢表面黏结性较差，补口质量要求高	SY/T 0413	适用于多石地段，一般盐渍土壤等

表8-5(续)

防腐层名称	底漆材料	结构	开始使用年代	适用温度/℃	主要优点	主要缺点	标准	备注
熔结环氧粉末	无	普通级0.3~0.4 mm;加强级0.4~0.5 mm	80年代	-30~100	黏结性强,耐温性好,抗阴极剥离强,良好耐蚀性	对施工质量要求高,价格较高,较易机械损伤	SY/T 0315	适用于环境腐蚀性高,盐渍化土壤及穿越管段等
聚乙烯胶粘带	丁基橡胶共聚物	底胶-内带-外带,厚度≥0.7~1.4 mm	70年代	-30~70	机械性能较好,由于材料及结构的改进,在黏结性及防腐性能上有所提高,施工方便,价格较便宜	有些产品黏结性有待进一步提高,特别对管道焊缝处施工质量有待提高	SY/T 0414	适用于地下水位不高,土壤腐蚀性不强及无风沙地区
三层聚乙烯	环氧粉末或环氧涂料	环氧粉末或环氧涂料-乙烯共聚物胶-聚乙烯,厚度2~4 mm	90年代	-30~70	黏结性能好,良好的机械性能,电绝缘性能好	成本高,对施工质量要求高	SY/T 0413	适用于腐蚀性高土壤环境、复杂的地域,石方区
聚氨酯泡沫-聚乙烯防腐保温层	聚氨酯漆或环氧树脂漆	防腐层-保温层-防护层,厚度23.3~35.0 mm	80年代	低于100	耐热性,整体防腐、绝缘性及机械性能方面有明显的优越性	价格较高,对施工质量要求高	SY/T 0415	埋地保温管道

表8-6 几种埋地管道外防腐层性能比较

性能	煤焦油瓷漆	冷缠胶带	环氧粉末	二层聚乙烯	三层聚乙烯	三层聚丙烯
电绝缘强度	中	优	良	优	优	优
耐水性	中	优	良	优	优	优
阴极剥离	差	差	优	中	优	优
黏结性能	中	中	优	良	优	优
耐老化	中	中	良	优	优	良
抗土壤应力	差	差	优	中	优	优
抗冲击	中	良	差	良	优	良
抗弯曲	差	差	良	中	优	良

表8-6(续)

性能	煤焦油瓷漆	冷缠胶带	环氧粉末	二层聚乙烯	三层聚乙烯	三层聚丙烯
抗穿透	差	中	优	良	优	优
耐温/℃	80	70	100	70	70	105

(1)防腐层原材料的检测及评价。此环节的检测及评价目的是抓住原材料质量关。检验和评价为满足防腐层性能要求的相关涂料、玻璃布或聚乙烯混合料片材等原材料性能指标,这是对原材料采购及来料检验的基本要求。

表8-7 几种埋地管道外防腐层比较

性 能	石油沥青	煤焦油瓷漆	挤出聚乙烯	熔结环氧粉末	聚乙烯粘胶带	试验方法
吸水率/%	10~20	0.3	0.02	0.06	—	ASTM D570
适应温度/℃	0~70	-20~70	-40~70	-40~100	-40~100	—
抗强强度/MPa	—	>2	12~20	50	—	ASTM D1000
抗冲击性/J	—	2.4~4.3	3.0~6.8	7.3~19.6	0.6~4.9	ASTM G14
抗穿透性/%	—	21~27	16	1	49	ASTM G17
抗弯曲	—	<2.34°	<2.34°	<2.34°	—	NOVA 19077
肖氏硬度,D	—	20~30	≥50	>70	20~35	—

(2)防腐层性能检测及评价。此环节的作用不仅能检验最终防腐层产品的性能指标,也能起到检验预制厂施工工艺的合理性及原材料配伍性的目的。特别对复合型防腐层,此方面检验就显得更为重要,这是防腐层评价的核心。

(3)预制厂施工检验。预制厂的施工检验的目的主要是控制预制厂施工的质量。一般均为四项指标(外观、检漏、测厚、黏结性)。大部分是非破坏性检验。

(4)施工中的检验。此阶段检验的作用是控制防腐层管在搬运、储存及下沟等过程中防腐层的损伤。是防腐层管的最终质量保证。此阶段的检测内容主要有:管道在下沟前要进行全线的防腐层的电火花检漏,不合格处应修补,直至合格后才下沟。回填后应采用音频信号防腐层检测仪等手段进行全线检查。查出的漏点仍应进行修补。

以上四个环节的检验和评价是防腐层应用技术及相关技术标准中的关键点。既要有合理、科学的数据进行控制,又不能简化及相互替代。特别是第(2)项内容,其是代表着不同防腐层系统的特征参数。下面简述不同埋地管道外防腐层材料及其防腐层的主要性能和目前石油行业在用的相关技术标准。

1.石油沥青防腐层

在选择石油沥青作为埋地管道外防腐层时,应按管道输送介质温度来选择材料,表8-8列出了选择的要求。表8-9列出了管道防腐沥青质量指标。近年来我国开发了改性石油沥青热烤缠带新产品,在提高石油沥青软化点,抗植物根系作用,提高韧性、抗水性、附着力等方面均有较好作用(表8-10)。并制成缠带,方便了补口、补伤及防腐层修复,减少了环境污染。

表 8-8　石油沥青材料选择要求

介质温度/℃	材料	材料要求
51~80	防腐石油沥青	符合表 8-10
≤50	10 号建筑石油沥青	GB/T 494—2010

表 8-9　管道防腐石油沥青质量指标

项目	质量指标	试验方法
针入度(25℃,100g)/0.1mm	5~20	GB/T 4509—2010
延度(25℃)/cm	≥1	GB/T 4508—2010
软化点(环球法)/℃	≥125	GB/T 4507—2014
溶解度(苯)/%	>99	GB/T 11148—2008
闪点(开口)/℃	≥260	GB/T 267—1988
水分	痕迹	GB/T 260—2016
含蜡量/%	≤7	SY/T 0420—1997 附录 A

表 8-10　三种沥青基本性能对比

名称	软化点/℃	针入度/0.1mm	延度/ cm	抗菌性/级
改性沥青	115-130	10-20	≥1.2	1
10 号沥青	95	5-20	≥1.0	2
防腐沥青	120-130	5-20	≥1.0	2

2.煤焦油瓷漆防腐层

煤焦油瓷漆防腐层在国外应用的历史较长,但国内石油行业只是在 20 世纪 90 年代才开始应用。由于煤焦油沥青是芳香族,以及分子结构等特点,其吸水率低,与金属的黏结性、抗细菌性能均优于石油沥青。但其仍属热塑性材料,具有低温脆性、高温流淌等特点。表 8-11及表 8-12 列出了煤焦油瓷漆材料及防腐层的性能指标。

表 8-11　煤焦油瓷漆性能指标　(SY/T 0379—2013)

项目	指标				测试方法
	A	B	C	D	
软化点(环球法)/℃	104~116	104~116	120~130	130~140	GB/ T4507
针入度(25℃,100g,5s)/0.1mm	10~20	5~10	1~9	1~8	SY/T 0379 附录 G
针入度(46℃,50g,5s)/0.1mm	15~55	12~30	3~16	3~16	SY/T0379 附录 G
灰分(质量分数)/%	25~35	25~35	25~35	25~35	SY/T 0379 附录 H
相对密度(天平法,25℃)	1.4~1.6	1.4~1.6	1.4~1.6	1.4~1.6	GB/T 4472
填料筛余物(φ200×50/0.063,GB/T 6003—1997 试验筛,质量分数)/%	≤10	≤10	≤10	≤10	GB/T 5211.18

表 8－12 煤焦油瓷漆和底漆组合性能指标（SY/T 0379—2013）

项目		指标				测试方法
		A	B	C	D	
流淌	(71℃,90℃,24h)/mm	≤1.6	≤1.6	—	—	SY/T 0379 附录 I
	(80℃,90℃,24h)/mm	—	—	≤1.5	≤3.0	
	(95℃,90℃,24h)/mm				≤3.0	
剥离试验		无剥离	无剥离	—	—	SY/T 0037 附录 A
低温开裂试验	−29℃	合格	—	—	—	SY/T 0379 附录 J
	−23℃	—	合格	—	—	
	−20℃	—	—	合格	合格	
冲击试验(25℃,剥离面积)$1\times10^4 mm^2$		≤0.65	≤1.03	—		SY/T 0037 附录 B

3.环氧煤沥青防腐层

此防腐层是用环氧树脂改性煤沥青，改性后的防腐层系统无论在与金属的黏结性方面，还是耐温性方面较煤焦油瓷漆均有进一步的改善。但此防腐层对施工质量要求较高，较易受机械损伤。表 8－13 列出了该防腐层性能指标。

表 8－13 环氧煤沥青涂料防腐层技术指标（SY/T 0447—2014）

序号	项目		指标		试验方法
			无溶剂型	溶剂型	
1	黏结强度（拉开法）/MPa		≥8	≥7	SY/T 6854—2012 附录 A
2	热水浸泡后的黏结强度/MPa（最高设计温度，且不超过 80℃，28d）		≥5	≥5	SY/T 0447—2014 附录 A
3	阴极剥离/mm	1.5V,65℃,48h	≤8	≤10	SY/T 0315—2013 附录 C
		1.5V,23℃,48h	≤10	≤12	
4	工频电气强度/（MV·m）		≥20	≥20	GB/T 1408.1
5	体积电阻/（Ω·m）		$\geq 1\times10^{10}$	$\geq 1\times10^{10}$	GB/T 1410
6	耐化学介质腐蚀	10% H_2SO_4（23℃ ±2℃，7d）	防腐层完整、无起泡、无脱落	防腐层完整、无起泡、无脱落	GB/T 9274
		10% NaOH（23℃ ±2℃，7d）	防腐层完整、无起泡、无脱落	防腐层完整、无起泡、无脱落	
		3% NaCl（23℃ ±2℃，7d）	防腐层完整、无起泡、无脱落	防腐层完整、无起泡、无脱落	
7	耐沸水性（24h）		通过	通过	SY/T 0447—2014 附录 B
8	耐冲击（23℃ ±2℃，4.9J）		无漏点	无漏点	SY/T 0315—2013 附录 E
9	抗弯曲（23℃ ±2℃，1.5°）		无裂纹	无裂纹	SY/T 6854—2012 附录 C
10	吸水率（%）（23℃ ±2℃，24h）		≤0.4	≤0.4	SY/T 0447—2014 附录 C

注：①防腐层厚度应为 400～500μm。

②当防腐层为纤维增强材料的防腐层时，不做第 1 项黏结强度和第 2 项热水浸泡后的黏结强度检验项目。

4.熔结环氧粉末防腐层

熔结环氧粉末防腐层在性能上最突出的优点是与金属的黏结力好，耐腐蚀性能强，适应温度范围广，耐土壤应力和阴极剥离性能好。但由于该防腐层较薄，所以抗机械损伤能力较差。表 8 – 14 列出了熔结环氧粉末防腐层的性能指标。该防腐层在美国、加拿大、英国等国家大口径、长距离管道上的用量还是较大的。近几年熔结环氧粉末防腐层在我国的大型管线（如库鄯输油管线）及新疆、西北等地的输油、输气管线和黄河穿越管线外防腐蚀上已得到了应用，取得了较好的应用效果。

表 8 – 14　熔结环氧粉末防腐层性能指标（SY/T 0315—2013）

序号	项目		性能指标			试验方法
			单层环氧粉末涂料	双层环氧粉末涂料		
				内层	外层	
1	外观		色泽均匀、无结块	色泽均匀、无结块		目测
2	固化时间（230℃ ±3℃）[a]/min		≤2，且符合粉末生产商给定范围	≤2，且符合粉末生产商给定范围	≤1.5，且符合粉末生产商给定范围	SY/T 0315—2013 附录 A
3	固化时间（230℃ ±3℃）[a]/s		≤30，且符合粉末生产商给定范围	≤30，且符合粉末生产商给定范围	≤20，且符合粉末生产商给定范围	GB/T 6554
4	热特性	$\Delta H/(J\cdot g)$	≥45，且符合粉末生产商给定范围	≥45，且符合粉末生产商给定范围		SY/T 0315—2013 附录 B
		T_{g2}/℃	≥最高使用温度 +40	≥最高使用温度 +40		
5	不挥发物含量/%		≥99.4	≥99.4		GB/T 6554
6	粒度分布/%		150μm 筛上粉末≤3.0 250μm 筛上粉末≤0.2	150μm 筛上粉末≤3.0 250μm 筛上粉末≤0.2		GB/T 6554
7	密度/（g·cm³）		1.3～1.5，且符合粉末生产商给定值 ±0.05	1.3～1.5，且符合粉末生产商给定值 ±0.05	1.4～1.8，且符合粉末生产商给定值 ±0.05	GB/T 4472
8	磁性物含量/%		≤0.002	≤0.002		JB/T 6570

注：[a]表示对于低温固化环氧粉末涂料，试验温度应根据产品特性确定。

5.聚乙烯防腐层

此类防腐层可分为两层结构的聚乙烯防腐层（底胶 – 聚乙烯）及三层结构聚乙烯防腐层（熔结环氧粉末或环氧涂料 – 胶黏剂 – 聚乙烯）。其二层结构聚乙烯防腐层的主要性能特点是机械性能高，防腐蚀性能好，施工技术较成熟（其防腐层性能指标见表 8 – 15 及表 8 – 16）。

但如果底胶的黏结性不好，就会使剥离的聚乙烯层对阴极保护产生屏蔽作用。

三层聚乙烯是集中了熔结环氧粉末和聚乙烯的优点，既吸收了熔结环氧粉末附着力好的优点，又引入了聚乙烯（国外此类外防腐层也有用聚丙烯材料）机械性能强的优势（其防腐层性能见表8－15、表8－16）。使组合后的防腐层系统可适用于各种腐蚀性强、多石方区等恶劣土壤环境。同时由于电绝缘性能好，可扩大阴极保护站的保护范围，节省维修费用。对恶劣土壤环境、长距离、长寿命管道工程尤为经济、适用。

表8－15 聚乙烯层的性能指标（SY/T 0413—2002）

序号	项目		性能指标	试验方法
1	拉伸强度	轴向/MPa	≥20	GB/T 1040
		周向/MPa	≥20	GB/T 1040
		偏差/%①	<15	—
2	断裂伸长率/%		≥600	GB/T 1040
3	耐环境应力开裂（F50）/h		≥1 000	GB/T 1842
4	压痕硬度/mm②	23℃ ±2℃	≤0.2	SY/T 0413—2002 附录F
		50℃ ±2℃或70℃ ±2℃	≤0.3	

注：①偏差为轴向和周向拉伸强度的差值与两者中较低者之比。

②常温型：试验条件为50℃ ±2℃；高温型：试验条件为70℃ ±2℃。

表8－16 二层、三层聚乙烯防腐层的性能指标 （SY/T 0413—2002）

序号	项目		性能指标		试验方法
			二层	三层	
1	剥离强度/（N·cm）	20℃ ±5℃	≥70	≥100	SY/T 0413—2002 附录G
		50℃ ±5℃	≥35	≥70	
2	阴极剥离（65℃，48h）/mm			≤8	SY/T 0413—2002 附录B
3	冲击强度/（J·mm）		≥8		SY/T 0413—2002 附录H
4	抗弯曲（2.5°）		聚乙烯无开裂		SY/T 0413—2002 附录J

6.聚乙烯胶粘带防腐层

聚乙烯胶粘带防腐层经过了多年的改进及引进国外先进技术，目前该防腐层无论在结构和性能上均有较大的提高。特别是其黏结性有较大改善。同时此材料还具备电绝缘性能好、吸水率低、易施工、价格低的优势（性能指标见表8－17），是有发展和应用前途的一种埋地管道外防腐层。但据国外有关报道，在聚乙烯胶带的埋地管道上，处于高pH值或近中性pH值的土壤中易发生应力腐蚀断裂（SCC）。此类腐蚀除与管道金属材料材质、所受拉应力、土壤环境有关外，还与此同时防腐层的黏结性密切相关。由于材料、施工等原因，聚乙烯胶粘带在焊缝等处易出现剥离，所以此类腐蚀需引起注意。

表 8－17　聚乙烯胶粘带性能（SY/T 0414—2017）

项目			性能指标	试验方法
厚度/mm			符合厂家规定，厚度偏差≤ ±5%	GB/T 6672
基膜拉伸强度/MPa			≥18	GB/T 1040.3
基膜断裂拉伸应变/%			≥200	GB/T 1040.3
剥离强度（180℃）/（N · cm）	对底漆钢	薄胶型粘带	≥25	GB/T 2792
		厚胶型粘带	≥30	
	对背材	薄胶型粘带	≥5	
		厚胶型粘带	≥25	
基膜电气强度/（kV · mm）			≥30	GB/T 1408.1
体积电阻率/（Ω · m）			$\geq 1\times10^{12}$	GB/T 1410
耐热老化（最高运行温度 +20℃，2 400h）/%			≥75	SY/T 0414—2017 附录 A
吸水率/%			≤0.20	SY/T 0414—2017 附录 B
水蒸气渗透率/［mg/（24h · cm^2）］			≤0.25	GB/T 1037
耐紫外光老化（600h）/%			≥80	GB/T 23257

注：①基膜拉伸试验应采用现行国家标准《塑料拉伸性能的测定第 3 部分：薄膜和薄片的试验条件》GB/T 1040.3 中的 2 型试件，拉伸速度应为 50 mm/min。

②外带不要求对底漆钢的剥离强度性能。

③耐热老化指标是指试样老化后，基膜拉伸强度、断裂拉伸应变，以及胶带剥离强度的保持率。

④耐紫外光老化指标是指光老化后，基膜拉伸强度、断裂拉伸应变率的保持率。与保护胶粘带配合使用的防腐胶粘带可以不考虑这项指标。

7.硬质聚氨酯泡沫塑料防腐保温层

硬质聚氨酯泡沫塑料防腐保温层发展到今天是目前同类防腐保温层中较经济、有效的一种防腐保温层系统（性能指标见 SY/T 0415—1996《埋地钢质管道硬质聚氨酯泡沫塑料防腐保温层技术标准》）。在我国油田中、小口输送原油、重质油的加热管道上得到了较广泛的应用。总结近几十年该技术的发展经验，主要在以下几方面有所改进。

①材料方面。将聚氨酯泡沫塑料耐温提高到 150℃，且低容重、高比压强。在发泡材料中不再加入易产生酸性离子重、高比压强。在发泡材料中不再加入易产生酸性离子腐蚀的阻燃剂。适应了重质油热采管线保温、防腐的需要。同时研制成功了不含氟利昂聚氨酯泡沫材料。②结构方面。形成了无机－有机复合结构保温层（即高温区无机保温隔热，外层用聚氨酯泡沫塑料），使保温层材料应用更加合理。同时用电晕技术将聚氨酯泡沫塑料与聚乙烯塑料黏结起来防止层间浸水。③配套技术。完善了保温材料性能系列测试技术，以及废硬质聚氨酯泡沫塑料再利用技术等。

8.1.8 管道防腐层的施工及补口要求

1.管道防腐层的施工要求

埋地管道外防腐层施工技术及质量管理的科学性及先进性是关系到能否最终形成有效防腐层系统的关键之一。从目前国内外施工技术的发展方向看,该方面的技术向着机械化、预制化及规范化的方向迈进。应减少人为因素的干扰,从而提高施工的质量。同时越是防腐性能好的防腐层系统,其施工要求就越高。特别是近几年发展起来的新型埋地管道外防腐层(如三层聚乙烯防腐层),对施工机械、施工管理的要求就更高。因此提高防腐层涂敷过程中的施工技术和管理水平是发展防腐层应用技术的重要内容。对防腐层施工要重视以下几点。

1)严格金属表面预处理。金属表面预处理的好坏直接关系到防腐层与金属的黏结力及耐久性。我国在采用国际标准的基础上建立了 GB/T 8923. 1—2011《涂覆涂料前钢材表面处理 表面清洁度的目视评定 第1部分:未涂覆过的钢材表面和全面清除原有涂层后的钢材表面的锈蚀等级和处理等级》标准,其中规定了钢材表面预处理的除锈质量等级标准见表8-18。在表面处理过程中不仅要注意按上述规定除锈,还要注意除油及除尘,保持金属表面干燥和清洁。

表8-18 钢材表面除锈的质量等级及其质量要求

质量等级	质量要求
St2 彻底的手工和动力工具清理	在不放大的情况下观察时,表面应无可见的油、脂和污物,并且没有附着不牢的氧化皮、铁锈、涂层和外来杂质
St3 非常彻底手工和动力工具清理	同 St2,但表面处理应彻底得多,表面应具有金属底材的光泽
Sa1 轻度的喷射或抛射除锈	在不放大的情况下观察时,表面应无可见的油、脂和污物,并且没有附着不牢的氧化皮、铁锈、涂层和外来杂质
Sa2 彻底的喷射或抛射除锈	在不放大的情况下观察时,表面应无可见的油、脂和污物,并且几乎没有氧化皮、铁锈、涂层和外来杂质。任何残留污染物应附着牢固
Sa 2. 5 非常彻底地喷射或抛射除锈	在不放大的情况下观察时,表面应无可见的油、脂和污物,并且没有氧化皮、铁锈、涂层和外来杂质。任何污染物的残留痕迹应仅呈现为点状或条纹状的轻微色斑
Sa3 使钢材表观洁净地喷射或抛射除锈	在不放大的情况下观察时,表面应无可见的油、脂和污物,并且应无氧化皮、铁锈、涂层和外来杂质。该表面应具有均匀的金属色泽
F1 火焰清理	在不放大的情况下观察时,表面应无氧化皮、铁锈、涂层和外来杂质。任何残留的痕迹应仅为表面变色(不同颜色的阴影)

2)注意环境因素。涂敷环境的湿度、温度等因素均会影响防腐层施工质量。一般预制厂预制的室内温度宜为20~25℃,相对湿度不宜大于85%。现场施工时下雨、雪、沙尘、降露对在施工过程中的防腐层质量均不利。

3)严格按防腐层标准规定的涂敷程序进行施工。如预处理干净的表面应在规定的时间内涂底漆,在规定的固化和干燥时间内、温度下使防腐层充分固化或干燥等。

4)达到防腐层规定的厚度。

5)严格进行预制厂出厂检测、防腐层管下沟前后检测及补伤等。

近年来我国石油行业在开发、引进、完善埋地管道外防腐层的施工技术方面有了长足的发展,形成了较为成熟、配套的相关施工机具、技术和规范化的管理。表8-19列出了目前埋地管道外防腐层的施工特性及基本要求(具体的施工方法请见相关的防腐层技术标准),从中可对各种埋地管道外防腐层的施工特性有一个初步了解。要制成一个良好的防腐层系统,除精心设计之外,还需把好施工各工序的质量。即:材料、涂敷施工、质量检验、堆放与运输、补口及补伤、下沟及回填等。

表8-19　埋地管道外防腐层的施工特性及基本要求

补口材料	石油沥青	煤焦瓷漆	环氧煤沥青	二层聚乙烯	三层聚乙烯	聚乙烯粘胶带	环氧粉末	PUF防腐保温层
施工方法	工厂分段预制或现场机械连续作业	多采用工厂预制	工厂分段预制或现场机械连续作业	挤出包覆和挤出缠绕两种技术	工厂预制	现场机械化连续作业	静电喷涂工厂预制	工厂预制
锚纹深度及表面预处理等级	Sa2或St3	Sa2	40～50μm Sa2.5	Sa2	50～75μm Sa2.5	Sa2或St3	40～100μm Sa2.5	Sa2
涂敷温度	200～230℃	230～260℃	常温涂敷,环境温度大于-8℃	180～210℃挤出	环氧粉末一般180～220℃,聚乙烯230～260℃	常温涂敷,环境温度高于5℃	204～260℃	挤出聚乙烯温度为205℃±10℃
固化或干燥时间	涂底、面漆的间隔时间为≤24h	涂底、面漆间隔时间为1h至5d	表干(h)实干(h)底0.5-1 3-6面3-4 8-16	1～5min水冷	1～5min水冷	—	1～10 min	“一次成型”工艺中聚乙烯硬化按厂家要求
产品或涂敷后检测项目	外观、厚度、检漏、黏结力	外观、厚度、检漏、黏结力	外观、厚度、检漏、黏结力	外观、厚度、检漏、黏结力	外观、厚度、检漏、黏结力	外观、厚度、检漏、黏结力	外观、厚度、检漏	外观、厚度
检漏电压	16～20kV	12～16kV	2～3kV	≤25kV	≤25kV	3～9.5kV	2kV,5V/μm	—

表8－19(续)

补口材料		石油沥青	煤焦瓷漆	环氧煤沥青	二层聚乙烯	三层聚乙烯	聚乙烯粘胶带	环氧粉末	PUF防腐保温层
补口	表面预处理	Sa2或St3	Sa2	St3	Sa2.5,二次除锈St3	Sa2.5,二次除锈St3	St3	Sa2.5	Sa2或St3
	材料与方法	T－Ⅲ冷涂沥青补口沥青热烤缠带沥青热浇涂	热烤缠带、瓷漆浇涂补口或热收缩带	现场涂敷补口	热收缩套(带)补口	热收缩套(带)补口(内层可加无溶剂液体环氧涂料)	补口带	现场静电喷涂补口	防腐层－保温层－防护层现场补口

2.管道防腐层施工中的补口要求

1)管道防腐层施工中补口的重要性。

埋地管道外防腐保温层的补口对管道防腐层的整体保护效果及施工质量均是极其重要的环节。无论在预制厂预制的防腐层管的质量有多么好,但只要补口材料、补口工艺及补口质量不过关,不仅使整个管道的防腐层保护功亏一篑,而且将造成巨大的经济损失。在此方面,已有不少的经验及教训。如某长输管道采用了聚氨酯泡沫聚乙烯防腐保温层,全长284km管径φ273mm。1985年投产,1987年年底发现泡沫层进水,管体产生了腐蚀。经开挖检查60个补口处,65%存在着不同程度的腐蚀,并且腐蚀面积大多超过100 mm ×100 mm,个别点的腐蚀深度达3.5mm。补口处的热收缩带的材料及补口质量均存在着严重的问题。由于当时此管线采用的“管中管”聚氨酯泡沫成型工艺还不成熟,造成泡沫塑料部分存在着浇注不满的现象,从防腐层补口处渗入的水分沿着泡沫塑料的缺陷处渗入管体,造成了严重的管体腐蚀。根据这种情况1987年下半年对全线的防腐层补口进行了重新维修。但是由于原侵入聚氨酯泡沫层的水分无法排除,仍未能有效地控制管体腐蚀的继续蔓延,该长输管线于1992年停运,重新修建了复线,造成了巨大的经济损失。由此可见补口问题对整个管线腐蚀控制的重要性。特别是由于补口是现场施工,它对补口材料、工艺、质量控制、人员素质的要求应更具有其特殊性和严格要求。补口技术也是防腐层保护技术中的一个关键点及难点。

2)补口材料及补口施工要求。

(1)补口材料。补口材料应与管体防腐层、保温层一致或相容;其保护材料的性能等级和结构应不低于主体管线防腐层、保温层的要求。同时还要考虑其经济性。目前埋地管道外防腐、保温层常用的补口材料参见表8－19。

(2)补口处钢管表面处理。补口前应除掉补口处的泥土、油污、潮气和变质的防腐层、保温层。钢管表面预处理的质量应按表8－18的要求,符合有关埋地管道外防腐层、保温层应用技术规定。焊缝处应无焊渣、棱角和毛刺,并除去潮气。目前埋地管道外防腐、保温层材料表面预处理的等级要求可参见表8-18的有关内容。

(3)补口施工中的环境要求。在雨、雪、雾及大风天气进行补口施工时,需采用有效措施,否则不应作业。特别是沥青类防腐层补口需注意其补口施工时的环境温度要求。

(4)补口的施工要求。在补口材料的涂敷作业中,需严格按照有关防腐、保温层的施工规定进行,如带底漆的补口材料必须待底漆干后才能涂敷面漆。补口材料与管体防腐层材料搭接要满足两者收缩性要求等。

(5)补口的质量检测。①外观检测。每个口均应进行此项目检测。表面应平整,无折皱、鼓泡、气泡等缺陷。②厚度检查。补口处的防腐、保温层厚度及结构应与管体的相同,达到规定的厚度要求。按有关标准规定的方法进行逐口检查或抽检。③黏结力检查。此检测是破坏性检测。按有关标准规定的检测、抽查方法进行检查。达到规定的黏结力性能指标。④漏点检查。一般采用电火花检测方法(除保温管线以外),一般以无漏点为合格。

由于补口在防腐层保护中的重要性,使补口的质量控制更需严格要求。因此上述四项指标检查不合格者均需返修,直至合格方可使用。特别要提出的是对于弯头、三通等特殊部位的防腐、保温层涂敷,需认真选择适应其特点及现场环境的施工工艺及质量控制方法,防止这些部位又成为防腐层保护的薄弱环节。

8.1.9 管道防腐层技术应用实例

1.石油沥青防腐层应用

克拉玛依至独山子长距离输油管道采用石油沥青作为管道外防腐层。1960年管线投产后到1963年发生了186次腐蚀穿孔。为此1964年开始管线防腐层大修,期间加强了施工监督,实行了施工质量责任制。大修后的管线投运后,90%施加了阴极保护。到1984年为止未发现一处腐蚀穿孔。由此实例可见在同样的土壤环境中,用同样的材料,防腐蚀效果差别如此之大。问题的关键在于施工质量的严格控制(包括原材料的质量控制)及实施阴极保护与防腐层的联合保护。前者是一个科学管理问题,后者是实行正确的技术路线的问题。由于这两方面的改进,使此管线长时间的保护得以实现。

2.三层聚乙烯防腐层应用

陕京管线是近年来建造的防腐蚀技术和自动化水平较高的长距离输送管线。此管线是1993年与国外联合设计,全长920km,管道直径为660 mm,采用了三层聚乙烯防腐层加阴极保护的防腐蚀方案。防腐层采用普通级,厚度为18~2.5mm。阴极保护设计时根据三层聚乙烯的防腐蚀特性,站间距约为120km。1997年10月阴极保护投入运行,通电点最大电位为-0.50V左右,全线阴极保护电位一般在-1.10~-1.40V范围内。实际阴极保护站最大距离为393km,有三座阴极保护站总输出电流为0.9A,证明此条管线的三层聚乙烯防腐层绝缘性能及施工质量较好。此三层聚乙烯防腐层绝缘电阻的平均值大于500kΩ·m^2,保护电流密度小于1μA/m^2,远远高于石油沥青防腐层10~20 kΩ·m^2和30~50μA/m^2的性能。此条管线的施工及投运状况说明三层聚乙烯防腐层在防腐性能方面有其优越性。

8.2 管道及储罐的电化学保护

8.2.1 电化学保护的类型

管道及储罐的电化学保护类型有:外加电流阴极保护、牺牲阳极阴极保护、直流杂散电流排流保护、交流杂散电流排流保护等。

1.外加电流阴极保护

外加电流阴极保护又称强制电流阴极保护。它是根据阴极保护的原理,用外部直流电源作阴极保护的极化电源,将电源的负极接被保护构筑物,将电源的正极接辅助阳极。在电流的作用下,使被保护构筑物对地电位向负的方向偏移,从而实现阴极保护。

外加电流阴极保护主要应用于淡水、海水、土壤、海泥、碱及盐等环境中金属设施的防腐蚀。它的适用范围比较广,只要有便利的电源,邻近没有不受保护的金属构筑物的场合几乎都适合选用外加电流阴极保护。

2.牺牲阳极阴极保护

在腐蚀电池中,阳极腐蚀,阴极不腐蚀。根据这一原理,把某种电极电位比较负的金属材料与电极电位比较正的被保护金属构筑物相连接,使被保护金属构筑物成为腐蚀电池中的阴极而实现保护的方法称为牺牲阳极阴极保护。

为了达到有效保护,牺牲阳极不仅在开路状态有足够负的电位,而且在闭路状态也有足够的工作电位。这样,在工作时即可保持足够的驱动电压。

牺牲阳极阴极保护在淡水、海水、土壤、海泥、碱及盐等环境中金属设施的防腐蚀领域已被广泛应用。由于它具有不需要外部电源,对邻近金属构筑物干扰较小等特点。因此该方法特别适用于缺乏外部电源和地下金属构筑物较复杂地区的管道及储罐的防腐蚀。

在土壤环境中常用的牺牲阳极材料有镁及镁合金、锌及锌合金;在海洋环境中还有铝合金。

3.直流排流保护

将管道中流动的直流杂散电流排出管道,使管道免受电蚀的方法称为直流排流保护。依据排流接线回路的不同,排流法可分为直接、极性、强制、接地四种排流方法。

4.交流排流保护

将管道中流动的交流杂散电流排出管道,使管道免受电蚀与损坏,避免在管道上施工作业的人员遭受电击的方法称为交流排流保护。目前最有效的是钳位式交流排流法。

8.2.2 电化学保护的准则

1.阴极保护准则

(1)最小保护电位。金属经阴极极化后达到完全保护所需要的、绝对值最小的负电位值称之为最小保护电位。最小保护电位与金属的种类、腐蚀介质的组成等有关。在阴极保护系统中,对于埋设在天然水和土壤中的金属管道,其最小保护电位为 -0.85V。当土壤或水中含有硫酸盐还原菌且硫酸根含量大于0.5%时,为 -0.95V。

(2)电位偏移指标。管道表面与同土壤接触的参比电极之间测得阴极极化电位差不得小于100 mV。这个准则可以用于极化的建立过程中或衰减过程中。

(3)最大保护电位。在阴极保护条件下,所允许施加的绝对值最大的负电位值称为最大保护电位。最大保护电位的限制应根据防腐层的材质和环境确定,以不损坏防腐层的黏结力为准,一般可取 -1.5V。

2.直流排流保护准则

(1)直流杂散电流干扰判定准则。

①当在管道任意点上管地电位较自然电位偏移20 mV或管道附近土壤中的电位梯度大于0.5mV/s时,确定为存在直流杂散电流干扰。②当在管道任意点上管地电位较自然电位正向偏移100 mV或管道附近土壤中的电位梯度大于2.5mV/m时,管道应采取直流排流保护或其他防护措施。

(2)直流排流保护效果评定准则。直流排流保护效果评定准则见表8-20。

表8-20 直流排流保护效果评定准则

排流类型	干扰时管地电位/V	正电位平均值比/%	排流类型	干扰时管地电位/V	正电位平均值比/%
直接向干扰源排流	>10	>95	间接向干扰源排流(接地排流)	>10	>90
	10~5	>90		10~5	>85
	<5	>85		<5	>80

3.交流排流保护效果准则

(1)在弱碱性土壤中,当 Ca^{2+}、Mg^{2+} 含量超过0.005%时,管道交流干扰临界安全电压为10V。

(2)在中性土壤中,含盐量小于0.01%时,管道交流干扰临界安全电压为8V。

(3)在酸性土壤或盐碱性土壤环境时,管道交流干扰临界安全电压为6V。

(4)被干扰管道上瞬间干扰电压允许值≤1 000V。

8.2.3 电化学保护的配合使用

1.各类电化学保护的特点

实践证明,不同类型的电法保护有它特定的应用范围。如电法保护中应用最广泛的阴极保护,虽然它可以防止全面腐蚀、电偶腐蚀等,但它并不能防止或完全防止交、直流干扰腐蚀;外加电流阴极保护不能适应没有外加电源的场合和邻近存在对杂散电流干扰要求较高构筑物的场合;牺牲阳极法就不能适应高电阻率环境;而交、直流排流保护只适用于存在干扰的场合并只能给埋地管道提供部分保护。各种类型电化学保护的特点见表8-21。

表8-21 各类电化学保护的特点

方法		优点	缺点
阴极保护	外加电流	①输出电流,电压连续可调。 ②保护范围大。 ③不受土壤电阻率的限制。 ④工程量越大越经济。 ⑤保护装置寿命长。	①必须要有外部电流。 ②对邻近金属构筑物有干扰。 ③管理、维护工作量大。
	牺牲阳极	①不需要外部电源。 ②对邻近金属构筑物无干扰或较低效。 ③管理工作量小。 ④工程量小时经济性好。 ⑤保护电流均匀且自动调节,利用率高。	①高电阻率环境不经济。 ②防腐层差时不适用。 ③输出电流有限。
排流保护	极性排流	①利用杂散电流保护管道。 ②经济实用。 ③方法简单易行,管理量小。 ④对杂散电流无引流之忧。	①对其他构筑物有干扰影响。 ②电铁停运时,管道得不到保护。 ③负电位不易控制。
	强制排流	①保护范围广。 ②电压、电流连续可调。 ③以轨道代替辅助阳极,结构简单。 ④电铁停运时,管道仍有保护。 ⑤存在阳极干扰。	①对其他构筑物有干扰影响。 ②需要外部电源。 ③排流点易过保护。

由此可见,只有充分了解各种电法保护优、缺点并根据实际情况运用它们的优点,才能使长输管道和储罐得到最有效的保护。这对延长使用寿命,确保储运安全具有十分重大的意义。

2.电化学保护配合使用中应遵守的原则

如上所述,电化学保护的各种类型各有特点和适用范围。那么,两种或以上电化学保护方法配合使用、取长补短就是必然的结果,在电化学保护配合使用过程中应遵循以下原则:

(1)技术可靠。设计者在对一条管道作电法保护设计时,要重点考虑选择哪一种类型最适合作主要保护方式,哪几种保护类型作辅助保护方式,力争做到管道对地电位分布均匀,技术先进,保护寿命长。

(2)经济合理。上面说到技术上可靠,并不是说一味追求高、精、尖,而应该理解为在工程建设投资允许的前提下,选择先进的或比较先进的技术和设备去实现最佳的保护效果。在工程投资上实现最省。

(3)对公共环境影响小。必须认真考虑对公共环境的影响程度,不能只注重自身的保护效果而忽视对邻近金属构筑物的干扰或影响,力争做到对公共环境影响最小。

(4)管理方便。任何先进的技术都得靠人去实现,先进的设备需要管理人员去操作和维护。因此,在选择多种类型电法保护配合使用中,如果考虑到了管理上的方便,实际上就等于为日后提高管理水平打下了坚实的基础。

3.电化学保护与防腐层保护的配合使用

(1)阴极保护与防腐层的关系。管道及储罐的保护的经济及合理方式是实行"联合保护"方式。在联合保护中防腐层的保护效果(性能不良或施工质量不好)直接关系到阴极保护电流的消耗量及保护长度。所以合理选用防腐层并提高防腐层完整性是实施有效阴极保护的前提。同时需注意防腐层的阴极剥离问题,即当阴极保护电位过高时(特别在通电点)易造成防腐层剥离。因此在石油天然气行业标准 SY/T 0036—2000《埋地钢质管道强制电流阴极保护设计规范》中规定了对新建管道强制电流阴极保护的最大保护电位宜为 -1.25V。在实际工程中,阴极保护电流密度的大小可作为判别防腐层质量的依据。表 8-22 是防腐层面电阻与所需阴极保护电流密度的关系。

表 8-22 防腐层面电阻与所需保护电流密度的关系

防腐层面电阻 /($\Omega \cdot m^2$)	所需保护电流密度 /($mA \cdot m^2$)	防腐层面电阻 /($\Omega \cdot m^2$)	所需保护电流密度 /($mA \cdot m^2$)
1 000 000	0.000 3	3 000	0.1
300 000	0.001	1 000	0.3
100 000	0.003	300	1
30 000	0.01	100	3
10 000	0.03	30	10

(2)排流保护与防腐层的关系。对于裸露的管道,由于干扰电流不易在管道上积累,基本不存在交、直流干扰问题。但对埋地防腐层管不仅存在着干扰腐蚀,也存在着其他类型的腐蚀,所以管道往往带有防腐层。同时排流保护与防腐层质量的好坏有密切关系。在排流保护实际工程中,有时要求加强排流点两侧管段防腐层等级来减少杂散电流的无序泄漏,提高排流效果;有时为了避免在不宜抢修的地区出现干扰腐蚀,加强这些部位管道的防腐层等级,使杂散电流按设计的流向排流或使干扰腐蚀发生在宜检修的区域。由此可见,防腐层在增强排流点选择的灵活性及提高排流效果等方面起到了重要作用。

8.3 管道及储罐的外加电流阴极保护设计与施工

8.3.1 管道及储罐的外加电流阴极保护设计

1.设计应遵循的原则

在管道外加电流阴极保护系统的设计中，对其保护范围要留有10%的余量。其辅助阳极的设计寿命应尽量与被保护管道的设计要求相匹配，一般不宜小于20年。

设计外加电流阴极保护时，应注意保护系统与外部金属构筑物之间的干扰影响，在需要的场合应采取必要的防护措施。外加电流阴极保护常用电源有整流器、太阳能电池、热电发生器、风力发电机等。其直流电源设备的额定功率应留有50%的余量，输出阻抗应与回路的电阻相匹配。

2.外加电流阴极保护使用条件

被保护的管道必须具有良好的电连续性；管道必须具有良好的防腐层；被保护金属管道应与非保护的低电阻接地体、接地装置、设备等构筑物都要有良好的绝缘。

3.外加电流阴极保护设计的参数选取

外加电流阴极保护的设计参数，对已有管道应以实测值为依据；对新建管道可按经验选取，常规选取的参数有七项。①管道自然电位：-0.55V。②最小保护电位（管道保护末端电位）：-0.85V。③最大保护电位（通电点保护电位）：-1.25V。④防腐层电阻：按所选用防腐层材料性能指标选取，常用的石油沥青为$1\times10^4\Omega\cdot m^2$，熔结环氧粉末为$5\times10^4\Omega\cdot m^2$，三层聚乙烯为$1\times10^5\Omega\cdot m^2$。⑤钢管电阻率：低碳钢（20#）取$0.13\Omega\cdot m^2$，16Mn钢取$0.224\Omega\cdot m^2/m$。⑥电源效率：70%。⑦保护电流密度：设计中按所选用防腐层电阻指标选取保护电流密度。防腐层电阻在5 000~10 000$\Omega\cdot m^2$时，取50~100 $\mu A/m^2$；防腐层电阻在10 000~50 000$\Omega\cdot m^2$时，取10~50 $\mu A/m^2$；防腐层电阻在>50 000$\Omega\cdot m^2$时，取<10 $\mu A/m^2$。

4.外加电流阴极保护设计的程序

（1）原始资料的收集。

阴极保护设计时，应收集以下各方面的资料：①管道走向平面图及穿、跨越情况。管道两侧100 m范围内的地面、地下金属构筑物、高压线、电气化铁路的分布情况。②管道两侧杂散电流源的调查。③管道沿线的土壤腐蚀性或土壤电阻率的大小。④管材、管壁厚度和管径。防腐层的种类、结构、等级和绝缘电阻。⑤ 可利用的电源和种类。⑥气象资料，站、场位置。

（2）保护方案的对比。

在确定方案前，应作外加电流阴极保护和牺牲阳极阴极保护的技术与经济比较。一般情况下比较从以下内容进行。①建站数目和埋设牺牲阳极的数量。②管道周围金属构筑物的分布及防干扰情况。③维护管理的条件及电源情况。外加电流保护和牺牲阳极保护两种方法的比较可参照表8－23。设计人员可以根据具体适用的条件，经技术、经济、管理等方面的对比后决定取舍。

表8－23　外加电流阴极保护与牺牲阳极保护比较

序号	牺牲阳极法	外加电流保护法
1	费用与管道长度成正比	费用与建站数成正比，对于长度较短的支线不太合适
2	对外部管道干扰小	辅助阳极点附近会对外部管道产生干扰
3	不需外部电源	必须有外部电源
4	可埋在管沟里或靠近管沟旁	辅助阳极要远离管道（保护区以外）
5	在保护电流密度低时才经济	保护电流密度不限
6	杂散电流干扰大时不能使用	杂散电流大时也可任意调节电位
7	电流输出稳定	可按电气原理调节电流、电压
8	输出电流与土壤电阻率成反比	可通过电压调节保护电流
9	土壤电阻率高时需阳极数量多	建成站数与土壤电阻率无关
10	土壤电阻率测试点多	土壤电阻率测量点少
11	调试工作量大，投产测试费时间	只需测量电流和为数不多的电位，管理比较简单
12	阳极为消耗性，需定期更换	可使用低消耗性阳极，不需更换

（3）设计阴极保护体系。

根据所确立的阴极保护方案，决定选取或测试选取保护参数。包括电流密度、保护面积以及由此推出的保护电流量、保护电位、保护站个数、保护系统的寿命等，由此设计出阴极保护系统的各部分技术设施的规格和基本指标等，并进行理论计算。

4.管道的阴极保护设计

一座外加电流阴极保护站通常由保护间、电源设备和站外设施三部分组成。保护间是配电和安装电源设备的场所，需要独立设置；电源设备是由提供保护电流的直流电源设备及其附属设备组成，包括交流或直流配电设施。站外设施包括通电点装置、辅助阳极地床系统、阳极引线、测试桩、检查片及绝缘法兰等阴极保护的必要设施。

外加电流阴极保护设计的主要内容有：阴极保护站数目的确定、阳极类型和重量的确定、电源设备功率的确定等（可参考SY/T 0036—2000标准）。

（1）阴极保护站数目的确定。

阴极保护站数目的确定，首先应该确定保护电流密度和保护长度。

①保护电流密度的确定。一般可根据埋地管道所使用的防腐层的绝缘电阻确定保护电流密度值进行设计。如一时找不到对应的推荐值，也可用下列简化公式计算：

$$J_s = \frac{0.3}{R_p} \tag{8-1}$$

式中，J_s 为保护电流密度，A/m^2；R_p 为防腐层电阻，$\Omega \cdot m^2$。

②外加电流阴极保护的保护长度可由式（8－2）计算：

$$2L = \sqrt{\frac{8\Delta V_L}{\pi DJ \cdot R'}} \tag{8-2}$$

式中，L 为单侧保护长度，m；ΔV_L 为通电点最大保护电位与最小保护电位之差，V；D 为管道外径，m；R' 为单位长度管道纵向电阻，Ω/m。

$$R' = \rho_T \div [\pi(D-\delta)\delta] \tag{8-3}$$

式中，ρ_T 为钢管电阻率，Ω · m；δ 为管道壁厚，mm；D 为管道外径，mm。

式(8－2)计算出的 $2L$ 即为理论阴极保护站的站间距，理论阴极保护站数目可由式(8－4)计算：

$$N = 1 + L_{总}/2L \tag{8-4}$$

式中，$L_{总}$ 为被保护管道总长，m。

阴极保护站数量的确定，是在以上计算结果的基础上结合管道站线的站场分布来确定的。为了便于维护管理，常常将阴极保护站选择在被保护管道沿线的泵站、加热站、增压站、中门阀室等处，站场周围应能选择适当的埋设阳极的区域。

在确定阴极保护站数目时，还要考虑到随着埋地时间的推移、埋地管道防腐层在地下环境和阴极保护电流的作用下，将逐步老化变质，使绝缘电阻值降低，管道所需的保护电流密度值增加，保护距离将缩短。要维持原设计的保护长度范围，就必须提高通电点的电位值，增大电流强度，依次带来的问题则是由于通电点电位过高而造成的“阴极剥离”危害。否则就要增加新的阴极保护站或者新补埋牺牲阳极来弥补局部管段的电位不足。因此，在阴极保护站的初期设计中，要根据管道的使用寿命和维修周期，对保护电流和阴极保护站的设计，要留有余地。同时还要充分考虑到阴极保护的经济性，使设计科学可靠。

(2)阳极数量的确定。

阳极的根数与接地电阻成反比关系。在一定范围内增加阳极根数会起到降低接地电阻的作用。但是，由于阳极间的屏蔽效应，有些场合，虽然增加了较多根数的阳极，而获得的接地电阻降低却较少。所以阳极根数的选择是一个影响经济效益的问题。确定阳极根数时首先需要考虑的是要使阳极输出电流在阳极材料允许的电流密度内，以保证阳极地床的使用寿命；其次应考虑在经济合理的前提下，阳极接地电阻应尽量达到最小，以降低电能消耗。

辅助阳极的接地电阻应根据埋设方式按以下各式计算。

①单支立式阳极接地电阻的计算：

$$R_{vl} = \frac{\rho}{2\pi l}\ln\frac{2l}{d}\sqrt{\frac{4t+3l}{4t+l}} \tag{8-5}$$

式中，R_{vl} 为单支立式阳极接地电阻，Ω；ρ 为阳极埋设地区土壤电阻率，Ω · m；l 为阳极长度（含填料），m；d 为阳极直径（含填料），m；t 为埋深（填料顶部距地表面），m。

②单支水平阳极接地电阻的计算：

$$R_H = \frac{\rho}{2\pi l}\ln\frac{l^2}{td} \tag{8-6}$$

式中，R_H 为单支水平式阳极接地电阻，Ω。

③深埋式阳极接地电阻的计算：

$$R_{v2} = \frac{\rho}{2\pi l}\ln\frac{2l}{d} \tag{8-7}$$

式中，R_{v2}为深埋式阳极接地电阻，Ω。

④组合式阳极接地电阻的计算：

$$R_g = F \cdot \frac{R_v}{n} \tag{8-8}$$

式中，R_g 为阳极组接地电阻，Ω；n 为阳极支数；F 为电阻修正系数（查 SY/T 0036—2000 规范）；R_v 为单支阳极接地电阻，Ω。

⑤阳极重量的确定：

阳极的重量应能满足阳极最小设计寿命的需要，可通过下式计算：

$$G = T \cdot g \cdot \frac{I}{K} \tag{8-9}$$

式中，G 为阳极总质量，kg；g 为阳极的消耗率，kg/(A·a)；I 为阳极的工作电流，A；T 为阳极的设计寿命，a；K 为阳极的利用系数，取 0.7～0.85。

(3)保护电流的确定。

保护电流的确定可通过下式计算：

$$2I_0 = 2\pi DJ_s = \sqrt{\frac{8\pi DJ_s\Delta V_L}{R'}} \tag{8-10}$$

式中，I_0 为单侧保护电流量，A。

(4)电源功率的确定。

外加电流阴极保护系统的电源功率可按下式计算：

$$P = I \cdot \frac{V}{\eta} \tag{8-11}$$

式中，P 为电源功率，W；η 为电源效率，一般取 0.7；I 为电源设备的输出电流，A；V 为电源设备的输出电压，V。由下式计算：

$$V = I(R_a + R_L + R_C) + V_r \tag{8-12}$$

式中，R_a 为阳极组接地电阻，Ω；R_L为导线电阻，Ω；R_c 为阴极（管道）/土壤界面过渡电阻，Ω；V_r 为地床的反电动势，V，焦炭填充时取 2V。

(5)辅助阳极地床类型的确定。

辅助阳极地床是强制电流阴极保护的重要部分，阴极保护的经济性和保护效果在很大程度上取决于阳极地床的设计水平及质量。通常为降低费用、提高可靠性、节约用电，对阳极地床的位置选择有以下要求：①选择土壤电阻率小于 50Ω·m，地下水位高、土壤湿润的地方。②土质应多为黏土、亚黏土，土层厚、无石块且便于施工，对其他金属构筑物干扰小。③阳极地床一般与管道通电点距离在 300～500 m，管道受自然条件限制对阳极与管道垂直距离不宜小于 50 m。

外加电流阴极保护的辅助阳极供选择种类很多，从材料性能方面可分为钢铁、高硅铸铁、石墨、磁性氧化铁和柔性阳极等。在一般土壤中可采用高硅铸铁、石墨、钢铁阳极；在盐渍地、海滨土或酸性和含硫酸根离子较高环境中宜采用含铬高硅铸铁阳极；在高土壤电阻率的场合可使用钢铁阳极；在高含量的氯化物和硫酸盐的土壤环境可采用磁性氧化铁；在防腐层质量较差的管道及位于复杂管网或地下金属构筑物较多区域内的管道可采用柔性阳极。

5.储罐底板外壁的阴极保护设计

储罐底板坐落在沥青砂基础上，时间长了沥青沙层产生裂纹，使得地下水上升造成底板腐蚀。对于这种情况，行之有效的方法就是阴极保护。

（1）设计前应掌握的资料。

①储罐底板外壁阴极保护设计前应收集下列资料：场区及罐区平面布置图和系统布置图；建造起止日期；储罐设计资料；场区内设施电绝缘及电跨接情况；电缆的路径；爆炸危险区的边界。

②阴极保护设计时与场区有关的资料。已建和计划建的阴极保护系统；特殊的环境条件；基岩和冻土层深度；相邻的埋地金属构筑物及其接近程度；与外部结构电绝缘的可行性。

③通过现场调查和腐蚀测试取得的资料：满足达到判据的保护电流需要量；土壤电阻率；系统所需的电绝缘要求；系统的电连续性；防腐层的完整性；同一地区类似储罐的泄漏史；存在杂散电流与否；其他维护和运行数据。

（2）保护方式的选择。

设计者应根据不同的腐蚀环境和条件、被保护储罐具体状况和技术要求，选择外加电流或牺牲阳极保护方式。外加电流保护一般适用于土壤电阻率较高、储罐直径较大的环境；牺牲阳极保护一般适用于土壤电阻率较低、储罐直径较小且周围地下金属构筑物布局复杂的环境。

（3）外加电流阴极保护系统。

①保护电流需要量一般通过估算或测试现场电流需要量求得。结合我国储罐具体情况，推荐储罐保护电流密度为 5～10 mA/m^2，则保护电流总需要量为：

$$I_{总} = J_s \cdot S_{总} \tag{8-13}$$

式中，$I_{总}$ 为阴极保护电流总需要量，A；J_s 为阴极保护电流密度，mA/m^2；$S_{总}$ 为被保护总面积，m^2。

②直流电源额定输出电压按下式计算：

$$V = I(R_a + R_L + R_C) + V_r \tag{8-14}$$

式中，V 为直流电源额定输出电压，V；I 为保护系统的保护电流（可取 $1.1I_{总}$），A；R_a 为阳极接地电阻，Ω；R_L 为导线电阻，Ω；R_c 为罐底/大地过渡电阻，Ω；V_r 为阳极地床反电动势（焦炭填料可取 2V），V。

③直流电源功率按下式计算：

$$P = \frac{IV}{\eta} \tag{8-15}$$

式中，P 为电源功率，W；η 为电源整流器效率，可取 0.7。

④辅助阳极需要量按下式计算：

$$G = T \cdot g \cdot \frac{I_f}{K} \tag{8-16}$$

式中，G 为阳极总重量，kg；T 为阳极有效寿命，a；I_f 为阳极工作电流，A；g 为阳极消耗率，kg/(A · a)；K 为阳极利用系数，取0.7～0.85。

⑤辅助阳极布置。通常可选择罐周直立式阳极（图8－1）、罐旁深井式阳极（图8－2）、罐底水平式阳极（图8－3）和罐底斜角式阳极（图8－4）。当被保护对象不是一座而是几座罐时，可将几座罐作为一个联合体共同保护。

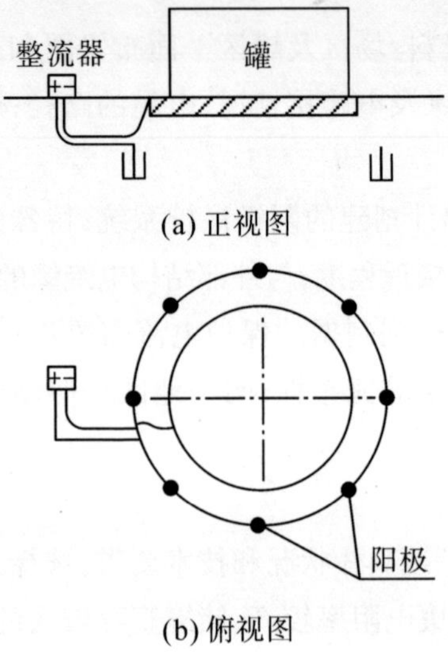

图8－1　罐周直立式阳极

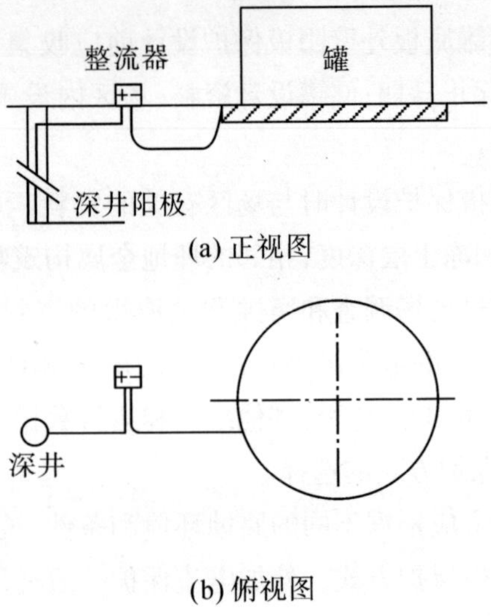

图8－2　罐旁深井式阳极

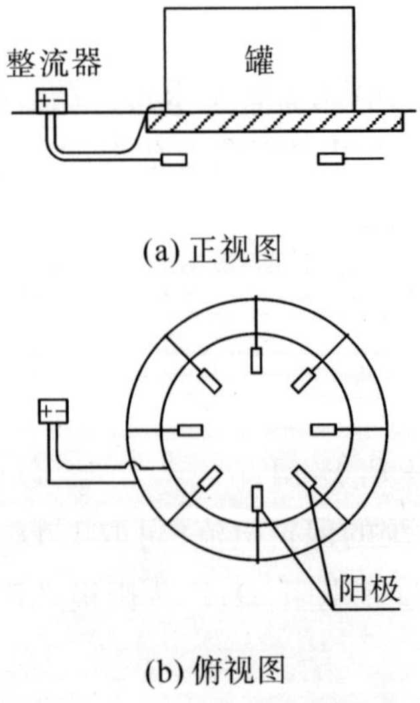

图8－3　罐底水平式阳极

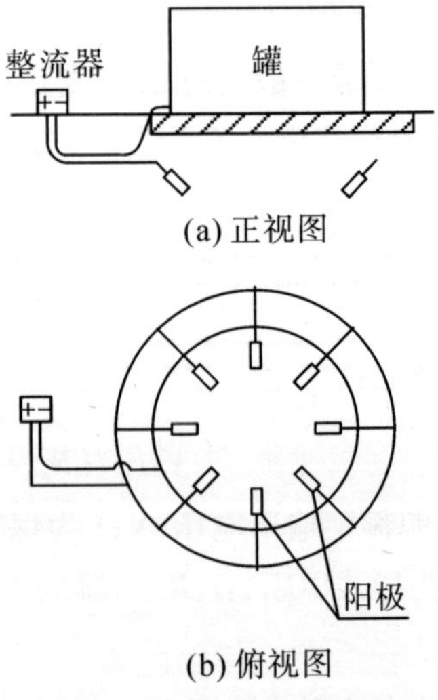

图8－4　罐底斜角式阳极

近几年国外针对储罐罐底外壁外加电流阴极保护系统开发了一种新型的辅助阳极系统，即网状阳极系统。该系统是采用混合金属氧化物带状阳极与钛金属连接片交叉焊接组成的(图 8-5)。与传统的罐底辅助阳极系统(柔性阳极、深井阳极等)、牺牲阳极系统相比较具有保护电流分布均匀,无干扰,可靠性高,不需填包料,安装方便,寿命长等特点。其电缆采用高分子聚乙烯铜芯电缆,一般使用 3 根阳极电缆,一方面保证该系统的可靠性,另一方面使电流分布均匀。其参比电极采用预包装的铜-硫酸铜参比电极,设计寿命一般为 15 年。分别埋在罐底中心及边缘处。1996 年开始该技术在我国一些单位得到应用,取得了较好的效果。

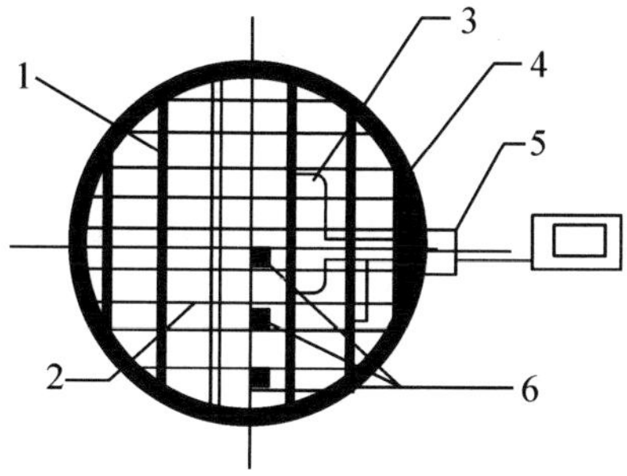

(a) 正视图

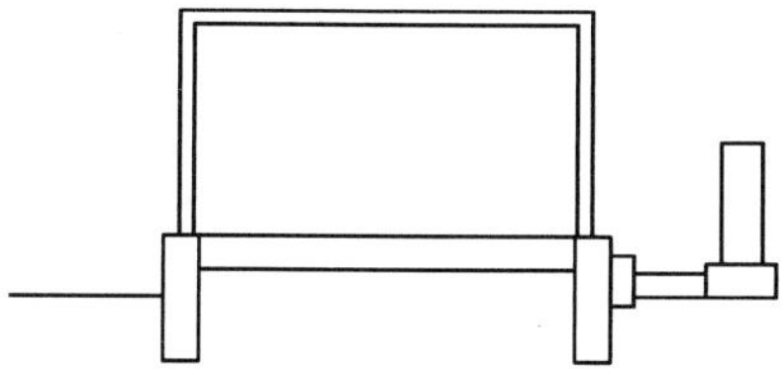

(b) 俯视图

1-导电片;2-阳极带;3-电缆;4-储罐;5-接线箱;6-参比电极

图 8-5 罐底网状阳极

6.储罐内壁的阴极保护设计

储罐内壁实施外加电流阴极保护的关键是辅助阳极的选择和分布。理论上讲,用于储罐及管道外部阴极保护的辅助阳极材料基本上也适用于设备内部。但由于内部不易更换和检测,所以通常内壁施加阴极保护时多选用体积小、寿命长的阳极,如铂、镀铂型阳极。应注意的是辅助阳极及其附件应选用能承受油品侵袭的材料。

采用惰性阴极外加电流法比牺牲阳极法有更大的灵活性。辅助阳极架设方式有从罐顶适当位置悬挂下来的悬壁式阳极,也有铜芯镀铂钛线型、连续式阳极。连续式阳极能获得较均匀的电流分布。采用外加电流法对储罐内部施加阴极保护,电流仅限于在储罐内流动,不会对罐外部设备造成干扰,但对罐内部与保护体不相连的结构将会产生干扰,设计时考虑使用跨接电缆加以消除。

8.3.2 外加电流阴极保护施工

1.阳极地床的处理

辅助阳极的地床均需作一定的技术处理,这是由辅助阳极自身的导电性决定的。其要点如下：

（1）辅助阳极地床位置的选择。在施工过程中，辅助阳极地床位置的选择应符合下列要求：①地下水位较高或潮湿低洼处，土层厚、无石块、便于施工处。②土壤电阻率50Ω·m以下的地点。③对邻近的地下金属构筑物干扰小，阳极位置与被保护管道之间不宜有其他金属构筑物。④阳极位置与管道的垂直距离不宜小于50 m。当采用柔性阳极时，对于裸管道，阳极的最佳位置是距管道10倍管径处；对于有良好防腐层的管道可同沟敷设，最近距离为0.3m。

（2）阳极埋设方式选择。①浅埋阳极通常采用立式埋设，在沙质土、地下水位高、沼泽地可采用水平阳极；在复杂环境或地表土壤电阻率高的情况下可采用深埋式阳极。②浅埋阳极应置于冻土层以下，埋深一般不宜小于1m。深埋式阳极地床根据埋设深度不同可分为次深（15～40 m）、中深（40～100 m）、深（>100 m）三种。一般埋深宜在300 m以内。

（3）阳极地床填包料的使用要求。①阳极常用的填包料有焦炭粒、石油焦炭粒。②石墨阳极应加填包料，高硅铸铁阳极、柔性阳极宜加填包料，钢铁阳极及在沼泽地、流沙层中阳极可不加填包料。③填包料的含碳量宜大于85%，最大粒径宜小于15mm，填包料厚度一般为100 mm。当采用柔性阳极时，填包料的最大粒径宜小于3.2mm，填包料厚度为45mm。

（4）其他要求。①辅助阳极地电场的电位梯度不应大于5V/m，没有护栏装置时不受此限制。②阳极填包料顶部应放置粒径为5～10 mm左右的砾石或粗砂，砾石层宜加厚至地面以下500 mm或在砾石上部加装排气管至地面以上。③阳极的引出线和并联母线应为铜芯电缆，并应适合地下（或水下）敷设。④阳极并联母线与直流电源输出阳极导线连接可通过接线箱连接，若阳极导线为铝线，则应采用钢铝过渡接头连接。

2.电缆施工要求

电缆使用前应检查电缆绝缘外皮有无破损，有破损则应修复后再使用。铠装电缆弯曲半径与电缆外径的比值不应小于10倍，无铠装为6倍。直埋电缆线路的直线部分，若无永久性建筑物时，应埋设标桩。接头和转角处也均应埋设标桩。尽量使用整条电缆，以减少和避免电缆线有过多的接头。直埋电缆埋入前，应将沟底夯实，电缆周围应填入100 mm厚的细砂或筛过的细土，砂层上部要用定型的混凝土盖板保护。电缆与管道的连接应选用铝热焊剂或锡焊焊接法。电缆的敷设安装还应符合《电缆敷设》图集D164的要求。当阴极保护直流电源与阳极地床之间采用架空敷设时，电线杆路的架设应按照电气装置国家标准图集D101施工。

3.接头处理

为保证阴极保护的长期有效性，必须首先保证阴极保护施工中的所有接头均有可靠的连接与优质的密封。这些接头一般要求在焊接牢固后，用环氧树脂密封、填充，最外面再用与管体相同的绝缘材料绝缘。辅助阳极与引出线的接触电阻小于0.01Ω。测试桩测试电缆与钢管的连接常采用双焊点的连接头，以防一个焊点失效后影响测试效果。

4.绝缘处理

在阴极保护技术中,没有电绝缘就没有保护。任何一处的电绝缘不当,都会造成系统的短路接地或保护电流的散失,从而造成保护电位达不到要求。电绝缘的设置主要考虑如下位置:保护系统范围内的管道与非保护对象的连接处;管道与厂、站、库、井的连接处;主干与分支管道的连接处;杂散电流强干扰区与非干扰区的分界处;不同金属结合处;有防腐层管道与裸管道的交接处及其他需要的部位。阴极保护系统的电绝缘处理方法主要有以下几方面。

(1)绝缘法兰。①绝缘法兰在安装前一定要做性能检测。一般可用500V兆欧表测试,良好的绝缘法兰绝缘电阻为∞,2MΩ以上为合格。②当绝缘法兰已焊接到管线上后,可在阴极保护运行条件下,分别测法兰两侧管道的管地电位。若一边为保护电位,另一边为自然电位,则绝缘性能良好;否则将表明存在短路现象。以上所介绍的绝缘法兰,只不过是目前应用较普遍的一种绝缘方式。应用时还可根据不同场合和工艺条件选择预组装绝缘接头、绝缘活接头、绝缘短管、绝缘管接头、机械开孔分接式绝缘套筒等绝缘方式。

(2)套管与管道的电绝缘。采用套管方式穿越公路、铁路和河流时,输送管道应与套管电绝缘。做法是在套管中采用塑料绝缘支撑,使管道在套管中的位置固定。套管端部必须绝缘密封,以防止地下水的浸入。

(3)架空管道与支撑物的绝缘。管道必须与支撑的墩台、管桥、管柱、固定墩、支座、管卡或混凝土中的钢筋等导电体做绝缘处理,特别是在老管线改造工程中,更应重视这一问题。采用的方法有在管道与管支撑架之间加绝缘垫,有的在跨越管段两端加绝缘接头。某管线在大规模的站内工艺改造过程中,由于忽视了架空管道与支撑物的绝缘问题,使得站内工艺改造完成后,不得不再投资进行故障处理。教训是十分深刻的。

(4)管道穿墙处的绝缘。管道穿墙时,为避免管道在大气(或土壤)与墙体混凝土交界处形成透气性差异的浓差电池腐蚀,通常在钢管和墙壁之间注入如环氧树脂类的绝缘材料进行绝缘处理,既防止穿墙处管道腐蚀,又防止穿墙处的渗水。

(5)其他部位的绝缘处理。钢质管道在出土和入土端等处,为防止由于透气差异等原因形成浓差电池腐蚀,在这些部位要采取提高防腐层保护等级的绝缘措施。

8.3.3 外加电流阴极保护的运行管理

1.外加电流阴极保护运行管理的控制指标

参照执行SY/T 5919《埋地钢质管道干线电法保护技术管理规程》,主要控制指标如下:

(1)保护率。保护率是反映管道实现有效阴极保护的范围。保护率应达到100%,一般以施加保护管线总长与未达到有效保护管线长度的百分比计算。

保护率=[施加保护管线总长-未达有效保护管线长度]÷施加保护管线总长×100%

(2)运行率。运行率反映-年内阴极保护投入运行的时间的比率。运行率应达到98%,不能达到100%运行率的原因主要是测试自然电位、设备故障检修和调整等管理工作要占去一定时间。计算公式如下:

运行率=1年内有效运行时间(h)÷全年小时数×100%

(3)保护度。保护度是衡量阴极保护效果的指标。保护度应大于85%,一般用失重法计算,计算公式如下:

$$保护度=[G_1/S_1-G_2/S_2]\div(G_1/S_1)\times100\%$$

式中,G_1 为未施加阴极保护检查片失重量,g;G_2 为施加阴极保护检查片失重量,g;S_1 为未施加阴极保护检查片裸露面积,cm^2;S_2 为施加阴极保护检查片裸露面积,cm^2。一般情况下 $S_1=S_2$。

④保护电位。按8.2电化学保护准则中规定的指标控制。

2.阴极保护的运行管理

阴极保护运行管理的首要工作是确认管道或被保护物体已得到了有效保护,其运行状态达到质量标准,其中保护电位达到标准的要求是其核心问题。管道的保护状态主要采用管地电位判断,判断标准即为上面提到的控制指标。通常情况下是利用与管道建设同时设置的测试桩测量电位。长输管道测试柱的间隔一般为1km。该间隔对于评价保护状态是不充分的,特别是对运行年限较长的管线进行剖析,则应使用测取管道纵向电位分布的办法。测点间距往往采用5m、2m和1m。当然如此测量,工作量是浩繁的,现有的测点也是远远不够的。为了解决测点不够问题,在实际工程中管道纵向电位分布的测量,一般采用移动参比电极(闭路测试法)和双电极法。

3.阴极保护设备的管理

(1)设备的管理。阴极保护设备管理的目的是尽量在早期发现设备缺陷,以便及时采取维护对策,避免发生停运事故,以保证阴极保护不间断地持续运行。SY/T 5919《埋地钢质管道干线电法保护技术管理规程》中规定了运行率大于98%的指标,这个指标意味着阴极保护年有效运行时间应在8 585h以上,余下的175h,作为按规定的时间全线停运,进行自然电位测量和真负载条件下调试设备的时间。为了达到运行指标,要求每个阴极保护站必须有一台备用设备,并处于热备用状态。一旦运行设备出现故障,备用设备能自动一次投入运行。

(2)阳极地床的管理。阳极地床的检查和修理,需要测阳极接地电阻,因测量时必须停用阴极保护,影响运行率。实际管理工作中应尽可能与设备维修、测自然电位、停电等结合起来,做到检测阳极不影响运行率。

阳极地床的主要参数是接地电阻,根据经验提出阳极地床接地电阻管理标准为设备额定输出电压除以实际阴极保护电流后,留有1Ω的余量即可满足运行要求,用公式表示:

$$R\leqslant U/I-1$$

式中,R 为阳极地床电阻允许值,Ω;U 为设备额定输出电压,V;I 为管道实际保护电流,A。

当实际测量的接地电阻大于允许值时,阳极地床应更换或修理。

4.阴极保护的故障分析

阴极保护在长输管道中的重要作用是显而易见的,阴极保护效果的好坏与管理水平的高低有密切关系。以我国东北某管道为例,投产初期,由于一线工人和管理人员对阴极保护技术不熟悉,对阴极保护系统出现的故障排查不及时,有时甚至采取一些不正确的处理方法,以致产生一些负面影响。因此说,加强阴极保护系统中出现的各种故障的分析是十分必要的。

据管道管理工作者几十年收集和整理,阴极保护系统故障主要有7种:第1种是阴极保护电源设备故障;第2种是电缆、参比和阳极的故障;第3种是绝缘法兰故障;第4种是管道防腐层故障;第5种是外部交、直流电干扰故障;第6种是埋地管道和其他金属体搭接;第7种是外部工程引起的故障。

为了便于管理,我们认为可以把以上7种故障归纳为三大类。第一类故障:强制电流阴极保护系统本身原因造成的故障(即上面所述的第1、2种)。这类故障的特点是突发性强,对阴极保护运行的影响大。一旦出现故障,经常是导致阴极保护系统瘫痪。另一个特点是故障频率高。但判断和排除比较容易。第二类故障:管道保护系统中绝缘性能下降所造成的故障(即上面所述第3、4种)。这类故障的特点是经常发生在进入老龄化管道上,发生故障的频率比较低,判断和排除比较困难。第三类故障:外界干扰所引起的阴极保护系统不能正常运行的故障(即上面所述第5、6、7种)。这类故障易发生在城市、城郊、工矿企业附近和输油站内。它的特点是查找困难,处理复杂,易留后患。

5.档案资料的管理

与防腐蚀有关的档案资料的管理是一项非常重要和有意义的工作。档案资料是历史的记载和再现,对指导现在、决策未来有着不可取代的作用。特别是对于长期预防性质的工作,更具有现实价值。档案资料的管理是资料的收集、整理、保存的过程,必须提高认识,认真细致,形成制度。要求管理部门对防腐蚀设计的基础资料、防腐蚀设计资料、防腐蚀施工与安装资料和腐蚀生产管理中的资料这四部分资料进行管理。

8.4 牺牲阳极保护

8.4.1 牺牲阳极保护的适用范围

牺牲阳极是最早应用的阴极保护方法。根据实践经验一般认为:在埋地金属管道及储罐外壁防腐蚀工程中,牺牲阳极只适用于土壤电阻率较低、埋地管道防腐层电阻率比较高的场合,对于新建管道而言,防腐层电阻率小于$10^4\Omega\cdot m^2$时,不宜选用牺牲阳极保护。当土壤电阻率大于$100\Omega\cdot m$时,也不宜采用牺牲阳极。

常用牺牲阳极材料有镁、锌、铝及其合金。在土壤环境中适用的牺牲阳极只有镁、锌及其合金。铝合金牺牲阳极目前只限于海水或油罐底部的水层等环境中使用。

8.4.2 牺牲阳极保护的阳极材料

牺牲阳极保护的阳极材料主要有镁合金、锌合金、铝合金,三类牺牲阳极的基本性能对照见表8-24,它们的优缺点比较见表8-25。在选择使用何种牺牲阳极进行保护时,应认真分析不同阳极的优缺点后谨慎选择。牺牲阳极种类应用选择参见表8－26。

表8－24　三类牺牲阳极性能对照

特性	种类		
	镁合金阳极	锌合金阳极	铝合金阳极
密度/(g·cm^3)	1.74	7.14	2.77
理论电化学当量/[g/(A·h)]	0.453	1.225	0.347
理论发生电量/[(A·h)/g]	2.21	0.82	2.88
阳极开路电压/－V(SCE)	1.48~1.56	1.03	1.10~1.18
电流效率(土壤中)/%	40~55	65~95	≥85
对钢铁的有效电压/V	0.65~0.75	0.2	0.15~0.25

表8－25　三类牺牲阳极优缺点比较

性能	名称		
	镁合金阳极	锌合金阳极	铝合金阳极
优点	①有效电压高。 ②发生电量大。 ③阳极极化率小，溶解比较均匀。 ④能用于电阻率较高的土壤和水中	①性能稳定，自腐蚀小，寿命长。 ②电流效率高，能自动调节输出电流。 ③碰撞时没有诱发火花的危险。 ④不用担心过保护	①发生电量最大，单位输出成本低。 ③有自动调节输出电流的作用。 ④在海洋环境中使用性能优良。 ④材料容易获得，制造工艺简单，冶炼及安装劳动条件好
缺点	①电流效率低，自动调节电流能力小。 ②自腐蚀大。 ③材料来源和冶炼不易。 ④若使用不当，会产生过保护。 ⑤不能用于易燃、易爆场所	①有效电压低。 ②发生电量少。 ③不适宜高温淡水或土壤电阻率过高的环境	①在污染海水中和高电阻率环境中性能下降。 ②电流效率比锌阳极低。 ③目前土壤中使用的铝阳极性能尚不稳定

表8－26　牺牲阳极种类应用选择

水中		土壤中	
阳极种类	电阻率/(Ω·m)	阳极种类	电阻率/Ω·m
铝	<150	带状镁阳极	>100
		镁(－1.7V)	60~100
锌	<500	镁	40~60
		镁(－1.5V)	<40
镁	>500	镁(－1.5V)、锌	<15
		锌	<5

1.镁及镁合金阳极

镁是活泼的碱土金属元素,25℃时的标准电极电位值为 -2.3V。镁及镁合金开路电位高,相对于钢铁的有效电位差在三种牺牲阳极中最高,阳极极化率低,腐蚀产物疏松易脱落。不足之处是电流效率低(约50%),消耗快。目前常用的是镁合金牺牲阳极材料。高纯镁(镁含量大于99.95%)具有电位负、机械加工性能好的优点。因其负电位值大,故有时又称为高电位镁阳极。它适合于加工成带状阳极,在电阻率较高的土壤和水中使用。

镁的电流效率比较低。这是因为镁中的有害杂质如:铁、镍、铜等在电动序中有较高的电位,常会起阴极作用,引起镁的寄生腐蚀。因此,镁的工艺冶炼要求条件很高,对有害杂质的成分含量有严格的控制,从而增加了镁的成本。为了改善镁的性能,常在阳板金属中加入0.15%~0.5%金属锰,锰能使铁在冶炼中沉淀出来,并使留在合金中的铁被锰所包围,而不能产生阴极有害杂质作用,提高镁的耐蚀性。而加入6%的铝可提高镁合金的强度,加入3%的锌可强化基体金属。

镁阳极按截面分为梯形和D形两种,梯形截面棒状镁阳极规格的净重分为:2kg、4kg、8kg、11kg、14kg和23kg 6种。2kg阳极的参考长度为:206mm;4kg的阳极参考长度为360 mm;其余的均为700 mm。阳极中心都有导电钢芯,钢芯采用直径不小于6mm的钢筋。钢筋表面镀锌,外露长度为100 mm,阳极基体与钢芯应有良好的结合力,接触电阻应小于0.001Ω。在水中应用时,阳极可做成半圆形或镯式阳极,其重量需满足阳极工作寿命的要求。在高电阻率的土壤和水中可用带状镁阳极。其截面积为9.5mm×19mm。钢芯直径为3.2mm。

镁适用于电阻率比较高的土壤和淡水中。在交流干扰区域里要慎用镁阳极,在有防爆要求的场合不宜用镁阳极,因为镁在碰撞时易产生火花。镁阳极电位在一定程度上决定于周围介质的成分,在具有使阳极腐蚀产物膜剥离和增加渗透能力的化合物介质内(如Cl^-、SO_4^{2-}),电位向较负方向移动。在具有高pH值的介质内,电位向较正方向移动。因此镁阳极在氯化物和硫酸盐溶液中能处于稳定的良好工作状态。表8-27列出了镁阳极常用填包料配方。

表8-27 镁阳极常用填包料配方

编号	成分/%				
	工业硫酸镁	石膏粉 $CaSO_4 \cdot 2H_2O$	工业硫酸钠	膨润土	电阻率
配方一	35	15	—	50	>20Ω·m
配方二	20	15	15	50	>20Ω·m
配方三	25	25	—	50	≤20Ω·m
配方四	—	75	5	20	>20Ω·m
配方五	—	50	—	50	≤20Ω·m

2.锌及锌合金阳极

锌是最早使用的牺牲阳极材料,其标准电位为 -0.76V(SHE),高纯锌在海洋中稳定的

电位为 -1.06V(SHE)。在海水中和在土壤中具有较高的电流效率,其电位稳定,阳极输出电流能随被保护金属的状态、环境的变化而自动调节。当 pH 值小于 6 和 pH 值大于 12 时,其自溶性较大,pH 值为 6~12 范围内锌自溶性较小。研究表明纯锌阳极中含有 Fe、Pb、Cu 等阴极性杂质可使阳极性能变劣,自溶性变差。开发应用锌阳极主要途径有两种:一是采用高纯锌,严格控制杂质含量。二是采用低合金化合金,同时减少杂质含量。

常用的锌合金阳极有 Zn-Al 二元锌合金,Zn-Al-Cd、Zn-Al-Mn、Zn-Al-Mg 等三元锌合金阳极。其中 Zn-Al-Cd 三元锌阳极在海水介质中的电位和发生电流稳定,阳极性能好,电流效率高,是较好的合金配方。高纯锌可直接作牺牲阳极。通常用来制造带状阳极或作为固体参比电极,工作时在表面上形成疏松的腐蚀产物。

锌阳极一般都铸造成梯形断面的棒状阳极,其规格按净重(不包括钢芯质量)分为 6.3kg、9kg、12.5kg、18kg、25kg、35.5kg 和 50kg 等。长度有 600 mm、800 mm 和 1 000 mm 三种。阳极净重只允许有正偏差。锌阳极的钢芯采用直径不小于 6mm 的钢筋制成。钢芯接线外露长度为 100 mm。阳极基体和钢芯必须结合良好,接触电阻应小于 0.001Ω。

锌合金阳极不仅能用于低电阻率土壤中,还可以用于海洋环境。锌阳极的不足之处在于其相对钢铁时有效电位差小,只有 0.2~0.25V,因此用于土壤环境时,电阻率应小于 15Ω·m。锌阳极装在含有石膏的填包料中,使腐蚀产物疏松,降低阳极接地电阻。在石膏填包料内锌阳极的电流输出量比无石膏填包料时高 1~2 倍。表 8-28 给出锌填包料的两个配方。

表 8-28　锌阳极常用填包料配方

编号	成分/%		
	膨润土	石膏粉 $CaSO_4 \cdot 2H_2O$	工业硫酸钠
配方一	45	50	5
配方二	20	75	5

3.铝合金阳极

铝阳极理论电容量大,大约是锌的 3.6 倍,镁的 1.35 倍。铝的密度小,与镁阳极和锌阳极比较,单位质量发生电量大,因此价格便宜。铝在海水和含氯离子的环境中性能稳定,阳极开路电位(SCE)在 -1.10~-1.18V。在保护钢结构时,有自动调节电流和电位的功能。铝的来源充足,制造工艺简单,便于安装。铝合金阳极的缺点是电流效率和溶解性比锌阳极低,且随阳极成分不同而异。在电阻率高的介质中电流效率低、表面易自钝化。

常见的铝合金阳极有二元系列:Al-Zn、Al-Sn、Al-In;三元系列有:Al-Zn-Hg、Al-Zn-Sn、Al-Zn-In、Al-Zn-Cd、Al-Zn-Mg。这些阳极在海洋环境中使用日益广泛,已逐渐取代镁阳极和锌阳极。近年来,根据环境保护的要求对阳极中含有 Hg、Cd 等有毒元素进行了限制。

根据保护对象不同可选用不同规格的铝合金阳极。例如:用于保护船体外壳和热交换器时可选用梯形、板形;用于防护压舱时可做成条形等。铝合金阳极主要应用于海洋、水及含有氯离子的环境中。目前也扩展到海泥、电阻率低的淡水中,但在土壤中应用效果并不理想。

8.4.3 牺牲阳极保护设计

采用牺牲阳极法进行阴极保护的设计，同外加电流阴极保护设计程序基本相同。首先要对管线的整体结构、原始资料、土壤环境等基本参数调查取值。牺牲阳极的保护范围取决于管道防腐层绝缘电阻和单支牺牲阳极的输出电流。而单支牺牲阳极的输出电流是有限的，要获得大的保护电流则必然是多支阳极的并联运行。多支阳极的并联又受到安装费用、安装占地及阳极屏蔽因素等条件的制约。因此根据保护对象的实际状况，合理、经济的确定牺牲阳极阴极保护方案、保护用阳极材料及保护范围是牺牲阳极应用设计的要点。

1.管道的牺牲阳极阴极保护设计

(1)牺牲阳极材料的选择。牺牲阳极种类的选择主要根据土壤电阻率，土壤含盐类型及管道防腐层的状况来选取。牺牲阳极规格的选择，依据保护电流的大小而定。

(2)参数的计算。

①单支阳极接地电阻：

$$R_H = \left[\ln\left(\frac{2L}{D}\right) + \ln\left(\frac{L}{2t}\right) + \frac{\rho_a}{\rho} \times \ln\left(\frac{D}{d}\right)\right] \times \frac{\rho}{(2\pi L)} \qquad (8-17)$$

$$R_V = \left[\ln\left(\frac{2L_a}{D}\right) + \frac{1}{2}\ln\left(\frac{4t + L_a}{4t - L}\right) + \frac{\rho_a}{\rho} \times \ln\left(\frac{D}{d}\right)\right] \times \frac{\rho}{(2\pi L)} \qquad (8-18)$$

式中，R_H为水平式阳极接地电阻，Ω；R_v 为立式阳极接地电阻，Ω；ρ 为土壤电阻率，Ω · m；ρ_a 为填包料电阻率，Ω · m；L 为阳极长度，m；L_a 为阳极填包料层长度，m；D 为填包层直径，m；D 为阳极等效直径（$d = C/\pi$，为边长，m）；t 为阳极中心至地面的距离，m。

②组合式阳极接地电阻：

$$R_{总} = K \times \frac{R_V}{N} \qquad (8-19)$$

式中，$R_{总}$为阳极总接地电阻，Ω；N 为阳极数量，支；K 为修正系线（查 SY/T 0019—1997 有关图）。

③阳极输出电流：

$$I_a = \frac{\Delta E}{R} \qquad (8-20)$$

式中，I_a 为阳极输出电流，A；ΔE 为阳极有效电位差，V；R 为回路总电阻，Ω。

④阳极数量：

$$N = f \cdot \frac{I_A}{I_a} \qquad (8-21)$$

式中，N 为阳极数量，支；I_A 为所需保护电流，A；I_a 为单支阳极输出电流，A；f 为备用系数，取 2～3 倍。

⑤阳极工作寿命：

$$T = \frac{0.85W}{\Omega \cdot I} \qquad (8-22)$$

式中，T 为阳极工作寿命，a；W 为阳极净质量，kg；Ω 为阳极消耗率，kg/(A·a)；I 为阳极平均输出电流，A。

(3)填包料的选择。填包料的选择应根据所选择的阳极种类、规格、埋设地点的土壤电阻率等因素。

(4)阳极分布。牺牲阳极埋设分立式和卧式两种，埋设位置分轴向和径向。阳板埋设位置一般情况下距管道外壁 3～5m，最小不宜小于 0.3m，埋设深度以阳极顶部距地面不小于 1m 为宜。成组布置时，阳极间距以 2～3m 为宜。

(5)牺牲阳极阴极保护的测试系统。牺牲阳极阴极保护的测试系统应能提供被保护体的自然电位、阳极性能、保护电位的功能。通常还应在相邻两组牺牲阳极及管段的中间部位设置测试桩，桩的间距以不大于 500 m 为宜。

2.储罐罐底外壁的牺牲阳极设计

牺牲阳极既可单独也可成组与被保护对象相连，土壤中常用镁基或锌基牺牲阳极有关参数计算方法如下。

(1)保护电流。参照式(8－13)计算：

$$I_{总} = J_s \cdot S_{总}$$

(2)阳极输出电流：

$$I_a = \frac{\Delta E}{R} \tag{8-23}$$

式中，I_a 为单支阳极输出电流，A；ΔE 为驱动电压(牺牲阳极闭路电位与被保护构筑物极化后的电位差)，V；R 为电路电阻(通常取阳极接地电阻)，Ω。

(3)牺牲阳极数量：

$$N = \frac{I_A \cdot K}{I_a} \tag{8-24}$$

式中，N 为牺牲阳极数量，支；I_A 为保护系统的保护电流需要量，A；K 为设计系数。一般取 2～3。

在设计过程中可参照 SY/T 0088—2016《钢制储罐罐底外壁阴极保护技术标准》。

8.4.4 牺牲阳极保护施工

1.阳极埋设前的准备

牺牲阳极的埋设点一般由设计人员确定。埋设深度一般与被保护管道埋设深度相当，牺牲阳极应埋设在土壤冰冻线以下。制作袋装牺牲阳极时，首先把引出电缆与牺牲阳极用锡焊或铜焊焊接；第二步对焊接部位及牺牲阳极上端面进行防腐绝缘处理；第三步按设计者选定的填包料配方配制填包料；第四步把填包料和牺牲阳极装入布袋，装袋时应保持阳极在袋的中间。每袋干粉装的填包料重 40～60kg。按设计位置和要求，开挖阳极坑和电缆沟。

2.牺牲阳极埋设步骤

(1)埋点检查。检查阳极埋设坑和电缆沟是否按规定的位置、大小挖好。

(2)导电性检查。袋装阳极运至现场后下坑前,用万用表检查引出电缆与阳极接头处是否导电良好。

(3)阳极就位。将袋装阳极按照设计规定的数量、间距、形式放入阳极埋设坑内。

(4)测试桩安装。在设计预定位置,将管道防腐层剥开,把接线柱焊在管道上方,测量导线焊在接线柱上。把管道测量导线和阳极引来的电缆穿入测试桩,按要求连接好后,测试桩即可就位固定。

(5)检查片安装。检查片是监测阴极保护效果的有效手段,如果全线都采用牺牲阳极保护,在设计时一并考虑埋设检查片。

(6)阳极回填。当确认各焊接点质量优良,绝缘处理符合要求后,即可开始回填土。

(7)填写牺牲阳极埋设记录。

8.4.5 牺牲阳极保护的运行管理

1.牺牲阳极保护的维护管理

牺牲阳极保护的维护管理,主要是接点检查和牺牲阳极工作状态的判断。

(1)定期检查。定期检查周期为每半年1次,与管地电位测量相结合。定期检查主要包括阳极输出电流的测量,装置是否损坏,导线的接触状态等。

(2)全面检查。全面检查周期为每年1次或根据需要决定。全面检查的主要内容除上述要求外,应包括下述测量:阳极组开路电位、阳极组闭路电位;单支阳极输出电流,开、闭电位;阳极组输出电流;阳极组接地电阻。

根据测量结果并综合其他因素,判断阳极的工作和技术状态,并决策修理更换,予以实施。

2.牺牲阳极保护的故障分析

(1)阳极输出电流减小、达不到保护电位。这种现象的可能原因有:阳极消耗将尽;阳极与阴极的连接断开;阴极与导线接头断开;阳极周围土壤干燥;环境污染对阳极性能的影响。

(2)阳极输出电流增大,但保护构筑物电位极化上不去。这种现象发生的主要原因可能是:被保护构筑物所需电流过大,阳极输出的电流远小于所需电流;被保护体与相邻金属构筑物有电连接;环境改变引起迅速去极化或者水的含氧量增大;绝缘装置失效;防腐层老化或破坏。

(3)阳极腐蚀不严重但阳极已不能工作。可能原因是:阳极成分不合理,在工作环境中造成钝化所致,影响因素有温度、含盐量等。

(4)阳极局部腐蚀严重造成阳极体断裂。可能原因是:阳极合金化不均匀,造成局部腐蚀。

(5)未达设计寿命,阳极失效。可能原因是:阳极杂质含量高、阳极效率低。

(6)在交流电干扰状态下,有时会发生极性逆转。在管理中要严密监测交流干扰。

参考文献

[1] 何业东,齐慧滨. 材料腐蚀与防护概论[M].北京:机械工业出版社, 2005.
[2] 杨德钧,沈卓身. 金属腐蚀学[M].北京:冶金工业出版社, 2003.
[3] 刘永辉,张佩芬. 金属腐蚀学原理[M].北京:航空工业出版社, 1993.
[4] 傅玉华. 石油化工设备腐蚀与防治[M].北京:机械工业出版社, 1997.
[5] 刘宝俊. 材料的腐蚀及其控制[M].北京:北京航空航天大学出版社, 1989.
[6] 李金桂. 腐蚀控制设计手册[M].北京:化学工业出版社, 2006.
[7] 吴承建,陈国良,强文江. 金属材料学[M].北京:冶金工业出版社, 2005.
[8] 朱日彰.金属腐蚀学[M]. 北京:冶金工业出版社, 1989.
[9] 肖纪美,曹楚南. 材料腐蚀与防护[M]. 北京:冶金工业出版社, 2002.
[10] 李金桂. 腐蚀控制设计手册[M]. 北京:化学工业出版社,2006.
[11] 柯伟,杨武. 腐蚀科学技术的应用和失效案例[M]. 北京:化学工业出版社,2006.
[12] 中国石油化工设备管理协会设备防腐专业组. 石油化工装置设备腐蚀与防护手册[M]. 北京:中国石化出版社,1996.
[13] 胡洋, 李文戈,谷其发. 炼油厂设备腐蚀与防护图解[M]. 第二版. 北京:中国石化出版社,2015.
[14] 冠杰,梁法纯,陈婧.油气管道腐蚀与防护[M].北京:中国石化出版社,2008.
[15] 李晓刚. 材料腐蚀与防护概论[M]. 北京:机械工业出版社, 2017.
[16] 林世珍, 杨德钧. 腐蚀和腐蚀控制原理[M]. 第二版. 北京:中国石化出版社,2014.
[17] 刘敬福. 材料腐蚀及控制工程[M]. 北京:北京大学出版社, 2010.
[18] 杨启明, 李琴, 李又绿. 石油化工设备腐蚀与防护[M]. 北京:石油工业出版社, 2010.
[19] 张志宇, 邱小云. 化工腐蚀与防护[M]. 第二版. 北京:化学工业出版社, 2013.
[20] 徐晓刚. 油气储运设施腐蚀与防护技术[M]. 北京:化学工业出版社, 2013.
[21] 陈兵. 过程装备腐蚀与防护[M]. 北京:中国石化出版社,2015.
[22] 孔小东, 胡会娥, 苏小红. 金属腐蚀与防护导论[M]. 北京:科学出版社,2016.
[23] 马彩梅, 薛斌. 化工腐蚀与防护[M]. 天津:天津大学出版社,2017.
[24] 刘广桥. 油气储运设施防腐技术[M]. 北京:中国石化出版社,2016.